# NAVIGATION A VAPEUR

## TRANSOCÉANIENNE

Lagny. — Imp. de A. Varigault.

# NAVIGATION
## A VAPEUR
## TRANSOCÉANIENNE

---

### ETUDES SCIENTIFIQUES

AGITATION DE LA MER
STABILITÉ — FORMES DES NAVIRES — RÉSISTANCE A LA MARCHE
APPAREILS MOTEURS : ROUES — HÉLICE — VOILURE
CONSTRUCTION EN FER ET EN BOIS
AMÉNAGEMENTS — DIMENSIONS — VITESSE — RISQUES ET DANGERS

### ÉTUDES ÉCONOMIQUES ET DE STATISTIQUE

SERVICES POSTAUX TRANSOCÉANIENS ANGLAIS ET FRANÇAIS
TRANSPORTS DES PASSAGERS ET DES ÉMIGRANTS

PAR

**EUGÈNE FLACHAT**

INGÉNIEUR

DEUX VOLUMES ET UN ATLAS

**TOME PREMIER**

PARIS
LIBRAIRIE POLYTECHNIQUE DE J. BAUDRY, ÉDITEUR
15, RUE DES SAINTS-PÈRES
MÊME MAISON A LIÉGE

1866

# CHAPITRE PREMIER

## ORIGINE, OBJET ET INTÉRÊT DE CE LIVRE

*Sommaire :*

La France est entrée récemment dans les entreprises de navigation à vapeur transocéanienne. Les connaissances techniques qu'exigent ces opérations acquièrent plus d'opportunité.

Les notions essentielles de construction et de conduite des navires à vapeur transocéaniens ont pour base la connaissance de l'agitation de la mer, de ses causes et de ses effets. L'intérêt qui s'attache à ces questions est de même nature, il est aussi général que celui qui a porté si loin le développement des chemins, des routes, des voies navigables et enfin des chemins de fer.

Lorsque j'ai dû à la confiance de mes amis, fondateurs de la Compagnie Transatlantique, d'entrer dans le Conseil d'Administration de cette entreprise, j'ai voulu lui apporter le tribut de notions spéciales, que mes études et travaux antérieurs me facilitaient.

J'ai donc étudié l'art de construire et de conduire les navires destinés aux traversées transocéaniennes. Il est peu d'entreprises qui offrent à l'ingénieur un attrait aussi puissant. Je trouvai d'ailleurs faciles à percevoir, ou du moins susceptibles de règles précises les procédés de construction des coques et des machines,

1

parce que les notions acquises dans la construction des machines fixes et fluviales ainsi que des machines locomotives, et l'habitude de la construction des grands ouvrages en fer, apportent un secours efficace dans l'étude de ces deux parties du matériel naval.

Mais l'art de traverser l'Océan avec sécurité, économie et rapidité, n'est pas tout entier dans l'entente et dans l'exécution plus ou moins parfaites des machines marines, dans le bon assemblage de la membrure et du bordé des navires; ces conditions, essentielles cependant, ne sont pas les seules.

Avant tout passent les qualités nautiques du navire, d'abord sa stabilité, c'est-à-dire sa tendance à garder l'équilibre d'une position normale à la mer quelque agitée qu'elle soit. Puis, sa facilité d'évoluer sous l'action combinée du moteur, du gouvernail et de la voile. La relation de sa marche avec la nature de son moteur (vent, roue ou hélice) et avec sa puissance. Enfin sa solidité même, c'est-à-dire sa résistance aux fatigues de la mer, comme un solide indéformable.

C'est en étudiant ces questions que j'ai été conduit à reconnaître en moi l'absence des notions élémentaires dont le sentiment est l'attribut du marin. *Le sentiment* et non *la notion*, car le marin qui connait le mieux l'agitation de la mer, ne la comprend pas et ne la mesure pas. Il a vu, et il accepte, ou il écrit qu'il y a des vagues de 50 à 60 mètres de hauteur; que la masse tout entière de leurs eaux se meut horizontalement avec une vitesse furieuse; qu'un navire placé dans le creux de grosses vagues y subit des oscillations qui vont en s'accroissant et qu'il finit nécessairement par chavirer. La plupart des marins ont eu des moments de terreur indicible, et cependant l'art nouveau dissipe ces terreurs et ces craintes; il sillonne les Océans de lignes de navigation dont les distances sont franchies avec autant de régularité qu'en offrent les chemins de fer. Le marin puise son courage bien plus dans l'habitude de la mer que dans la théorie des conditions qui sont la base de la sécurité de la navigation. Si on lui assure qu'il n'est pas à la mer d'agitation capable de compromettre un navire construit suivant les règles de l'art et solide, fût-il abandonné à lui-même et livré sans gouvernail à la fureur des flots, il exprimera sa surprise, sinon son dédain de pareilles assertions.

Cela est digne de remarque que l'ingénieur a plus de confiance dans le navire qu'il a dessiné que le constructeur lui-même, s'il n'a pas l'instruction de l'ingénieur, et que ce constructeur a plus de confiance dans ce même navire que le marin qui le conduit.

C'est qu'on trouve dans les notions théoriques l'évidence palpable de la sécurité absolue avec laquelle un navire bien construit peut résister à la mer par les simples lois de l'équilibre des forces, et que ces notions le constructeur les possède généralement moins que l'ingénieur, et le marin moins que le constructeur.

L'histoire des récents progrès de l'art de la navigation, l'histoire surtout des lignes transocéaniennes confirme ces observations. C'est à Brunel, qui n'était pas marin, qu'est due l'initiative la plus hardie dans la construction des navires et leur emploi aux navigations lointaines; il a puissamment aussi encouragé l'application de l'hélice à la propulsion. C'est à l'initiative de Stephenson qu'est dû l'établissement de la ligne la plus rapide entre toutes, celle d'Holyhead à Kingston.

C'est dans son cabinet que Dupuy de Lôme a déterminé les conditions nautiques des navires cuirassés, dont la pensée première, au point de vue de la navigabilité, était considérée comme irréalisable, et c'est lui qui mène l'art dans des voies auxquelles tous les navigateurs sont attentifs

Le but de ce livre est d'indiquer en traits généraux les conditions grâce auxquelles on est parvenu à naviguer avec une véritable sécurité. Nous suivrons dans cet exposé l'ordre des idées qui se présentent à l'esprit.

En première ligne, il s'agit de connaître les lois, les limites et les effets de l'agitation de la mer, puis les conditions nautiques d'où dérive la sécurité de la navigation. Quant à la manière dont un navire se comporte à la mer et résiste comme corps solide à son agitation, cela implique les règles générales de la construction; les dispositions des moteurs et la relation de leur puissance avec la rapidité de la marche; enfin, l'appropriation au transport des voyageurs et des marchandises.

Nous n'avons pas voulu faire un *traité* ni un *guide*, nous n'avons voulu rien substituer à ce que les savants ont écrit sur l'architecture navale; la lacune que nous avons voulu remplir est celle de la connaissance des phénomènes physiques dont l'action se résume dans l'agitation de la mer et de l'air aux prises avec un navire. C'est aussi l'histoire des derniers progrès accomplis dans les navigations transocéaniennes et de leurs règles.

Plusieurs questions scientifiques, d'un ordre très-élevé, se sont présentées dans le cours de cette étude. Elles sont intimement intéressées dans les idées que nous cherchons à faire prévaloir.

Nul, à notre avis, ne peut être un marin achevé, nul ne peut comprendre la nature des dangers de la navigation, s'il est entièrement étranger à la théorie du mouvement des ondes aqueuses, s'il ne sait pas définir les causes d'agitation de la mer, c'est-à-dire s'il ne possède pas de la théorie des marées, des courants et des vents, la part qui explique leur action immédiate sur la mer; enfin, et surtout s'il est étranger à la théorie de la stabilité des corps flottants ayant la forme d'un navire dans un milieu agité comme celui que présente la mer.

Ces questions sont, à un certain degré, au-delà de la portée des diverses professions industrielles qui sont engagées dans la construction et la conduite des navires; la science elle-même ne les a pas encore complétement élucidées.

La théorie du mouvement des ondes a été l'objet d'un prix fondé par l'Institut en 1816, qui a valu à la science, de savants mémoires de Poisson et de Cauchy; mais, malgré les recherches antérieures de savants également célèbres, la lumière n'était pas complétement faite sur ce point important, lorsqu'ont paru les travaux d'Airy, qui n'ont pas été, à notre connaissance, traduits et publiés en France. Souhaitons que des hommes de l'ordre de Poisson et de Cauchy, si sévèrement traités par Airy, nous disent s'il a plus complétement exposé qu'eux, la théorie du mouvement moléculaire et général des ondes aqueuses.

L'Académie a également proposé pour sujet de prix, pour 1856, et remis depuis successivement au concours *le perfectionnement de la théorie mathématique des marées*. Jusqu'à ce jour, le concours n'a pas produit une solution acceptée de cette grande question.

Enfin, en 1864, l'Académie avait proposé pour le grand prix de mathématiques la question suivante : *Donner une théorie rigoureuse et complète de la stabilité des corps flottants*. Ce prix n'a pas été décerné.

Nous n'avons pas eu, un seul instant, la prétention de faire faire le moindre pas à d'aussi graves questions; l'entreprise serait absolument au-dessus de nos forces intellectuelles. Il faudrait recommencer sa vie tout entière et avoir en soi les aptitudes naturelles qui complètent le savant pour aborder avec quelqu'espoir de pareilles questions. Nous n'avons même soupçonné l'insuffisance de la science appliquée aux conditions de sécurité d'un navire battu par la tempête, que lorsque nous avons été obligé de chercher le lien entre la science et la conduite des navires, et ce n'est qu'après en avoir constaté l'absence ou l'insuffisance, que cela nous a paru digne de la plus sérieuse attention.

Il nous a paru inexplicable que, dans la lutte d'un navire avec l'agitation de la mer, les livres n'enseignassent rien sur la direction et la mesure des forces dont il doit triompher; qu'à côté des efforts tentés pour déterminer, par l'observation, la hauteur et la forme des plus grandes vagues, on fût encore si peu préoccupé de la nature et des lois du mouvement moléculaire des ondes, de leur vitesse de propagation, de leurs effets de translation, des causes d'action et d'apaisement; enfin de l'influence mécanique qu'un milieu violemment agité a sur les conditions d'équilibre de position d'un navire.

Nous avons été surpris de ne pas trouver dans les traités de navigation l'ensemble des conditions que doit remplir un navire pour réussir mieux qu'un autre à affronter la tempête; à trouver dans ses formes le moyen de n'accomplir que la moindre somme de mouvements oscillatoires avec la plus grande douceur, tout en poursuivant sa marche. Les savants ont cru tout faire en recherchant les lois de la stabilité d'un corps flottant en eau calme, et, comme ils ne pouvaient observer au-delà, ils n'ont pas dépassé cet aspect de la question. Aussi n'ont-ils rien achevé, et l'art est-il resté livré à l'imprévu de l'esprit d'aventure. Qu'est-il arrivé? En peu d'années, après des siècles de routine, les formes des navires ont changé presque radicalement et les formes nouvelles nous sont venues d'une nation qui ne possède qu'un nombre très-limité de savants. Ces grands modèles, ces types si respectés dont on n'apercevait pas la possibilité de sortir, ont été délaissés en un instant, pour obtenir de la vitesse, de la solidité et de la capacité. Les formes droites nous sont venues de la jeune Amérique et se sont substituées à nos formes courbes et évasées, parce que l'on s'est bien vite aperçu que non-seulement ces trois conditions, qu'avaient cherchées les Américains, étaient obtenues, mais qu'elles l'étaient surtout à cause de l'insensibilité relative de ces formes à l'agitation de la mer.

Quand ce fait s'est produit, il a jeté une perturbation profonde dans les corps où la science est constituée administrativement et hiérarchiquement.

La résistance et la lenteur à l'adoption d'idées nouvelles viennent, dans ce cas, de ce que l'impulsion remonte de l'initiative novatrice à la tradition. L'esprit d'innovation des nouveaux s'attaque à l'esprit de conservation des anciens; l'initiative s'attaque à la responsabilité, et la lutte se poursuit ainsi jusqu'à ce que le progrès se soit installé au sommet hiérarchique. Mais l'industrie a des allures plus rapides, elle commence par imiter ce qui réussit, sauf à laisser la science courir après ses succès pour les expliquer et en tirer des déductions qui appellent quelquefois à leur tour des idées nouvelles.

En Angleterre, il faut le reconnaître, la science fait de grands efforts. L'importance des intérêts qui s'attachent à la navigation y a créé un ordre de savants qui se tiennent très-près de cette grande industrie. Ils font mieux; ils réunissent leurs efforts et leurs travaux et discutent en commun. Ces débats, où la science a pour représentants : Henry Moseley, Airy, Jos. Woolley, Macquorn Rankine, Froude, etc., et où l'industrie est plus spécialement représentée par Fairbairn, Scott Russell, Fincham, ont acquis, dans ces derniers temps, une grande importance; les faits s'y trouvent mêlés et comparés aux conclusions scientifiques, et des vérités acquises ont déjà l'expérience pour elles.

Nous nous bornerons donc à exposer les points pour lesquels

les procédés ont besoin d'interroger la science. Celle-ci a le cœur excellent; comme elle trouve en elle-même sa propre satisfaction, elle est désintéressée, indépendante, et trop souvent peu soucieuse du terre-à-terre de l'industrie ; mais ici un intérêt de premier ordre appelle ses efforts ; il s'agit de l'engager dans cette voie, et ce livre n'eût-il que cet objet en vue, cela suffirait pour en justifier l'utilité.

Nous nous sommes efforcé de ne négliger, dans ce livre, aucun des faits essentiels qui intéressent le savant, l'ingénieur, le mécanicien et le marin, tout en cherchant à satisfaire ceux que l'amour des voyages ou l'intérêt qui s'attache à la grande question des communications transatlantiques portent à l'étude de la navigation maritime.

# CHAPITRE II

## SÉCURITÉ DE LA NAVIGATION; IMPORTANCE DE CET INTÉRÊT

*Sommaire :*

Recherche des conditions de sécurité de la navigation. Lois, limites et effets de l'agitation de la mer. Influence des marées, des courants et du vent. Théories des ondes, des marées, de la stabilité des corps flottants.

Conditions théoriques et pratiques de résistance d'un navire à l'agitation de la mer ; formes, matériaux de construction, rigidité. Sécurité puisée dans l'observation des règles de la science. Conséquences. Économie sur la dépréciation du matériel naval, sur les assurances. Réduction du frêt et du prix des voyages. Extension de la colonisation, etc.

Nous voulons décrire la forme de l'agitation de la mer, et rechercher les causes de cette agitation, pour en comprendre la nature et la loi.

Décrire aussi les fatigues qu'un navire éprouve dans les divers états d'agitation de la mer et de l'atmosphère ; en conclure les conditions de construction propres à garantir sa solidité, à assurer sa stabilité et à permettre sa marche continue dans la direction qu'il veut suivre.

Démontrer enfin qu'un navire, bien construit, peut braver, avec une sécurité complète, la plus violente agitation de l'air et de la mer, et en rester maître, au point de n'avoir pas à modifier sa route devant la lutte des éléments.

Disons de suite que, dans le cercle de ces démonstrations, aucune occasion ne se produit d'introduire une idée nouvelle, un fait nouveau. Tout ce qui est écrit dans ce livre est pris dans le domaine des faits immédiats et des idées connues.

Le point de vue seul est nouveau, et il se présente à son heure, l'heure de l'expansion des populations civilisées vers les contrées éloignées, où les appellent des besoins d'échange, de spéculation, de travail, en un mot.

S'il est vrai que ces terreurs vagues, qu'imposent les lointains voyages à travers les océans, n'ont d'origine que dans notre ignorance ; s'il est vrai que nous pouvons nous confier à la mer avec autant de sécurité qu'aux voies ferrées ; s'il est vrai que, sans sortir des dimensions ordinaires des navires, et des conditions ordinaires de la spéculation commerciale, nous puissions franchir les plus grandes distances maritimes à une vitesse régulière de vingt à vingt-cinq kilomètres à l'heure ; s'il est vrai, enfin, que la somme des dangers à courir, dans ces traversées, soit si faible, qu'au lieu de nous défier de la mer, nous ayons toute raison de nous confier à elle, ne sera-ce pas un service rendu que d'avoir dégagé cette vérité et de l'avoir répandue ?

A la hauteur où le progrès des arts a porté, aujourd'hui, la plupart des grandes industries, le nombre des initiateurs semble diminuer. L'art de construire la machine à vapeur ne produit plus un Watt, et cependant l'état d'insuffisance théorique de cette machine est une des préoccupations les plus habituelles de l'ingénieur. Mais il se produit des continuateurs dont le travail accumulé conduit l'art à des développements nouveaux. Ces progrès sont d'abord inaperçus par les masses; mais, un jour, un jet subit de lumière éclaire et découvre la route parcourue, et, de ces progrès, insensibles d'abord, il se dégage une loi. Cette loi, qui appartient à tous, devient alors une condition essentielle de l'art, et celui-ci se transforme d'après elle, pour repartir, d'un pas rajeuni et assuré vers un but plus éloigné et plus désirable encore.

Nous en sommes là. En veut-on un exemple? Il y a, entre l'Angleterre et l'Irlande, entre Kingston et Holyhead, un passage des plus fréquentés, à travers une mer rarement bonne, souvent très-mauvaise, que des navires, de construction récente, franchissent deux fois par jour, à une vitesse régulière de vingt-six kilomètres à l'heure. Ces navires ne tiennent compte, au point de vue de leur solidité, de leur stabilité et de leur marche, d'aucun état de la mer et de l'atmosphère. Par le plus mauvais temps, leur départ n'est pas ajourné d'une minute; leur arrivée n'est pas plus compromise. L'agitation de la mer n'a pas, il est vrai, sur ce point, les proportions grandioses qu'elle prend sur l'Océan; mais les navires qui la dominent si bien n'ont pas les proportions des navires transocéaniens.

Parmi ces derniers, il en est qui approchent des conditions exigées comme sécurité et vitesse de marche; ils seront un des sujets intéressants de notre étude.

Nous assistons, en ce qui concerne la navigation maritime, à une période de transition. L'état dont nous sortons est facile à reconnaître, son histoire remplit les pages des journaux toutes les fois qu'un ouragan traverse la mer. Le matériel naval de tous les pays est composé de matériaux si altérables dans leur forme et leur nature, dont l'assemblage est si mobile, qu'il suffit de quelques semaines de tempête pour faire du plus jeune et du plus solide spécimen un appareil déformé, décrépit, innavigable.

Doué d'une durée moyenne de douze à quinze ans, à grand renfort de carénages, de réparations et de consolidations, ce matériel navigue sous l'empire d'une seule chance, celle des fortunes de mer, c'est-à-dire du beau et du mauvais temps. *Il fatigue à la mer*, et quand cette fatigue le rend perméable, il lui faut, à tout prix, fuir devant le temps et gagner un port, sous peine de sombrer. C'est ainsi, par centaines de millions, qu'il faut compter, chaque année, la perte de valeur du matériel naval.

Un navire sort, complétement renouvelé, des mains des charpentiers et des caréneurs ; il part pour une navigation qui le tiendra éloigné pendant deux ou trois ans de son port d'attache. Il est déjà grevé, pour sa cargaison et pour lui-même, de frais d'assurance. Il rencontre des mauvais temps, fatigue et se fait réparer dans les ports étrangers. Il y laisse le plus clair de ses recettes. C'est ainsi que l'industrie d'armement, bornée à l'usage des navires en bois, succombe progressivement. Elle n'enrichit plus personne; elle est, depuis bien des années, en état de crise permanente ; elle dépérit.

L'histoire des naufrages est, d'ailleurs, toujours la même. Dans les gros temps, les parties les plus faibles du navire : les voiles, le gréement, la mâture, ne peuvent supporter, sans fatigue, l'action combinée du roulis, du tangage et du vent. Un chargement d'objets lourds, sous un faible volume, impose au navire des reprises d'équilibre tellement vives, qu'il détend rapidement son gréement et brise ses mâts. Ou bien l'absence de chargement et d'un lest suffisant, élevant le centre de gravité, donne au roulis une telle amplitude que, sous l'influence combinée des vagues et du vent, le navire se couche, s'engage, et qu'il faut couper une partie de la mâture pour le relever. Le gouvernail est brisé ou impuissant, la mer embarque sur le pont; elle y détruit successivement tous les objets saillants : pavois, dunettes, roofs, claire-voies; elle enlève les canots, l'eau pénètre par toutes les ouvertures qu'elle s'est faite. La carène subit, en même temps, des étreintes, des chocs; elle est soulevée inégalement par les vagues, tordue, pliée dans tous les sens. Sa charpente se relâche, et le bordé perd sa rigidité. Il laisse aussi pénétrer l'eau à l'intérieur. L'équipage lutte sur tous les points à la fois; mais, à bout de moyens de conserver le grément, c'est la carène qui reste la seule planche de salut. C'est aux pompes que se portent les efforts, les dernières forces d'un équipage déjà épuisé. Si le capitaine n'a pu prévoir la durée de la lutte, s'il n'a pas su s'y dérober à temps, le navire est abandonné en pleine mer. S'il a gagné la terre déjà désemparé, il est innavigable, et va se perdre dans le voisinage du port où il a voulu chercher un refuge. Telle a été la destinée monotone, vulgaire et fatale des navires de la marine marchande, jusqu'au moment où les progrès récents de la navigation transocéanienne ont porté à l'agitation de la mer et de l'atmosphère un défi suivi de nombreux triomphes qu'il s'agit maintenant de généraliser.

Or, le jour est arrivé où c'est une condition inacceptable qu'un navire puisse fatiguer à la mer. La mer ne doit pas faire éprouver la moindre déformation à un navire, quelque furieuse qu'elle soit; aucune des réactions que subit la carène ne doit excéder les limites de son élasticité propre; aucun de ses assemblages ne doit constituer un point faible.

L'enveloppe d'un générateur, soumise à d'énormes variations de température, résiste pendant de longues années, on pourrait dire indéfiniment, à des pressions de six à huit kilogrammes par centimètre carré. Le bordé d'un navire transocéanien est composé de tôles beaucoup plus épaisses, et il n'est pas exposé à des pressions semblables, quelle que soit l'intensité des chocs des vagues. Sous ce rapport, il défie absolument la mer, fût-il entièrement couvert par elle. Sa construction intérieure est disposée de façon qu'il résiste comme un bloc plein. Il est susceptible de reposer sur deux points, par ses extrémités, sans fléchir au milieu; de reposer sur un seul point, au milieu, sans que les extrémités s'abaissent. Il peut aussi être ballotté par les flots, battu par la tempête, sans qu'aucun des coups de roulis, les plus violents, altère le moins du monde son homogénéité de construction; c'est un morceau de fer ayant la forme de plus grande résistance. Il peut, par suite d'une erreur de direction, causée par une nuit profonde et par une mer furieuse, être jeté sur les rochers, y rester un hiver tout entier, immobile et inaltéré, bravant l'action la plus destructive des marées, en sortir, et garder, après quinze ans de navigation transocéanienne, le renom du navire le plus sûr de la mer. C'est l'histoire du *Great-Britain*, le second navire de Brunel.

C'est cette ère nouvelle, dans la navigation maritime, dont il faut bien déterminer le caractère. Les conséquences, on les entrevoit : c'est la civilisation se répandant plus également sur le monde; c'est aussi, et surtout, une extension immense des moyens de travail. Avec la sécurité, la régularité et la rapidité des voyages transocéaniens, il n'existe plus de solitude que l'esprit d'entreprise de l'Européen ne puisse féconder. L'étendue des contrées où le sol est plus riche que dans notre Europe, où la végétation, plus active et plus abondante, n'exige pas la même quantité de travail, est décuple, au moins, de celle du continent Européen. La production agricole est l'élément le plus entraînant des imaginations, comme elle est l'instrument le plus moralisateur de l'humanité.

La possession du sol a formé le plus grand peuple de la terre, le plus énergique, le plus vigoureux, le plus attaché aux lois de la famille, le plus libre individuellement, le plus libre dans l'association, le plus libre par ses droits et son action politiques, le plus agriculteur, le plus industriel, le plus navigateur, le plus résolu à étendre ses institutions et sa puissance; profondément brave, passionné de lui-même jusqu'à verser la part la plus riche et la plus noble de son sang pour extirper une grande plaie morale, et garder l'Union, qui est le vrai rempart de sa supériorité politique sur le monde.

Ce qu'ont fait les solitudes Américaines dans le Nord, celles de l'Amérique méridionale, celles de l'Afrique, à climats tempérés, le feront à mesure qu'au lieu de se peupler des enfants perdus de la civilisation, elles recevront, par la facilité des communications, la partie saine et pleine encore de séve morale, qui surabonde en Europe et demande au travail l'amélioration de son sort.

A part ce grand intérêt de civilisation, recherchons les avantages que recueilleront le commerce et l'industrie, de la réduction des dangers qui s'attachent, aujourd'hui, aux transports transocéaniens, et d'un mode de construction qui donne aux navires une durée de plus d'un demi-siècle.

En 1860, la marine française possédait 770 navires de 300 à 800 tonneaux, jaugeant 366,364 tonnes, dont la construction avait coûté, à 450 fr. chacun, 164,500,000 fr.

La durée moyenne de ces navires étant de 12 ans, c'est le douzième de cette somme qui est annuellement perdu ;

| | |
|---|---|
| Soit . . . . . . . . . . . . . . . . | 13,700,000 fr. |
| Il faut ajouter à cette perte : | |
| L'assurance, qui est de 7 p. °/₀ . . . . . . | 11,500,000 |
| Perte totale annuelle . . . . . . . . . | 25,200,000 |

Cette marine et celle de l'étranger apportent, en France, de l'Amérique, de l'Afrique océanienne et de l'Asie, une quantité de marchandises dont la valeur actuelle est

| | |
|---|---|
| de. . . . . . . . . . . . . . . | 692,397,000 fr. |
| Elles en exportent pour une valeur de. . | 569,472,000 |
| Ensemble . . . . . . . | 1,261,869,000 |

L'assurance, qui grève le transport de ces matières, s'élève annuellement à environ 1 1/2 p. °/₀; c'est 18,900,000 fr. à ajouter aux 25,200,000 fr. de perte annuelle sur les navires, ce qui atteint 45,000,000.

L'augmentation de durée des navires, de 12 à 50 ans et plus, éteint presque entièrement la perte annuelle de 13,700,000 fr. de dépréciation que subit la marine actuelle.

Les dangers maritimes, réduits aux rencontres en mer, à l'incendie, aux bris sur écueils par erreur de route, et aux atterrages, constituant, pour les navires de long cours, une faible part des causes de destruction, la somme de 11,500,000 fr. serait réduite en proportion; le taux de l'assurance sur les marchandises descendrait à 1/2 p. °/₀ au plus. L'économie pourrait donc s'élever, approximativement, à 35 millions par an.

Les marines au long cours d'Angleterre et des États-Unis, qui s'élèvent ensemble, approximativement, au formidable chiffre de 3,680,000 tonneaux, dont la valeur de construction est de 1,400,000,000 fr., perdent, en dépréciation annuelle et en assurances, 220,000,000 fr.; cette perte serait réduite à 20 ou 25 millions.

Les primes des assurances sur marchandises transocéaniennes s'élèvent au double, soit entre 400 et 500 millions, et seraient certainement réduites au tiers, le taux d'assurance descendant, comme nous l'avons dit, à 1/2 p. °/₀ au plus.

Ainsi, l'intérêt matériel qui s'attache à l'application des

saines lois de la science à l'art de la construction des navires, implique une réduction, dans le coût des transports transocéaniens des diverses nations, d'environ cinq cents millions par an.

L'art de la navigation en est là; il ne s'agit que de l'écouter et de le traduire par une application plus générale.

# CHAPITRE III

## FORME GÉNÉRALE D'AGITATION DE L'EAU. ONDULATION.

*Sommaire :*

Mouvement apparent de l'ondulation. Mouvement moléculaire, sa direction, sa profondeur, sa vitesse, sa durée. Influence de la profondeur de la mer sur les dimensions de l'ondulation et sur sa vitesse de propagation. Théories de Newton, Lagrange, Laplace, Poisson, Cauchy, Airy. Études récentes de Froude et de Macquorn Rankine. Conclusion.

L'ondulation est la forme que prend l'eau ou la mer agitée sous l'influence de la pression ou de la force impulsive du vent.

L'agitation produite en un point quelconque de la surface d'une eau tranquille y fait naître des ondes qui se propagent circulairement autour du centre d'ébranlement, par l'élévation et l'abaissement successifs de l'eau au dessus et au dessous de son niveau naturel.

L'eau s'élève et s'abaisse suivant des courbes qui présentent une grande variété en raison de la variabilité même de la cause qui provoque et modifie incessamment le mouvement ondulatoire.

La propagation de l'ondulation est due à un ébranlement des

molécules aqueuses. Cet ébranlement a un équivalent en déplacement, en chemin parcouru par les molécules. Quel est ce déplacement ? Varie-t-il entre un point à la racine de l'ondulation et une distance proportionnelle à la différence du développement du plan horizontal en eau tranquille et du plan développé par les courbes saillantes et rentrantes de l'ondulation ?

L'eau ne change pas de volume par le fait de l'ondulation; sa surface développée s'accroît par l'étendue des surfaces courbes que l'ondulation substitue à la surface plane de l'eau tranquille.

L'eau n'est pas le seul corps susceptible de transformer en ondulations la perturbation qu'elle subit en passant de l'état de repos à l'état de mouvement. Une corde étendue sur le sol, violemment relevée par une de ses extrémités, et violemment abaissée, subit, par transmission, un mouvement ondulatoire exactement semblable à celui de l'eau. Après avoir décrit les courbes qui l'ont successivement soulevée, la corde a sensiblement repris sur le sol sa première position.

Quelles sont les lois de ce mouvement ? L'ondulation se propage avec une vitesse qu'il est indispensable de connaître, car elle est l'élément le plus redoutable de l'agitation de la mer. Elle se soulève et elle s'abaisse avec une vitesse dont la notion est encore indispensable pour la même raison.

Quelle est la forme des courbes qu'affecte l'agitation pendant sa formation et pendant son décroissement ? L'ondulation est-elle, pendant ces deux périodes, distribuée également par rapport au niveau de l'eau en repos ? Est-elle plus saillante que creuse dans la première période; est-elle moins saillante que creuse dans la seconde, au-dessus de ce niveau ; est-elle également répartie au-dessus et au-dessous dans la période intermédiaire ? L'analyse mathématique peut, sans doute, découvrir la forme de ces courbes en les déduisant des quantités de mouvement; elle pourra aussi en décrire la transformation, mais alors l'impossibilité de faire la part du frottement moléculaire ne faussera-t-elle pas les résultats?

Le mouvement horizontal de propagation est-il associé à un mouvement moléculaire de translation des eaux? Dans le mouvement général d'élévation et d'abaissement, la direction du mouvement moléculaire est-elle seulement verticale? Quelle est la profondeur du fluide intéressée dans le mouvement? Quelle est la durée du mouvement ondulatoire quand sa cause vient à cesser? La profondeur de la mer a-t-elle une influence sur la forme et les autres lois de l'ondulation? La forme de l'ondulation, la courbe serpentante qu'elle affecte, change-t-elle de nature ou d'espèce suivant que la force impulsive est en voie d'accroissement ou d'affaiblissement?

Les conditions d'équilibre d'un corps flottant de la forme d'un navire, armé d'une quille et formé de parties à courbes saillantes ou rentrantes et de parties droites, sont intimement intéressées dans la direction moléculaire de la masse d'eau soumise au mouvement ondulatoire.

Si la direction moléculaire est verticale à tous les instants et dans tous les sens, sans résultante horizontale quelconque, le corps flottant puisera dans cette direction unique des conditions d'équilibre sans cesse renaissantes, abstraction faite d'ailleurs des conditions résultant de l'inégalité des émersions ou des immersions de chacune de ses parties.

Si la direction moléculaire est un épanouissement alternatif laissant les molécules soumises à un mouvement orbitaire qui les pousse à la surface dans une direction perpendiculaire à un plan tangent à cette surface elle-même, une direction cycloïdale des molécules sera la résultante de ce mouvement et elle aura une influence particulière sur la situation d'un corps flottant dans un milieu dont les molécules ont une direction déviant constamment de l'axe vertical, c'est-à-dire de la situation d'équilibre des corps flottants.

Si la direction moléculaire n'est pas seulement un arc de cercle tel qu'il serait décrit par des molécules situées sur une ligne perpendiculaire à des plans tangents à une courbe qui passe alternativement, sur le même espace, de la forme saillante à la forme rentrante ; si, au contraire, l'arc de cercle décrit est continu, donnant lieu, dans l'intérieur de l'ondulation, à une résultante horizontale alternative ayant deux directions opposées : l'une dans le sens de la propagation de l'ondulation, quand celle-ci s'élève, l'autre dans le sens contraire, quand elle s'abaisse, l'amplitude de cette résultante aura encore une conséquence intime sur les conditions d'équilibre des corps flottants.

Enfin, si le mouvement moléculaire est l'instrument nécessaire des mouvements généraux qui donnent à l'ondulation sa forme et sa vitesse de propagation, c'est à en déterminer la nature qu'il faut s'attacher.

Mais où sera l'origine des lois qui régissent ces forces ? L'observation est d'une extrême difficulté. Qui affirmera que, dans le mouvement ondulatoire, l'eau se comporte comme les corps graves : que la propagation des forces, la transmission du mouvement a pour direction normale celle des pressions. S'il est vrai que les chemins parcourus par les molécules sont en raison inverse des pressions et que le mouvement moléculaire est plus actif à la surface qu'à la racine des ondulations, à quelle profondeur sera située cette racine ? Quelle sera la relation de sa situation avec les dimensions superficielles et verticales apparentes de l'ondulation ?

Ces questions montrent à la fois l'intérêt et l'importance dont est, pour le navigateur, la connaissance des lois de formation et de mouvement de l'ondulation.

Puisque l'agitation de la mer se montre sous la forme d'un mouvement ondulatoire, il faut constater la nature même de ce mouvement, qui ne peut agiter la surface du fluide que par suite d'un déplacement moléculaire plus ou moins profond.

La cause de ce mouvement ondulatoire semble simple. Tout corps sensiblement incompressible, comprimé entre diverses surfaces relativement en repos, s'échappe par le côté où il trouve la moindre résistance.

L'eau déplacée par un corps plongeant est comprimée entre ce corps et l'eau en repos qui n'est pas en contact immédiat avec le corps, et à laquelle la pression qu'il exerce n'a pas été transmise. Sollicitée entre ces deux pressions, elle s'élève dans l'air qu'elle déplace parce qu'il est plus léger qu'elle.

Elle s'élève verticalement, parce que cette direction du mouvement est la résultante des pressions qu'elle subit. Une fois élevée, elle transmet la pression due à la hauteur à laquelle elle a été élevée aux molécules environnantes, et celles-ci, subissant cette action et la réaction de la résistance opposée par l'eau en repos, s'élèvent à leur tour pendant que les premières descendent avec la vitesse que les corps graves affectent en tombant. Ainsi se propage le mouvement ondulatoire, et cette propagation est incessamment la cause et l'effet du mouvement vertical des molécules du fluide. La cause qui a produit l'ondulation est une pression ; cette pression a occasionné un déplacement prochain et immédiat, qui ne peut que se propager sous la même forme. Ce mouvement exprime une force qui peut être déterminée à son origine. On peut plonger un corps dans le fluide, calculer le volume déplacé, mesurer la vitesse de ce déplacement, déterminer la quantité de travail effectuée, puis mesurer ensuite la hauteur de l'ondulation, la vitesse du mouvement vertical et sa vitesse de propagation, son étendue; on peut en conclure la résistance que l'eau elle-même oppose au mouvement par les frottements entre ses molécules, celle qu'elle éprouve par la pesanteur de l'air et l'effort nécessaire pour le déplacer. Il semble, en un mot, que les deux lois naturelles de direction du mouvement d'un corps comprimé et de la chute des graves suffisent à expliquer et, pour ainsi dire, à prouver à la fois la verticalité du mouvement moléculaire dans l'élévation et l'abaissement de l'ondulation et la vitesse de ces deux mouvements ; il semble encore que la dimension de l'ondulation est une conséquence obligée de l'intensité des pressions qui tendent à déplacer le fluide et qu'alors le lien mathématique doit s'établir naturellement entre les dimensions du mouvement ondulatoire et la vitesse du mouvement lui-même ; que, connaissant la hauteur d'une ondulation, on en déduira sa largeur, sa vitesse verticale de soulèvement et d'abaissement et sa vitesse de propagation.

Tout cela semble simple, élémentaire, obligé. Pourquoi donc alors la preuve de la direction du mouvement moléculaire dans l'ondulation est-elle si ardemment recherchée ? Pourquoi n'a-t-elle jamais cessé de préoccuper les savants et les corps savants ? C'est parce que cette direction a une importance capitale dans la grande industrie qui vit des communications d'outre-mer ; parce qu'elle est, avec l'agitation de l'atmosphère, le principal obstacle au développement de ces communications. C'est qu'il est impossible de comprendre l'art nautique, si on ne sait pas d'abord la loi d'agitation de la mer. Et, en effet, si le mouvement ondulatoire était en réalité ce qu'il est en apparence, si c'était un mouvement de translation horizontale de toutes les molécules suivant la direction de l'ondulation et animé de la même vitesse que celle de l'ondulation, la navigation serait impossible. Aussitôt que cette agitation se produirait, les corps flottants seraient entraînés par les vagues, le fond mobile des parties sans profondeur le serait également.

Or ce phénomène ne se produit pas, donc le mouvement de translation n'existe pas, donc le mouvement moléculaire n'est pas horizontal. Mais est-il pour cela absolument vertical? ou bien est-il orbitaire, elliptique, circulaire, etc.? Dans chacun de ces cas, la direction connue de ces mouvements doit-elle avoir une relation avec les lignes d'eau des navires; comment modifie-t-elle leur marche; quels efforts leur impose-t-elle; quels dangers leur fait-elle courir?

Telles sont les questions qui donnent à cette étude une importance de premier ordre dans la science nautique.

Newton a, le premier, étudié les lois de propagation du mouvement dans les fluides dépourvus d'élasticité (1). La pression ne s'y propage pas suivant des lignes droites (proposit. 41, L. II). Le mouvement causé par une agitation quelconque dans un fluide en repos, diverge de la direction rectiligne et se répand dans le milieu en contact (proposit. 42). Il y cause un mouvement circulaire (proposit. 43). Si l'équilibre hydrostatique est momentanément troublé dans les deux branches d'un siphon renversé, il se produit un mouvement d'ascension et de descente : la durée de cette oscillation sera la même que celle d'un pendule dont la longueur serait égale à la moitié de celle que l'eau aurait dans le siphon et dans ses deux branches (proposit. 44). La vitesse des ondes est proportionnelle à la racine carrée de leur longueur (proposit. 45). Il ajoute : « Je suppose ici que les molécules de l'eau montent et descendent verticalement, mais s'il était vrai que ces mouvements sont circulaires, cette proposition ne serait vraie, quant à la durée du mouvement qui en résulte, que d'une manière approximative (proposit. 46). Dans

(1) L'eau n'est pas absolument inélastique, mais cela n'affecte pas les principes et les résultats dans l'étude des mouvements des ondes.

l'ondulation, le mouvement des particules dans les deux directions contraires et réciproques, est accéléré ou retardé suivant les lois d'oscillation d'un pendule (1) (proposit. 47).

Lagrange a repris les propositions de Newton : il part des mêmes bases. « Quoique nous ignorions, dit-il, la constitution intérieure des fluides, nous ne pouvons douter que les particules qui les composent ne soient matérielles et que, par cette raison, les lois générales de l'équilibre ne leur conviennent comme aux corps solides. En effet, la propriété principale des fluides et la seule qui les distingue des corps solides, consiste en ce que toutes leurs parties cèdent à la moindre force et peuvent se mouvoir entre elles avec toute la facilité possible, quelle que soit

(1) Playfair, traduisant les propositions de Newton, les résume ainsi :

Soit un siphon renversé à deux branches verticales, L la longueur de l'espace occupé par l'eau dans le siphon, la durée T de l'oscillation dans chacune des deux branches sera exprimée par la formule :

$$T = \pi \frac{\sqrt{L}}{2g},$$

Le mouvement vibratoire de l'eau dans l'oscillation s'explique par la même loi.

Soit $a$ la hauteur d'une vague, $b$ sa $\frac{1}{2}$ largeur : la durée de l'ondulation, c'est-à-dire l'intervalle de temps entre deux hauteurs maxima successives, sera :

$$\frac{\pi}{\sqrt{2g}} = \sqrt{a+b}$$

et la distance parcourue par seconde sera :

$$\frac{b\sqrt{2g}}{\pi\sqrt{a+b}}$$

si $a$ est négligé, la vitesse de la vague devient :

$$\frac{\sqrt{2gb}}{\pi}.$$

d'ailleurs la liaison et l'action mutuelle de ces parties. Or, cette propriété pouvant être aisément traduite en calculs, il s'ensuit que les lois de l'équilibre des fluides ne demandent pas une théorie particulière, mais qu'elles ne doivent être qu'un cas particulier de la théorie générale de la statique. »

Recherchant l'application des formules de la dynamique, Lagrange se sépare de Newton sur la proposition relative au mouvement vertical des molécules aqueuses.

« La théorie des ondes que Newton a donnée dans la proposition 46e du 2e livre étant fondée sur la supposition précaire et peu naturelle que les oscillations verticales des ondes seraient analogues à celles de l'eau dans un tuyau recourbé, doit être regardée comme absolument insuffisante pour expliquer ce problème.

« Comme la vitesse du son se trouve égale à celle qu'un corps grave acquerrait en tombant de la moitié de la hauteur de l'atmosphère supposée homogène, la vitesse de la propagation des ondes sera la même que celle qu'un corps grave acquerrait en descendant d'une hauteur égale à la moitié de la profondeur de l'eau dans le canal qui la contient. Par conséquent, si cette profondeur est d'un pied, la vitesse des ondes sera de 5,495 pieds par seconde, et, si la profondeur de l'eau est plus ou moins grande, la vitesse des ondes variera en raison sous-doublée des profondeurs, pourvu qu'elles ne soient pas trop considérables.

« Au reste, quelle que puisse être la profondeur de l'eau (1) et la figure de son fond, on pourra toujours employer la théorie précédente, si l'on suppose que dans la formation des ondes l'eau n'est ébranlée et remuée qu'à une profondeur très-petite, supposition qui est très-plausible en elle-même à cause de la téna-

(1) Cette proposition n'est pas admissible, même comme première approximation. (Joseph BERTRAND.)

cité et de l'adhérence mutuelle des particules de l'eau, et que je trouve d'ailleurs confirmée par l'expérience, même à l'égard des grandes ondes de la mer. »

Nous verrons comment ces propositions ont été combattues par Poisson; mais nous pouvons constater jusque-là le degré d'obscurité des théories émises. L'ingénieuse idée de Newton de comparer le mouvement vertical des ondes dans un milieu indéfini à celui qui a lieu dans un siphon n'est pas poursuivie assez loin. En lui assignant la même durée pour la même différence de niveau, il fait abstraction de l'influence retardatrice dans le siphon du frottement exprimé en hydrodynamique par la perte de charge et le coefficient d'écoulement en relation avec la section du siphon. Toujours est-il qu'il y a dans les conditions hydrauliques des oscillations dans le siphon, l'exemple de la loi naturelle de l'ondulation simple et de sa faculté de propagation, sans preuve de la direction du mouvement moléculaire.

Lagrange, appliquant à un fluide inélastique auquel il reconnaît les propriétés des corps solides également inélastiques, les lois qui régissent la propagation du son, semble s'éloigner de la simplicité des définitions de Newton, sans expliquer sa pensée.

Nous sommes donc encore loin du but.

Ecoutons maintenant Poisson :

« Les ondes aqueuses, (1) qui sont dues aux élévations et aux abaissements successifs du fluide, au-dessus et au-dessous de son niveau naturel, sont le phénomène le plus simple du mouvement des fluides et l'un des premiers qui se présentent aux recherches des géomètres; cependant on n'est pas encore parvenu à déterminer d'une manière satisfaisante les lois de ces oscillations que l'on a si souvent l'occasion d'observer. »

(1) *Mémoire sur la théorie des ondes*, 1815.

« Newton dans son livre des principes (1), les compare aux oscillations de l'eau dans un siphon renversé. De cette comparaison il conclut que la vitesse de propagation des ondes doit être proportionnelle à la racine carrée de leur longueur et que chaque onde doit parcourir sa longueur entière dans un temps égal à celui des oscillations d'un pendule simple qui aurait pour longueur le double de cette même longueur ; on entend ici par longueur des ondes, l'intervalle compris entre les sommets de deux ondes consécutives, l'une saillante et l'autre tracée en creux à la surface du fluide. Il restait donc à déterminer cet intervalle par un ébranlement donné à la masse fluide, et à reconnaître s'il demeure constant ou s'il varie pendant la durée du mouvement; mais, en y réfléchissant avec toute l'attention que le nom de Newton commande, on ne trouve pas une analogie suffisante entre ces deux mouvements dont ce grand physicien supposait l'identité, et son hypothèse ne paraît pas assez fondée pour servir de base à une détermination exacte de la vitesse des ondes. »

Poisson rappelle que Laplace est le premier qui ait cherché à soumettre cette question à une analyse régulière, que, dix ans après lui, Lagrange l'a également traitée (2).

« Lagrange a démontré que dans le cas où la profondeur du fluide est très-petite et constante, la propagation des ondes a lieu suivant les mêmes lois que celles du son, en sorte que leur vitesse est constante et indépendante de l'ébranlement primitif. De plus il la trouve proportionnelle à la racine carrée de la profondeur du fluide, lorsqu'il est contenu dans un canal qui a la même largeur dans toute son étendue. Il suppose ensuite que le mouvement excité à la surface de l'eau, quelle que soit sa profon-

(1) Volume de l'Académie des sciences, 1776.

(2) Mémoire de Berlin, *Mécanique analytique*.

deur, ne se transmet qu'à de très-petites distances au-dessous de cette surface, d'où il conclut que son analyse donne encore la solution du problème, quelque grande que soit la profondeur, de manière que si l'observation faisait connaître la distance à laquelle le mouvement est insensible, la vitesse de la propagation des ondes à la surface serait proportionnelle à la racine carrée de cette distance ; et réciproquement, si cette vitesse est mesurée directement, on en pourra déduire la petite profondeur à laquelle le mouvement parvient. »

Suivant Poisson. « Les choses ne se passent pas ainsi, lorsqu'on a égard à la transmission du mouvement dans le sens vertical. En effet, le mouvement, dans ce sens, n'est pas brusquement interrompu ; les vitesses et les oscillations des molécules diminuent à mesure que l'on s'enfonce au-dessous de la surface ; et la distance à laquelle on peut le regarder comme insensible, en admettant même pour un moment qu'elle soit très-petite, n'est pas une quantité déterminée qui puisse entrer, comme on le suppose, dans l'expression de la vitesse à la surface. »

Dans ses expériences, Poisson transmet l'impulsion ou l'ébranlement au fluide en plongeant un corps dans l'eau, en donnant au fluide le temps de revenir au repos, puis en retirant subitement le corps plongé. Cette méthode est fort ingénieuse parce que la forme et les dimensions du corps qui a donné lieu à l'ébranlement sont susceptibles de mesure.

Il pose ce dilemme. « Si la vitesse des ondes est indépendante de l'ébranlement primitif, il faudra que l'espace qu'elles parcourent dans un temps quelconque, soit égal à l'espace parcouru dans le même temps par un corps pesant, multiplié par une quantité abstraite indépendante de toute unité de ligne ou de temps ; donc, alors le mouvement des ondes sera semblable à celui des corps graves avec une accélération qui sera un certain multiple ou une certaine fraction de l'accélération de la pesanteur. Si, au contraire, le mouvement des ondes est uniforme, il faut que leur vitesse dépende de l'ébranlement primitif, de manière que l'espace parcouru dans un temps donné soit une moyenne proportionnelle entre deux lignes, savoir : la ligne décrite dans le même temps par un corps grave et une fraction linéaire des dimensions du corps plongé. Il pourrait encore arriver que le mouvement des ondes fût accéléré et que l'accélération dépendît du rapport numérique qui existe entre ces dimensions. C'est au calcul à décider lequel des mouvements doit avoir effectivement lieu ; mais on voit, *à priori*, qu'ils sont l'un et l'autre contraires au résultat de la mécanique analytique. »

Telles étaient, à la connaissance de Poisson, les seules recherches théoriques, publiées sur le problème des ondes, lorsque l'Institut le proposa pour sujet de prix en 1816.

Il ajoute que Biot avait fait avant lui des expériences sur le mouvement des ondes produites par l'immersion de différents solides de révolution et même par des cônes et des cylindres, et qu'il avait reconnu que la vitesse de propagation ne dépend ni de la figure de ces corps, ni de la quantité dont ils sont enfoncés dans le fluide, mais qu'elle varie avec le rayon de leur section à fleur d'eau, ce qui est conforme à la théorie qu'il établit dans son mémoire, suivant laquelle la vitesse des ondes est proportionnelle à la racine carrée de ce rayon.

Avant de poursuivre, constatons l'obscurité des solutions à cette époque. Aujourd'hui que la loi de l'équilibre des forces est la base de toutes les modifications dans les formes et dans le mouvement des corps et que l'action et la réaction expriment des quantités de travail dont les éléments forment l'égalité dans les deux intégrales de la puissance et de la résistance, accepterait-on comme satisfaisante la conclusion à laquelle Poisson et Biot ont été conduits : que la vitesse des ondes varie seulement avec le rayon à fleur d'eau de la section des corps enfoncés dans le liquide?

L'immersion d'un corps dans l'eau ou son émersion expriment une quantité de travail dans laquelle entre son volume, c'est-à-dire sa section par sa hauteur. Si le corps est d'une section uniforme et s'il est immergé ou émergé dans le même moment d'une quantité double ou triple, le déplacement sera double ou triple et l'ébranlement communiqué au fluide aura une ondulation dont la hauteur, la vitesse de propagation et l'étendue, seront fonction, à la fois, du volume immergé et de la vitesse d'immersion.

Le volume immergé est, rappelons-le, l'équivalent d'une force impulsive, telle que le vent, dont la pression communique au fluide un ébranlement qui se traduit en mouvements ondulatoires, et on ne peut perdre de vue que la pression du vent croît comme le carré de sa vitesse et que la hauteur, la vitesse de propagation et l'étendue de l'ondulation, sont fonctions de la pression du vent.

Poursuivons l'exposé des doctrines scientifiques sur l'ondulation.

Poisson conclut de la manière suivante: « Les oscillations verticales des molécules qui produisent l'apparence des ondes qui se propagent à la surface du fluide, diminuent de grandeur à mesure que l'on s'éloigne du lieu de l'ébranlement primitif: leur amplitude suit la raison inverse de la racine carrée des distances à ce point, quand le fluide est contenu dans un canal d'une largeur constante; elle suit la raison inverse de ces distances lorsque le fluide est libre de toutes parts et que les ondes se propagent circulairement autour d'un centre commun. Les espaces que parcourent les molécules de l'intérieur du fluide, situées au-dessous de l'ébranlement primitif décroissent suivant une loi plus rapide : suivant la raison inverse de la profondeur ou de son carré, suivant que le fluide est contenu ou non dans un canal, en sorte qu'à de très-grandes distances du lieu de l'ébranlement, le mouvement doit être plus sensible à la surface que dans l'intérieur de la masse fluide. Néanmoins cette loi de décroissement dans le sens de la profondeur n'est pas tellement rapide que le mouvement ne puisse encore se faire sentir à d'assez grandes profondeurs, résultat qui suffirait pour détruire l'hypothèse de Lagrange, dont il a été question plus haut, lors même que nous n'aurions pas prouvé, *à priori*, que la solution qu'il a donnée au problème des ondes ne saurait s'étendre au cas d'un fluide d'une profondeur quelconque. (1). »

« Lorsqu'une onde rencontre un obstacle par dessus lequel il lui est impossible de passer, elle est réfléchie et prend, en rétrogradant, la figure qu'elle aurait eue, si elle eût pu continuer à se mouvoir dans sa direction première. »

« Lorsque plusieurs systèmes d'ondes se développent simultanément à la surface d'un liquide, chacun d'eux se propage circulairement, autour de son centre d'ébranlement sans troubler les autres systèmes; seulement il se forme des lignes courbes dont la situation est subordonnée à la vitesse respective des ondes et à la grandeur des angles sous lesquels elles se coupent. »

Poisson termine en faisant observer qu'il s'est particulièrement attaché, dans la recherche des intégrales relatives au problème des ondes, à traiter le cas le plus ordinaire, celui où la profondeur devient très-grande et comme infinie par rapport à l'étendue des oscillations des molécules.

Le mémoire de Cauchy, sur la théorie de la propagation des

(1) Cette transmission du mouvement, à de grandes profondeurs, a été remarquée pour la première fois par l'ingénieur Brémontier, dans son ouvrage sur le *Mouvement des ondes*, publié en 1809.

ondes à la surface d'un fluide pesant, d'une profondeur indéfinie, fut produit comme celui de Poisson à l'occasion du concours ouvert par l'Institut dans les années 1815, 1816. Il obtint le prix d'analyse mathématique. Nous en extrairons la théorie au seul point de vue de l'application immédiate des notions sur l'agitation de la mer, c'est-à-dire sur la formation de l'ondulation et les lois de mouvement de celle-ci.

« Les impulsions appliquées à la surface d'un fluide se transmettent en partie à ses diverses molécules ; elles peuvent être variables d'un point à l'autre : mais en vertu de la propriété caractéristique des fluides, elles sont pour chaque point égales dans tous les sens. La densité du fluide étant invariable, les molécules ne peuvent changer de masse et conservent le même volume pendant toute la durée du mouvement. Elles conservent entre elles leurs distances et, à moins de mouvements brusques et d'une espèce de scission dans la masse fluide, elles seront, à l'état de mouvement, aux mêmes distances qu'à l'état de repos. »

« L'impulsion étant donnée sur une certaine surface, les vitesses seront proportionnelles à cette surface et à l'impulsion moyenne; elles seront en raison inverse de la densité, mais indépendantes de la forme initiale de cette surface et de la loi suivant laquelle l'impulsion moyenne était distribuée sur les différents points auxquels son action devait s'étendre. »

« La vitesse absolue reste la même pour tous les points situés à égale distance du centre d'impulsion. Elle décroît en raison inverse du carré de la distance à l'origine ; en sorte que, pour de grandes distances, elle devient insensible. »

« Si le mouvement du fluide a été produit par une petite altération du niveau à sa surface, les vitesses seront nulles dans le premier instant; mais elles acquerront bientôt une vitesse sensible. Alors chacun des points de la surface du fluide s'élèvera ou s'abaissera, d'une certaine quantité, au-dessus ou au-dessous du niveau moyen, et l'on verra se former ainsi de petites ondes dont l'élévation ou l'abaissement sera un maximum. La vitesse avec laquelle ces sommets changent de place, est la vitesse des ondes, qui doit être soigneusement distinguée de la vitesse propre aux molécules situées à la surface du fluide, et peut être fort différente. En effet, la vitesse des ondes croît indéfiniment, tandis que celle des molécules reste toujours comprise entre des limites très-resserrées. »

« Le mouvement des ondes n'est pas uniforme, ainsi que M. Lagrange l'a supposé dans sa *Mécanique analytique*, mais uniformément accéléré. »

« Avant d'obtenir les intégrales générales des équations du mouvement, j'avais été conduit déjà, par des considérations particulières, à soupçonner ce résultat, et j'en avais fait part à M. Laplace. Mais je n'osais m'arrêter encore à cette idée, lorsque M. Poisson m'y confirma par cette considération que, pour satisfaire à la condition d'homogénéité, les espaces parcourus par les ondes, supposé qu'ils fussent indépendants de la forme initiale de la surface, devaient être proportionnels à l'espace parcouru par un corps grave, c'est-à-dire à $1/2\, g h^2$. »

« Puisque le mouvement des ondes est uniformément accéléré, la vitesse de chaque onde (mesurée à son sommet) est nécessairement égale à deux fois l'abscisse de ce sommet, divisée par le temps. »

« La deuxième onde se meut plus lentement que la première, la troisième plus lentement que la seconde.

« La vitesse de chaque onde est indépendante de la petite portion de fluide soulevée ou déprimée à l'origine du mouvement. Elle n'est pas constante, mais proportionnelle au temps. Par suite, l'espace parcouru par chaque onde, et la distance comprise entre les sommets de deux ondes consécutives, croissent comme le carré du temps. Ainsi, deux ondes, qui paraissent se confondre tout près du centre du mouvement, s'écartent, à mesure qu'elles s'avancent, d'une manière très-rapide. »

« Tandis qu'une onde s'éloigne du centre de mouvement, à des distances croissantes comme les carrés du temps, ses hauteurs décroissent dans le même rapport. Il suit de cette loi, que chaque onde, en s'avançant, gagne en largeur ce qu'elle perd en hauteur; en sorte que le volume de fluide qu'elle renferme demeure constant. Il en résulte ainsi, qu'au bout d'un temps assez court, elle s'étend et s'aplatit, de manière à devenir insensible. »

« La hauteur de chaque onde, ainsi que sa vitesse, est indépendante de la courbure de la surface qui termine la portion de liquide soulevée ou déprimée à l'origine du mouvement, mais elle dépend du volume que renferme la portion dont il s'agit, et croît proportionnellement à ce même volume. Ainsi, pour des volumes égaux, quoique différents de forme, la hauteur de chaque onde restera la même; mais si le volume vient à varier, la hauteur variera dans le même rapport. Cette loi étant indépendante des signes des quantités que l'on considère, il en résulte que si, à l'origine du mouvement, le fluide se trouve déprimé au lieu d'être soulevé, les ondes se formeront en relief là où elles se formaient en creux, et réciproquement. Enfin, si, dans le premier instant, deux portions de liquide, très-voisines, se trouvaient, l'une soulevée, l'autre déprimée, il suffirait d'avoir égard à la différence de leur volume, et, par conséquent, le mouvement deviendrait insensible si les deux volumes étaient égaux. »

« A distance égale, de part et d'autre, du centre de mouvement, les hauteurs et les vitesses des ondes sont constamment égales entre elles. »

Les propositions qui précèdent s'appliquent au cas où l'on ne considère que deux dimensions dans un fluide. Dans la section II de son mémoire, Cauchy considère les trois dimensions, et il énonce les propositions suivantes :

« L'impulsion et les vitesses des ondes sont constamment proportionnelles au volume d'eau soulevé. »

« Le mouvement des ondes est uniformément accéléré. La vitesse de chaque onde (mesurée à son sommet) est indépendante du volume de fluide primitivement soulevé ou déprimé. Elle est proportionnelle au temps. Par suite, les largeurs des ondes sont proportionnelles au carré du temps, et les zones qui leur servent de bases, aux quatrièmes puissances des temps. »

« Les hauteurs des ondes sont en raison inverse des quatrièmes puissances des temps. En comparant cette loi avec la précédente, on en conclut que le volume de fluide que chaque onde renferme demeure constant. La hauteur des ondes est proportionnelle au volume de fluide primitivement soulevé ou déprimé, et change de signe avec ce volume. »

Nous avons présenté, avec quelque étendue, les lois établies par Cauchy, parce qu'elles prennent un grand intérêt dans leur application à l'agitation de la mer, ainsi qu'on le reconnaîtra plus loin.

Ce n'est pas tout à fait la pensée d'Airy, qui commence, dans ces termes, l'exposé de sa théorie sur les ondulations (waves) :

« Notre théorie n'est pas aussi complète qu'on pourrait le désirer. Elle embrasse cependant toutes les questions d'intérêt général dont on puisse demander la solution aux sciences mécaniques ; mais elle ne comprend pas les cas spéciaux, traités avec tant de développement par Poisson et Cauchy. Sans manquer au respect dû à ces profondes élaborations, nous pensons, avec d'autres écrivains, que les résultats (physical results) en sont absolument dépourvus d'intérêt, bien qu'elles soient au premier rang des études de ce siècle, en ce qui concerne les mathématiques pures. »

Telle est la pensée, un peu dédaigneuse, d'Airy; à d'autres à relever ce gant : entre de pareils athlètes les juges sont rares.

Nous ne suivrons Airy dans la série d'intégrales qui le conduisent à des résultats qu'il considère, à tort ou à raison, comme lui étant propres, que pour exposer ces résultats seuls.

« Lorsque l'on regarde les ondulations de la mer, il semble que la masse d'eau soulevée s'avance tout entière; mais si on observe un objet flottant, on s'aperçoit qu'il n'est pas transporté par l'ondulation, qu'il se déplace cependant, s'avançant légèrement au moment où il est élevé sur le versant de l'ondulation qui progresse, reculant légèrement lorsqu'il flotte sur le versant opposé, et que les deux mouvements contraires se compensent sensiblement. »

« Ainsi se trouve démontré que la masse d'eau, soulevée et abaissée par l'ondulation, n'est pas douée d'un mouvement de translation, mais que ce mouvement n'est autre qu'un changement de forme, dû à un arrangement des molécules aqueuses. »

« Il faut donc démontrer qu'un très-faible mouvement réciproque de chaque molécule d'eau suffit pour expliquer le mouvement, pour ainsi dire illimité, d'une ondulation dont la propagation se continue dans une direction constante. »

Airy décrit ensuite ce mouvement infiniment petit. Il est vertical dans le sens perpendiculaire à l'ondulation; il est courbe dans le sens opposé. Il en donne la forme par les figures suivantes (voir fig. 1, 2 et 3, pl. I.).

« Supposez des lignes verticales descendant de la surface jusqu'au point où cesse l'agitation produite par l'ondulation, et que les molécules situées sur ces lignes subissent un mouvement dont la direction est représentée par les flèches; que les molécules situées au-dessous de la crête de l'ondulation se meuvent en avant; que les molécules situées dans le creux de l'ondulation se meuvent en arrière, et que sur les lignes intermédiaires les molécules sont momentanément en repos; supposez, enfin, que la vitesse du mouvement horizontal des molécules est réciproque et proportionnelle à leur situation diverse dans l'ondulation, et ces suppositions suffiront à expliquer le mouvement général de propagation de celle-ci. »

Poursuivant sa démonstration géométrique des directions moléculaires, Airy conclut « qu'il est évident que la propagation horizontale continue de l'ondulation est complétement expliquée par l'élévation et l'abaissement successifs des molécules. Ces mouvements ne doivent être considérés eux-mêmes que comme l'effet de très-faibles mouvements horizontaux de ces molécules, en avant et en arrière. »

« Dans la marche progressive de l'ondulation, les mêmes molécules sont alternativement à la crête et dans le creux de la vague, et chaque molécule se meut alternativement en avant et en arrière en s'élevant, en s'abaissant; une direction uniforme de propagation se maintient ainsi. »

La loi générale ainsi exposée, il y aura à examiner le trouble apporté sur le régime géométrique du mouvement de propagation et moléculaire de l'ondulation par les forces exercées à la surface de celle-ci par des causes extérieures, telles que la pression du vent; ou à sa racine, telles que la profondeur d'eau.

Dans l'étude d'Airy, comme dans celles de Poisson et de Cauchy, l'une des influences sur la forme de l'ondulation et du mouvement moléculaire à laquelle ces savants s'attachent le plus, c'est la profondeur de l'eau à la surface de laquelle le mouvement ondulatoire se produit. C'est le côté qui nous intéresse le moins, parce que nous ne voulons nous attacher qu'à l'étude de l'agitation de la mer sur les océans, où le mouvement superficiel ne se propage pas sensiblement à des profondeurs telles que le fond ait une influence sensible sur la forme de l'ondulation.

Cette condition, cependant, n'a pas un caractère aussi exceptionnel qu'on pourrait le croire. Quand, à un fond d'une grande profondeur succède un relèvement açore, qui laisse encore une profondeur supérieure à celle à laquelle l'agitation superficielle semble devoir se propager, l'influence de la transition est cependant évidente. L'ondulation change subitement de forme : elle se raccourcit, et le marin exercé est averti du changement qui s'est opéré dans la profondeur de la mer.

Si donc l'équation de continuité du mouvement ondulatoire comprend les conditions de l'égalité de pression et de l'uniformité de la gravité dans le mouvement oscillatoire vertical, il s'en suit que l'uniformité de profondeur en devient également une condition nécessaire, et que la régularité de forme de l'ondulation doit varier, dans de certaines limites, avec la profondeur.

Dans ces conditions, appliquant les principes de la chute des graves, Airy pose les lois suivantes :

« 1° et 2° Dans une profondeur d'eau donnée, la vitesse de propagation de l'ondulation varie comme sa longueur, c'est-à-dire comme la distance entre les deux crêtes des ondulations qui se suivent, et comme l'intervalle de temps qu'elles mettent à se succéder en un même point. »

« Sous ce rapport, les ondulations aqueuses sont analogues à celles de la lumière, mais elles ne le sont pas aux ondes des sons. »

« 3° La distance entre les crêtes des ondulations étant donnée, la vitesse de propagation varie avec la profondeur de l'eau. »

« 4° L'intervalle de temps entre deux ondulations successives étant donné, la vitesse varie avec la profondeur de l'eau. »

« Les circonstances d'ondulations de différentes longueurs

(distance de crête en crête) peuvent être ainsi facilement ramenées à des calculs numériques. »

Posant alors la forme de l'équation, Airy dresse deux tables : l'une des périodes des ondulations, l'autre de la vitesse de propagation des ondulations.

Nous les reproduisons.

« La seconde table est calculée d'après les nombres ci-dessus, en divisant la longueur de l'ondulation par sa durée. »

**TABLE I**

| Profondeur de l'eau en pieds anglais | LONGUEUR DE L'ONDULATION (WAVE) EN PIEDS ANGLAIS | | | | | | | | |
|---|---|---|---|---|---|---|---|---|---|
| | 1 | 10 | 100 | 1 000 | 10 000 | 100 000 | 1 000 000 | 10 000 000 | 100 000 000 |
| | PÉRIODE CORRESPONDANTE DE L'ONDULATION EN SECONDES | | | | | | | | |
| | 0 442 | 1 873 | 17 645 | 176 33 | 1763 3 | 17 633 | 176 330 | 1 763 300 | 17 633 000 |
| 10 | 0 442 | 1 398 | 5 923 | 55 800 | 557 62 | 5 576 2 | 55 762 | 557 620 | 5 576 200 |
| 100 | 0 442 | 1 398 | 4 420 | 18 730 | 176 45 | 1 763 3 | 17 633 | 176 330 | 1 763 300 |
| 1 000 | 0 442 | 1 398 | 4 420 | 13 978 | 59 230 | 558 00 | 5 576 2 | 55 762 | 557 620 |
| 10 000 | 0 442 | 1 398 | 4 420 | 13 978 | 44 201 | 187 30 | 1 764 5 | 17 633 | 176 330 |
| 100 000 | 0 442 | 1 398 | 4 420 | 13 978 | 44 201 | 139 78 | 592 30 | 5 580 | 55 762 |
| 1 000 000 | 0 442 | 1 398 | 4 420 | 13 978 | 44 201 | 139 78 | 442 01 | 1 873 | 17 645 |

**TABLE II**

| Profondeur de l'eau en pieds anglais | LONGUEUR DE L'ONDULATION EN PIEDS ANGLAIS | | | | | | | | | |
|---|---|---|---|---|---|---|---|---|---|---|
| | 1 | 10 | 100 | 1 000 | 10 000 | 100 000 | 1 000 000 | 10 000 000 | 100 000 000 | Infini |
| | VITESSE CORRESPONDANTE DE L'ONDULATION, EN PIEDS ANGLAIS, PAR SECONDE | | | | | | | | | |
| 1 | 2 2264 | 5 3390 | 5 6672 | 5 6710 | 5 6710 | 5 6710 | 5 6710 | 5 6710 | 5 6710 | 5 6710 |
| 10 | 2 2264 | 7 1543 | 16 883 | 17 921 | 17 933 | 17 933 | 17 933 | 17 933 | 17 933 | 17 933 |
| 100 | 2 2264 | 7 1543 | 22 624 | 53 390 | 56 672 | 56 710 | 56 710 | 56 710 | 56 710 | 56 710 |
| 1 000 | 2 2264 | 7 1543 | 22 624 | 71 543 | 168 83 | 179 21 | 179 33 | 179 33 | 179 33 | 179 33 |
| 10 000 | 2 2264 | 7 1543 | 22 624 | 71 543 | 226 24 | 533 90 | 566 72 | 567 10 | 567 10 | 567 10 |
| 100 000 | 2 2624 | 7 1543 | 22 624 | 71 543 | 226 24 | 715 43 | 1688 3 | 1792 1 | 1793 3 | 1793 3 |
| 1 000 000 | 2 2264 | 7 1543 | 22 624 | 71 543 | 226 24 | 715 43 | 2262 4 | 5339 0 | 5667 2 | 5671 0 |

« De ces chiffres, il résulte que 1° lorsque la longueur de l'ondulation n'est pas plus grande que la profondeur de l'eau, sa vitesse de propagation dépend sensiblement de cette longueur seule, et est proportionnelle à la racine carrée. »

« 2° Lorsque la longueur de l'ondulation n'est pas moindre de mille fois la profondeur de l'eau, sa vitesse de propagation dépend sensiblement de la profondeur seule, et est proportionnelle à la racine carrée de la profondeur. Elle est, en fait, égale à la vitesse qu'un corps libre, passant du repos au mouvement vertical, acquerrait en tombant d'une hauteur égale à la moitié de la profondeur de l'eau. »

Airy fait ensuite l'application de ces règles à ce qu'il appelle l'onde de marée (tide wave) dont nous parlerons plus loin.

Puis il recherche les rapports qui peuvent s'établir entre l'impulsion du vent et la formation, le maintien et l'accroissement de l'ondulation. Nous reviendrons sur cette partie de ses études, en décrivant les causes d'agitation de la mer.

Après Airy, il s'est produit une autre série de recherches, dues à des savants qui, voulant aller plus avant dans l'application des notions scientifiques aux phénomènes observés, ont recherché l'influence des lois dynamiques du mouvement moléculaire et général de l'ondulation sur le roulis des navires. Stokes (1), Froude (2), Macquorn Rankine (3), semblent tous trois arrivés, par des voies différentes, à des résultats que Macquorn Rankine résume comme suit :

« Il est suffisamment démontré, par l'apparence même de

(1) *Cambridge transactions*, 1842.

(2) Structure dynamique des ondulations, appendice n° 2 : *Naval architect's transactions*, 1862.

(3) *Philosophical transactions*, 1862.

l'eau agitée, que ses particules se meuvent verticalement pendant la durée d'une ondulation, et que la distance verticale qu'elles franchissent est égale à la hauteur de l'ondulation. L'examen des mouvements des corps flottants démontre aussi que les particules d'eau se meuvent en avant et en arrière, et parcourent une distance horizontale qui, dans certains cas, est égale, et dans d'autres cas plus grande que le chemin parcouru dans leur mouvement vertical, et que ces mouvements sont combinés de telle manière que chaque particule d'eau accomplit sa révolution dans un plan vertical, et dans un orbite qui, dans l'eau profonde, est un cercle, et, dans les faibles profondeurs, un ovale aplati. Le centre de cet orbite est un peu au-dessus de la particule d'eau, dans l'eau tranquille. La particule se meut en reculant dans le creux de l'ondulation ; sur le front incliné de l'ondulation, elle s'élève ; sur la crête, elle s'avance ; sur le dos incliné de l'ondulation, elle s'abaisse (fig. 2 et 4, pl. I.). »

« *Sommaire des mouvements de l'ondulation dans une eau profonde.* Les principes suivants ont été démontrés, par Airy, pour des déplacements indéfiniment petits des molécules d'eau, et pour des déplacements définis par MM. Stokes, Froude et moi, chacun en suivant un mode particulier, pour confirmer mathématiquement le mouvement moléculaire. »

« 1° La période d'une ondulation, dans une eau profonde, est égale à la durée de l'oscillation d'un pendule de révolution dont la hauteur serait égale au rayon d'un cercle dont la circonférence serait elle-même égale à la longueur de l'ondulation de crête en crête ou de creux en creux. De sorte que, divisant la longueur de la vague, en pieds, par 6.2832, le quotient sera la hauteur du pendule, en pieds. Divisez cette hauteur par 0.815, et la racine carrée du quotient sera la durée de l'ondulation, en secondes. »

« 2° Si la période de l'ondulation est connue, la hauteur

équivalente du pendule sera trouvée, en pieds, en multipliant le carré de la période, en secondes, par 0,815. »

« 3° La vitesse de propagation d'une ondulation est comme sa longueur divisée par sa période, et elle est égale, en eau profonde, à la vitesse acquise par un corps grave tombant de la demi-hauteur du pendule équivalent. De sorte que, multipliant cette hauteur par 32.2, la racine carrée du produit exprimera, en pieds, la vitesse de propagation, par seconde. »

« 4° Le sinus de l'ondulation la plus roide est égal à la demi-hauteur du creux à la crête de l'ondulation divisée par le pendule équivalent. »

C'est d'après les éléments qui précèdent que Macquorn Rankine a dressé la table suivante.

TABLE DES PÉRIODES ET DES LONGUEURS DES VAGUES EN EAU PROFONDE CALCULÉE D'APRÈS LEUR VITESSE EN NŒUDS

| Vitesse en nœuds (1852 m.) par heure | Vitesse en pieds anglais par seconde | Vitesse en milles statutaires (1609 m.) par heure | Période en secondes | Longueur en pieds anglais du pendule équivalent | Longueur de l'ondulation en pieds anglais |
|---|---|---|---|---|---|
| 1 | 1 688 | 1 15 | 0 33 | 0 09 | 0 56 |
| 5 | 8 44 | 5 75 | 1 64 | 2 24 | 14 05 |
| 10 | 16 88 | 11 51 | 3 29 | 8 94 | 56 2 |
| 15 | 25 32 | 17 26 | 4 93 | 20 1 | 126 4 |
| 20 | 33 76 | 23 02 | 6 58 | 35 8 | 224 7 |
| 25 | 42 20 | 28 77 | 8 23 | 55 9 | 351 2 |
| 30 | 50 64 | 34 53 | 9 87 | 80 5 | 505 7 |

S'il résulte aussi bien des études des savants, antérieures à celles d'Airy, de Stokes, de Froude et de Macquorn Rankine, que l'origine des lois qui précèdent est dans le mouvement moléculaire de l'eau intéressée dans l'ondulation, ce ne sont pas plus les études de ces derniers que les précédentes qui en démontrent la direction. Les figures successives par lesquelles ces savants ont cherché à préciser la direction du mouvement moléculaire, n'aboutissent nullement au résultat sur lequel ils se trouvent d'accord avec Airy, celui d'un mouvement orbitaire, courbe, circulaire, défini. Aucun observateur n'a peut-être pu le déterminer avec précision, parce qu'il est probablement vibratoire.

C'est, en effet, dans la direction et l'amplitude de ce mouvement que gît toute l'importance de la question. Nul doute que cette direction ne soit verticale dans un sens, celui qui est parallèle à l'ondulation.

Est-il également vertical, est-il rectiligne, est-il orbitaire, est-il circulaire dans le sens opposé? S'il est vertical, cela sera démontré par l'absence de mouvement horizontal à la surface, de tout corps plus léger que l'eau, n'intéressant que cette surface elle-même.

Or, la preuve semble donnée à cet égard. L'ondulation ordinaire n'indique, pendant le calme de l'atmosphère, aucun transport horizontal à sa surface.

Mais le mouvement peut-il être orbitaire ou circulaire à l'intérieur de l'ondulation, sans que cela intéresse la surface?

Si cette supposition est fondée, elle sera confirmée par la direction que prendront, dans l'eau soumise à un mouvement ondulatoire, les molécules colorées d'un corps léger, ou des filaments attachés par le fond et flottant dans une situation verticale. Or, ce phénomène ne se montre pas d'une manière distincte, malgré la facilité qu'il semble y avoir à le saisir, en produisant par le souffle, des ondes dans un canal dont les parois verticales sont de verre.

La direction moléculaire peut être sensiblement verticale en tous sens; ou bien l'onde peut se former par épanouissement. Si, d'après la seconde doctrine, la direction du mouvement moléculaire est, près de la surface, perpendiculaire à un plan tangent à cette surface, chaque particule semblera décrire un arc de cercle exact dont le diamètre sera égal à la hauteur de l'ondulation, de sa crête à son creux. Si l'ondulation se propage de droite à gauche, le mouvement orbitaire des molécules sera de gauche à droite dans le creux de l'ondulation, il sera de droite à gauche vers son sommet, et la courbe, ainsi décrite, sera une cycloïde. (Fig. 3, pl. I.)

Pour que ces conditions géométriques de la direction du mouvement moléculaire soient d'accord avec les conditions dynamiques qui règlent l'action des forces agissantes, il faut, dit Froude, que *la force centrifuge* et la pesanteur dont les molécules subissent l'action aient une résultante qui détermine la direction du mouvement.

Tels sont les suppositions et les résultats des études de Froude et des savants anglais dont les travaux attirent l'attention. Suivant eux, une force centrifuge serait, dans le mouvement ondulatoire, associée à l'action de la pesanteur, et la résultante de ces forces serait, pour les molécules aqueuses, un mouvement circulaire, qui décrirait, avec la marche de l'ondulation, une courbe cycloïdale.

Il est à remarquer cependant que, dans le résumé que présente Macquorn Rankine des données de la science sur l'ondulation, il abandonne une grande partie des théories nouvelles, pour s'en tenir au résultat des études d'Airy, qui se rapprochent le plus, par la faible étendue qu'il donne au mouvement orbitaire, des théories de Poisson et de Cauchy, qui le considèrent comme vertical.

« L'ondulation ordinaire, dit-il, se propage horizontalement. Le mouvement moléculaire a lieu dans un plan vertical parallèle à la direction de la propagation. L'orbite décrit par chaque molécule est approximativement elliptique. Dans une eau de profondeur uniforme, le plus grand axe de l'orbite décrit est horizontal, et le plus petit est vertical. Le centre de cet orbite se trouve un peu au-dessus du point occupé par la molécule quand l'eau est en repos. Au sommet de l'orbite, la molécule se meut en avant, c'est-à-dire dans la direction de sa propagation. Au bas de l'orbite, la molécule se meut en arrière, ainsi que le montre la flèche dans la figure 5, pl. 1. »

« A la surface de l'eau, les molécules décrivent l'orbite le plus grand, et cet orbite décroît, dans le sens horizontal et dans le sens vertical, à mesure que la profondeur s'accroît ; mais plus rapidement dans le sens vertical que dans le sens horizontal. »

« Quand l'eau est profonde, comparativement aux dimensions de l'ondulation, l'orbite des molécules est presque circulaire, et le mouvement, à de grandes profondeurs, est insensible. »

« La période d'une ondulation est égale au temps que met une molécule à accomplir sa révolution, et aussi à celui que met l'ondulation à parcourir une étendue égale à sa longueur. »

« D'où la proportion suivante :

$$\left\{\frac{\text{Vitesse moyenne d'une molécule.}}{\text{Vitesse de l'ondulation.}}\right\} = \left\{\frac{\text{Circonférence de l'orbite parcouru par une molécule.}}{\text{Longueur de l'ondulation.}}\right\}$$

« La vitesse de l'ondulation dépend principalement de sa longueur et de la profondeur de l'eau ; elle s'accroît avec cette longueur et avec la profondeur. Cependant, quand la profondeur est plus grande que la longueur de l'ondulation, la vitesse de propagation n'est plus sensiblement affectée par cette profondeur, et alors *la vitesse devient égale à celle qu'acquerrait un corps tombant d'une hauteur égale au demi-rayon d'un cercle dont la circonférence serait la longueur de l'ondulation.* »

Cette exposition du résultat des études des savants anglais, confirme qu'à part le mouvement orbitaire des molécules, qui n'est établi ni par l'analyse mathématique, ni par l'observation directe, les lois qui ont pour origine les forces auxquelles les graves sont soumis, et les réactions de ces forces, subsistent seules sans contestation. La direction du mouvement moléculaire est encore à déterminer, si les résultats analytiques de Poisson et de Cauchy ne sont pas acceptés.

De ces longues recherches, que reste-t-il donc dans l'esprit? Beaucoup de trouble sur la nature, la direction et l'amplitude du mouvement moléculaire dans l'ondulation.

Suivant Poisson, Cauchy et Airy lui-même, quoi qu'il en dise, le mouvement vertical suffit comme instrument de réaction ou de propagation d'un mouvement également vertical, pour les plus petites comme pour les plus grandes ondulations.

Froude et ses continuateurs, cherchant, dans le mouvement moléculaire de l'ondulation, la théorie des formes de construction des navires, de leur moindre résistance à la marche, et de leur plus grande stabilité, ont entrepris une noble tâche; mais ils imaginent, supposent et veulent démontrer des directions géométriques du mouvement moléculaire basées sur les résultantes de forces qui, excepté celle de la pesanteur, sont elles-mêmes hypothétiques. Quelle est donc, par exemple, l'origine de la force centrifuge qui transformerait une direction verticale de mouvement en une direction orbitaire?

Peut-être serait-il possible de réconcilier la théorie d'Airy, à laquelle se sont rangés Froude, Stokes, Earnshaw, Canon-Moseley, Scott Russell et Macquorn Rankine, du mouvement orbitaire des molécules d'eau dans l'ondulation, avec le changement de forme qui se produit entre l'eau tranquille et l'eau agitée par l'ondulation. Le plan développé de l'ondulation est évidemment supérieur au plan de l'eau tranquille. Cette différence dans l'étendue du plan, suivant un seul sens, s'accomplit-elle par un mouvement d'épanouissement, dans lequel les molécules décriraient un arc de cercle ayant une résultante horizontale dont la somme constituerait la différence des deux plans affectant la forme d'une courbe? Mais on n'aperçoit ni le lien de ce mouvement orbitaire avec un mouvement alternatif vertical, ni sa cause, ni sa possibilité, ni son apparence, et la question semble rester entière entre Newton, Poisson et Cauchy, d'un côté, et les savants anglais de l'autre.

Rien n'est donc démontré encore de la forme, de la direction et de l'amplitude relative du mouvement moléculaire de l'ondulation, si ce n'est que cette direction se rapproche tellement de la verticale, qu'elle peut être considérée comme unique et non altérée dans l'étude des conditions de stabilité des navires.

La science se tait aussi sur la situation relative du niveau moyen de l'ondulation par rapport à celui de l'eau en repos ; sur la forme des courbes de saillie ou de creux des ondulations pendant les périodes croissantes et décroissantes de l'agitation. L'assimilation à la loi du pendule est ici un point de repère, mais que devient, dans l'application de cette loi à la formation de l'ondulation, le frottement moléculaire?

Quant aux vitesses de propagation, leur origine est incontestablement dans les lois qui régissent le mouvement des graves; tous sont d'accord sur ce point.

L'application doit-elle en être admise, sans faire aucune part aux résistances dues au frottement que tout mouvement moléculaire, ou tout changement de forme de l'eau, doit engendrer? Cela est douteux; le lien entre le frottement moléculaire et la densité semble incontestable, mais cela ne doit affecter les vitesses générales que d'un coefficient peu sensible, et dont l'influence est insaisissable dans les effets généraux produits par l'ondulation.

En résumé, au point où Poisson a laissé le problème du mouvement des ondes, il y avait un grand progrès théorique réalisé, et si l'élucidation qu'il a faite du phénomène n'a pas passé dans le corps des notions théoriques appliquées à la navigation, ce n'est pas sa faute. Il n'était pas marin, et il n'a pas senti le besoin d'expliquer comment ses résultats devaient se traduire dans les mouvements relatifs d'un corps flottant sur la mer agitée.

Mais, dès ce moment même, et alors qu'Euler et Bernouilly avaient démontré que le mouvement oscillatoire des navires était gouverné par la loi du pendule, aussi bien quant à la durée qu'à l'amplitude de l'oscillation; qu'en outre, la loi de stabilité dérivait des relations d'équilibre entre la pesanteur et la constitution géométrique d'un navire considéré comme corps flottant, n'y avait-il pas lieu de reconnaître, dans le nombre considérable des éléments de force et de direction impliqué dans la relation du milieu agité avec le corps flottant, que les lois d'équilibre conduisaient au même résultat, tout aussi bien dans l'état de mouvement quedans l'état de repos? D'un côté nous rencontrons l'extrême variabilité de hauteur des ondes aqueuses, sous l'influence plus variable encore des ondes du vent, et, par conséquent, l'absence du synchronisme dans la vitesse de propagation des vagues qui se suivent; de l'autre côté, une durée d'oscillation du corps flottant, qui varie nécessairement suivant la hauteur relative du centre d'oscillation, hauteur qui se modifie à chaque immersion et à chaque émersion, à chaque inclinaison du plan de flottaison, à chaque variation du volume immergé; l'impossibilité matérielle du parallélisme constant entre l'axe longitudinal du navire et celui de l'ondulation, entre le plan incliné de l'ondulation et le plan de flottaison du navire; cette autre impossibilité matérielle de l'équation des moments de l'ondulation et du corps flottant, etc., etc.; que pouvait devenir, en face de tant de causes variables, l'isochronisme prétendu de l'ondulation de la mer et de l'oscillation du navire, isochronisme qui devait, disait-on, aboutir fatalement à faire chavirer celui-ci?

La direction verticale du mouvement moléculaire de l'eau dans l'ondulation, bien élucidée par Poisson, permettait donc, au point où en était déjà la théorie de la stabilité des corps flottants, de faire disparaître, par des démonstrations analytiques, l'impossibilité de cet isochronisme, qui a été et qui est encore la terreur des marins.

Si la navigation avait été étudiée alors, comme elle l'est aujourd'hui, en scrutant les lois scientifiques dans le but de les appliquer à l'usage, nul doute que le travail de Poisson eût servi de point de départ, et aucun savant, après lui, ne peut se targuer d'avoir fait faire à la science un progrès décisif sur cette grave question. (Voir note 1.)

# CHAPITRE IV

## AGITATION DE LA MER. — CAUSES GÉNÉRALES

*Sommaire :*

Mouvement dû aux attractions lunaire et solaire, aux mouvements de rotation de la terre, aux différences de densité résultant des différences de température et de salure des eaux. Mouvement dû aux courants, aux vents.

Le but de cette étude étant de déterminer l'espèce, la nature et l'étendue de l'agitation de la mer, au point de vue mécanique, nous nous arrêterons, autant que possible, à la limite des faits et des lois physiques dont la connexion avec les causes d'agitation est apparente.

Cette limite est plus reculée qu'il ne paraît au premier abord. L'agitation de la mer a des causes superficielles, produites par l'agitation de l'atmosphère. Celles-là sont, au premier coup d'œil, les plus redoutables. Elles ont cependant une mesure, et l'agitation qu'elles déterminent n'est pas un obstacle aussi insurmontable qu'on le croit à la régularité et à la complète sécurité de la navigation, parce qu'elles ne changent pas profondément le caractère propre de l'ondulation, celui qui laisse au mouvement moléculaire des eaux la direction verticale. Il y a, en outre, des causes d'agitation que nous appellerons profondes, et qui ajoutent aux premières un mouvement horizontal, un mouvement de translation dont l'importance devient grande par l'association des deux directions de mouvement.

Parmi les forces qui mettent les mers en mouvement, celle qui s'exprime par la loi de gravitation universelle tient le premier rang.

1° Le soleil et la lune exercent sur les mers une attraction d'autant plus sensible que l'étendue de celles-ci est plus grande. De là le phénomène des marées.

2° Le mouvement de rotation de la terre anime les matières qui la composent d'une force centrifuge qui est dans un certain état d'équilibre avec les forces d'attraction centrale. Cet équilibre est une composante de la densité des matières et de la vitesse dont elles sont animées. La vitesse de rotation est d'autant plus grande que les matières qui entrent dans la composition du globe terrestre sont plus près de sa surface, et plus rapprochées du cercle central passant par l'extrémité du plus grand rayon de rotation, c'est-à-dire passant par l'écliptique.

L'équilibre des densités n'existant pas à l'époque où les matières composant la surface du globe terrestre étaient en quéfaction, le globe s'est aplati vers les pôles.

L'équilibre cesse tous les jours d'exister, par la même cause, dans la masse liquide, quand la densité de celle-ci se modifie. Les matières les plus denses, telle que l'eau froide, remontent, pour cette cause, vers les régions équatoriales, et l'eau échauffée par le soleil, devenue plus légère, se rend vers les pôles.

La densité de l'eau de mer étant également modifiée par le degré de salure, cette différence soumet cette eau aux mêmes lois de mouvement.

3° L'atmosphère est, plus encore que la mer, soumise aux lois qui résultent de l'attraction lunaire et solaire, du mouvement rotatif de la terre et de la densité relative. Les forces d'attraction, dont l'action est démontrée sur l'enveloppe liquide du globe, ne peuvent être sans action sur son enveloppe gazeuse. Il en est de même de l'influence du mouvement rotatif et des forces centrifuges qui en résultent. Ici encore les différences de vitesse et de densité du milieu en mouvement doivent amener des conséquences incontestables.

L'air est susceptible de porter, sous forme de vapeur, à la hauteur de quelques mille mètres, d'énormes quantités d'eau provenant de l'évaporation ; mais cette faculté cesse aussitôt que, par l'intensité du froid, ces vapeurs prennent une forme de condensation et de cristallisation plus dense que la vapeur. La raréfaction de l'air, sous l'influence de la chaleur rayonnante de la terre, et sa contraction dans les hautes régions, provenant de l'abaissement de température qu'amène la condensation des vapeurs en suspension, modifiant les densités relatives et, par conséquent, la vitesse dont sont susceptibles les diverses parties de l'atmosphère, le trouble qui en résulte dans le milieu atmosphérique se traduit par les divers degrés de violence des vents et par leur direction. Les parties les plus denses, c'est-à-dire les plus chargées d'eau, sont animées de la plus grande vitesse ; leur direction (celle des cyclones) a toujours le même caractère ; elles se précipitent des régions équatoriales vers les pôles, c'est-à-dire des régions de plus grande vitesse de mouvement aux régions de vitesse plus faible, suivant une courbe qui est la résultante de leur densité, de leur vitesse initiale et de la résistance qu'elles rencontrent dans l'air qu'elles déplacent. (Voir note 2.)

Les trois causes que nous venons d'énumérer tiennent la mer dans un état permanent d'agitation.

La forme de cette agitation est variable : tantôt, dans l'état tranquille de l'atmosphère, un changement de niveau, sous forme de soulèvement et d'affaissement, s'opère sans que rien d'apparent le constate ; tantôt des courants, lents ou actifs, se produisent sans être perceptibles à la surface autrement que par le déplacement des matières et des objets flottants.

Ces deux formes d'agitation ont pour seules causes les forces qui régissent le mouvement de la terre et de son enveloppe liquide et gazeuse ; elles se résolvent en un mouvement de translation des eaux dont l'influence peut devenir considérable dans la navigation, soit par l'aide ou la résistance qu'il apporte à la marche des navires, soit par l'action qu'il ajoute au mouvement ondulatoire que les vents impriment à la surface de la mer.

La seconde espèce d'agitation, celle qui consiste dans le soulèvement des ondulations, sous mille formes diverses dont nous déterminerons plus loin le caractère, a pour cause unique le vent.

Quand le mouvement de la mer n'est pas accompagné d'ondulations, on dit qu'elle est calme. En effet, si le vent n'existait pas, la mer serait calme.

Ainsi, malgré d'immenses forces qui amènent un mouvement combiné de la mer, à sa superficie comme dans les plus grandes profondeurs ; malgré les marées qui intéressent directement une notable partie de ses eaux ; malgré les différences de densité, c'est-à-dire de température et de salure qui causent un échange incessant entre les eaux des pôles et celles de l'Équateur, et qui semblent porter jusque dans les profondeurs extrêmes un mouvement qui y entretient la vie animale ; malgré les variations de pression de l'atmosphère, qui exercent une influence tellement sensible sur le niveau de la mer que les différences barométriques servent de correctif aux calculs des hauteurs des marées dans les ports ; enfin, malgré les forces développées par la rotation de la terre, qui semble occasionner aussi un mouvement auquel il faut attribuer une part dans les grands phénomènes qui perpétuent le mouvement dans toute la masse des eaux des océans; malgré toutes ces causes d'agitation réelle, le calme de l'air permettrait aux divers mouvements de la mer de s'accomplir sans agitation appréciable, sans une ondulation, sans une ride à la surface des eaux.

Sur le littoral cependant, et dans des conditions spéciales, le phénomène se modifie. L'agitation sous forme ondulatoire marque le pas de la marée le long des côtes, même dans l'état le plus uni des eaux à la surface de la mer. Cette forme d'agitation augmente en intensité dans les estuaires, à l'embouchure des fleuves, où des obstacles d'une nature particulière s'opposent au changement tranquille et régulier du niveau des eaux.

La description de ce genre particulier d'agitation locale n'entre pas dans notre cadre; mais la notion des courants, qui sont le résultat de l'action des marées, y entre intimement, en ce qui concerne la part que ces courants prennent dans l'agitation de la mer quand ils se compliquent de l'action du vent et de l'ondulation soulevée par celle-ci.

Nous avons vu que l'ondulation, la vague, est un mouvement d'une nature toute spéciale, qui n'est doué d'aucune faculté de translation moléculaire horizontale des eaux, mais qui ne l'aide ni ne la contrarie. Le courant, au contraire, est un mouvement de translation. Cette notion si simple est cependant si peu répandue parmi les marins, que c'est sur son absence que sont fondées les terreurs que la tempête leur inspire.

La nature des dangers que créent, pour le navigateur, les coïncidences des forces de translation et d'ondulation dans l'agitation de la mer, doivent donc être étudiées, et les limites doivent en être très-soigneusement déterminées.

C'est pour cela que les causes des courants nous intéressent.

Devant des causes incertaines, les effets sont ignorés ou mal appréciés.

Le calme avec lequel s'accomplit le phénomène des marées, quand l'air n'a pas agité la surface de la mer; l'imperceptible action des courants qui en résultent en haute mer, ne sont pas une raison de négliger la part d'action que ces courants peuvent prendre dans la grande agitation de la mer, soit pour rectifier les idées fausses répandues à cet égard par le sentiment d'exagération trop naturel à ceux qui décrivent leurs impressions et qui décrivent les effets sans se rendre compte des causes, soit pour donner l'exacte mesure des conditions de résistance qui doivent assurer une sécurité complète aux navires destinés, par un service régulier, à lutter avec les plus furieuses agitations de la mer et de l'air.

## CHAPITRE V

### AGITATION DE LA MER (SUITE). — MARÉES

*Sommaire :*

Théorie de Newton, interprétée par Laplace, Lagrange et Airy; exposé par Herschell. — Influence du mouvement de rotation de la terre. Interprétation, par Boucheporn, des idées de Newton. Mode de propagation du mouvement des marées. Implique-t-il l'existence d'un flot de translation? Ajoute-t-il au mouvement vertical moléculaire de l'eau un mouvement horizontal? Les faits et le raisonnement démontrent qu'en mer libre il n'existe pas de vague ou d'ondulation dont la vitesse de propagation soit modifiée par un mouvement de translation des eaux dû aux marées.

Les marées, considérées au point de vue de l'état d'agitation dans lequel elles entretiennent toutes les mers, ont été l'objet d'études très-étendues. Cependant l'accord qui existe sur les causes premières ne s'étend pas au mode d'action de ces causes. Une part des idées Newtoniennes est contestée; les conséquences déduites par Laplace et les bases des calculs de Lagrange le sont naturellement, puisqu'elles n'étaient autres que l'application des principes de Newton. Nous n'exposerons qu'une partie de ces doctrines et des faits sur lesquels elles s'appuient. Les idées purement spéculatives n'entrent pas dans notre cadre ; tout ce qui, dans les doctrines et les faits, ne se rattache pas au mouvement mécanique des eaux, nous devient indifférent. Nous n'avons pas la prétention de choisir entre les deux systèmes en présence, celui de Newton, interprété peut-être incomplétement par Laplace, Lagrange et Airy, traduit en action par J. Herschell, par les annuaires et par les marins, et le système de Newton interprété par De Boucheporn, plus complétement peut-être, en ce que le mode d'action des forces en ressort simple, facile, possible. En un mot, nous décrirons.

Nous reconnaîtrons volontiers que l'adversaire de Laplace, de Lagrange, d'Airy et d'Herschell a à sa disposition un ensemble de faits ignorés de ces savants. Ceux-ci avaient sans doute reconnu qu'autant le calcul pouvait être susceptible de simplicité, en supposant le sphéroïde couvert d'une enveloppe d'eau d'épaisseur, de température et de densité égales, autant il se complique de l'influence de la configuration des côtes, de l'étendue et de la profondeur inégales des mers, des différences de température et de densité. Il y avait là une somme de données dont l'intégrale peut d'autant moins être obtenue, qu'elles-mêmes sont vagues et indéterminées. Enfin, ils semblent avoir oublié que le mouvement rotatif de la terre, ce mouvement qui a amené l'aplatissement des pôles, lorsque le globe n'était pas solidifié superficiellement, agit encore sur la masse d'eau en la poussant vers les côtes occidentales des continents, ce qui prouve manifestement la combinaison d'un mouvement de rotation en même temps que d'oscillation des eaux.

Devant un ordre de faits nouveaux, la discussion pouvait être reprise. Elle était, dans tous les cas, utile. D'ailleurs, depuis que les études de Boucheporn ont paru, elles n'ont pas trouvé de contradicteurs parmi les savants qui ont écrit sur cette question. Ils sont restés neutres ou muets, et cela se conçoit : recommencer sur de nouveaux faits les travaux de pareils devanciers, cela suffirait aujourd'hui à absorber plusieurs années de l'existence. Il faut abandonner jusque-là la solution au travail accumulé des observateurs. C'est pour cela que ce qui suit sera une exposition plus qu'une discussion.

John W. Herschell a résumé, dans sa *Géographie physique* sur les marées et les vagues, l'ensemble des théories et des faits admis par Newton et interprétés par les savants qui l'ont pris pour guide.

« Les marées sont, dit-il, de la nature des oscillations forcées (1) produites par la lune et le soleil. Chacun des deux astres produit une oscillation qui, en vertu de la loi de superposition des petits mouvements, coexiste avec l'autre, soit en conspirant avec elle, soit en s'y opposant, suivant la position relative des deux astres. Si la terre était complétement couverte d'eau, et que sa position fût constante par rapport à l'astre exerçant l'attraction, celle-ci se distribuerait sous la forme d'un ellipsoïde légèrement allongé dont les sommets, opposés l'un à l'autre, seraient placés sur une ligne passant par l'astre exerçant l'attraction. Mais il n'en est pas ainsi, parce que le point d'action des forces change avant que l'ellipsoïde ait eu le temps de se former. Ainsi se produit une onde qui poursuit l'astre autour du globe. »

« La hauteur de cette onde due à l'attraction lunaire est à celle qui est due à l'attraction solaire : : 100 : 38 (2). »

« La période moyenne de révolution des deux astres est ici égale à 54 minutes près par 24 heures. Les plus grandes marées

(1) Ces oscillations sont celles qui sont maintenues contre une résistance continuelle et des tendances oscillatoires incompatibles dans le système des eaux soumises à ce mouvement.

(2) Arago, pages 107 et 108, tome IV.

arrivent quand les astres sont le plus près du lieu de l'observation et passent presque verticalement au-dessus de ce lieu. Comme cela se produit habituellement dans les oscillations forcées, la périodicité de l'action qui les cause est toujours propagée et se montre dans les hauteurs des marées, constatées sur les côtes, mais à chaque point correspondant à des intervalles plus ou moins grands du point culminant d'influence de l'astre, suivant la position de chaque ligne et les courbes plus ou moins grandes par lesquelles se dirige l'onde pour l'atteindre. C'est là ce que l'observation seule peut déterminer, et ce qui est appelé : *Établissement des ports.* »

« Le mouvement de l'eau dans l'onde de marée est totalement différent de celui qui se produit dans une ondulation superficielle, comme celle qu'amène le vent. Dans l'ondulation causée par le vent sur une eau profonde, les corps flottants légers affectent un mouvement de révolution suivant un cercle vertical (1); mais dans l'onde de marée le mouvement de chaque particule s'accomplit suivant une ellipse excessivement allongée dont le petit axe est vertical. »

« La largeur de l'onde de marée de crête en crête, en supposant toute la terre couverte, serait de la moitié de la circonférence de la terre, c'est-à-dire égale à 12,500 milles géographiques, en comparaison de laquelle la profondeur de la mer est insignifiante. L'eau qui forme la surélévation doit provenir du point où la dépression a eu lieu, et cela ne peut se produire que par l'approche latérale des sections verticales de la mer quand l'eau s'élève, et de leur retrait quand elle s'abaisse. »

« L'onde de marée diffère aussi de l'ondulation soulevée par le vent, parce qu'elle affecte également toute la profondeur de

(1) Voir les théories du mouvement moléculaire dans les ondes aqueuses, aux pages précédentes.

l'élément, du fond à la surface, tandis que la seconde n'agite, même dans les plus violentes tempêtes, qu'une très-légère profondeur d'eau, et cela parce que la force qui produit la première s'exerce également sur toutes les parties de la section verticale de l'eau, tandis que le vent n'agit qu'à sa surface. »

Herschell fait ensuite remarquer « que, dans les mers profondes, la marée n'amène qu'un très-faible mouvement des particules d'eau. Dans les mers peu profondes, la rapidité du mouvement est en raison inverse de la profondeur de l'eau.

« Dans l'Atlantique, l'onde de marée peut être considérée plutôt comme une onde libre que comme une onde forcée. Sa vitesse, qui est parcourue par le point d'attraction en 24 heures, est de 500 milles géographiques par heure. »

« Les limites de la mer et sa profondeur influent sur cette vitesse, et l'onde devient alors une onde forcée ; mais, en dépit de toutes les complications géographiques, deux marées ont lieu partout dans un jour lunaire. Cependant le temps qu'elles mettent à se produire diffère : il est de 36 heures pour la côte d'Espagne, de deux jours pour le port de Londres. Là où elles rencontrent des mers peu profondes, comme celles du Nord et de la côte irlandaise, la vitesse de propagation n'excède pas 150 milles par heure. Elle est encore plus faible dans les détroits, et ses ondes sont plus rapprochées. Enfin, dans les grandes ouvertures ou baies que forment les côtes, lorsque la vitesse de propagation est fortement diminuée par le défaut de profondeur, l'étendue et la force du mouvement de l'eau s'accroissent ; la hauteur de la marée s'accroît aussi, et il se produit alors le phénomène appelé *bore* (barre, mascaret) dont les effets ont une intensité extraordinaire. On les remarque dans la rivière Houghly (baie de Bengale) ; entre la Plata et le cap Horn ; en Chine, dans le Tsien-Tang ; en Amérique, dans l'Amazone. Dans cette dernière rivière, les marées se succèdent sur 200 milles de longueur, à partir de l'embouchure, et forment ainsi huit ondes qui s'avancent simultanément. L'onde de marée qui tourne par le nord des îles Britanniques se rencontre avec celle qui est entrée par la Manche, de sorte qu'il est un point de la mer du Nord où la marée n'est pas sensible. »

Cet exposé d'Herschell précise systématiquement l'influence des marées sur l'agitation de la mer.

Ecoutons maintenant De Boucheporn :

« La véritable cause du phénomène des marées réside moins dans un exhaussement vertical des eaux de la mer, sous l'attraction directe de la lune et du soleil, comme l'admet aujourd'hui la théorie, que dans un mouvement horizontal périodique de ces eaux déterminé par l'action des mêmes astres, mouvement dirigé d'occident vers l'orient et que la rotation du globe rend deux fois récurrent dans l'intervalle d'un jour lunaire ; d'où il suit que les marées doivent être et sont en effet beaucoup plus fortes sur les côtes occidentales des continents que sur leurs côtes orientales. »

Discutant cette loi, il rappelle dans les termes suivants les données expérimentales du problème :

« 1° La mer s'élève ou s'abaisse, ou, si l'on veut, s'avance et se retire deux fois à intervalles égaux, entre deux retours consécutifs de la lune au méridien supérieur ; de telle sorte que si la pleine mer a lieu, pour un jour donné, à midi vrai, elle aura encore lieu 22 minutes après minuit, et reviendra 44 minutes après le midi du jour suivant, en retard comme la lune d'environ trois quarts d'heure sur le mouvement apparent du soleil. La première observation de cette concordance entre les marées et le cours de la lune combiné avec la rotation de la terre, paraît être due à Descartes. »

« 2° Le soleil a aussi son influence sur les marées : elles sont plus fortes aux syzygies, c'est-à-dire lors du passage simultané des deux astres au méridien supérieur ou inférieur; elles sont plus faibles aux quadratures. »

« 3° La pleine mer ordinaire n'a point lieu à l'instant du passage de la lune au méridien, mais environ trois heures après dans les ports situés en mer libre; pour les ports situés dans des positions particulières, par exemple, à l'entrée d'un détroit ou au fond d'un canal, ce retard se modifie quoique demeurant constant pour chaque port. L'intervalle de temps dont la pleine mer suit le passage de la lune au méridien, lors de la nouvelle lune, est une quantité fixe pour chacun d'eux, que l'on nomme : *Etablissement du port.* »

« Aux syzygies et aux quadratures, l'influence du soleil amène un autre genre de retard : la marée maximum comme la marée minimum n'ont lieu qu'à la troisième marée qui suit celle de la syzygie ou de la quadrature. *Cette loi est la même pour tous les ports.* »

« 4° La basse mer est d'autant plus basse que la pleine mer précédente a été plus élevée; ce sont en effet les deux parties d'une même oscillation. Les deux marées d'un même jour n'ont d'autre différence d'ailleurs que celle de la croissance ou de la décroissance générale. »

« 5° La hauteur de la mer augmente lorsque diminue la distance du soleil ou de la lune à la terre; elle est généralement, par rapport à chacun des deux astres, en raison inverse du cube de la distance. Elle varie aussi en raison de leur déclinaison, ce qui influe sur la décroissance ou l'augmentation des marées aux solstices et aux équinoxes, et produit aussi, surtout vers les solstices, une petite variation dans les deux marées du même jour, en sens inverse pour le solstice d'hiver et celui d'été. »

Nous résumons l'opinion de Boucheporn en renvoyant le lecteur aux développements contenus dans l'ouvrage dont nous extrayons les citations suivantes (1) :

« La terre n'est point fixe dans l'espace, et elle éprouve par rapport à la lune un déplacement relatif incessant; cela suffit pour que les parties mobiles de sa surface, telles que l'eau des mers, soient en réalité attirées sans cesse par la lune, quoique avec une très-faible force. »

« Or, tous ces points de la surface terrestre sont inégalement distants du centre de la lune; ils tendront donc à prendre des vitesses inégales dans le mouvement circulatoire qui serait dû à cette attraction. Pour des mers suffisamment étendues, les composantes horizontales qui résultent de ces forces tendent à produire à chaque instant, dans l'eau de ces mers, un mouvement général de déplacement dont la vitesse serait telle, que s'il était assez puissant pour faire mouvoir autour de son axe la totalité du globe, il lui imprimerait une rotation égale en durée à celle de la révolution de la lune, ou de 27 jours et un tiers. »

« Cette force de rotation, uniquement superficielle d'ailleurs et limitée aux parties perméables au fluide éthéré, ne saurait, on le conçoit, avoir d'effet sensible sur les parties solides de l'écorce du globe qui font corps avec lui; elle ne peut imprimer son action qu'à ses parties mobiles, à l'eau des mers. »

« La force lunaire qui tend à écarter l'un de l'autre deux points opposés situés à la surface de la terre, dans la direction même de cette force, est proportionnée à la différence des distances ou à la corde qui les sépare. Cette force aura un maximum sur les points en conjonction et en opposition avec la lune; elle sera nulle sur les points en quadrature. Ainsi, les forces d'écartement, qui tendent à éloigner du centre de la terre

(1) Des principes de la philosophie naturelle.

les diverses parties de la surface, sont assujetties à deux maxima pour les deux points les plus rapprochés et les plus éloignés, et à deux minima pour les points moyens. Les composantes horizontales de ces forces, c'est-à-dire les composantes tangentielles à la surface du globe, sont donc variables aussi. »

« A la différence de la théorie ordinaire, le déplacement en hauteur, provenant des composantes verticales de l'attraction lunaire, n'a pour nous qu'une très-faible valeur relativement à la grandeur du phénomène, et mériterait à peine d'être compté. »

« Les composantes horizontales de l'attraction lunaire ont une importance beaucoup plus grande. Si faibles qu'elles soient, en effet, comme elles n'agissent que comme le glissement et à la façon, par exemple, d'une sphère que l'on ferait rouler sur un plan, elles n'ont autre chose à vaincre que l'inertie même de la masse des eaux; elles n'ont pas à vaincre leur pesanteur, et, d'autre part, comme elles s'appliquent à une immense étendue et à une immense quantité de matière, elles ont toute la puissance de ces grandes masses, et s'il se présente un obstacle à la marche horizontale des eaux, tel qu'une côte escarpée ou le resserrement d'un étroit passage, cette quantité de mouvement, s'accumulant en avant de lui, doit y amonceler flot sur flot, et peut porter ainsi, localement, la hauteur des eaux marines à cette mesure si élevée que présentent, sur certains points du globe, certaines côtes continentales. »

« Le mouvement propre à la lune a lieu de l'occident à l'orient lorsqu'elle est au-dessus de notre horizon; l'impulsion sera donc dirigée aussi vers l'orient. »

« Ainsi, c'est vers les côtes occidentales des continents que viendra battre le flot périodiquement récurrent des marées lunaires; c'est le long de ces côtes qu'il tendra à s'amonceler, suivant sa plus grande hauteur. »

« Le maximum des forces horizontales n'a point lieu du tout aux mêmes points que celui des forces verticales. Les points où l'amplitude de ces forces horizontales est la plus grande sont les octants, c'est-à-dire les points placés à 45° des quadratures. Si donc, comme nous le pensons, ce sont les forces horizontales qui ont l'influence de beaucoup dominante dans le phénomène des marées, l'ascendance de ce phénomène pendant un quart de tour de la terre ne sera pas entre les points de quadrature, mais entre les points des octants; et le maximum d'effet, au lieu d'être sous le zénith de l'astre, c'est-à-dire lors du passage de l'astre au méridien, n'aura lieu qu'un huitième de jour plus tard, c'est-à-dire trois heures après ce passage. »

« L'influence du soleil sur le mouvement périodique des mers est du même ordre que celle de la lune, et elle agit dans la même direction. »

« Ici comme précédemment, en effet, la différence de vitesse des particules diversement placées, les constitue en état différent d'attraction, par rapport à l'axe central, et tend ainsi plus ou moins à les écarter du centre du globe, soit en les rapprochant, soit en les éloignant relativement du soleil. En combinant cette variation d'effets avec la rotation diurne de la terre, il est facile de voir, comme pour la lune, que de six heures en six heures un même point doit passer entre le maximum et le minimum d'impulsion, et subir ainsi deux alternatives contraires dans la durée d'un jour. Les maxima pour les composantes verticales de ces impulsions, considérées comme forces soulevantes, sont à l'opposition et à la conjonction; ceux des composantes horizontales sont un peu différemment placés : ils sont aux octants, ainsi que nous l'avons vu à l'égard de la lune. »

« *Résumé.* — L'attraction de la lune et celle du soleil donnent lieu, chacune, à un mouvement périodique semblable dans les eaux de la mer, mouvement dont la période ascendante revient à chaque demi-jour lunaire ou solaire, selon l'astre attirant. Cette impulsion ascendante des eaux a, pour chaque moment, une composante verticale qui tend à les soulever directement, et une composante horizontale qui tend à les faire glisser sur la surface du globe. Le maximum des composantes verticales a lieu au moment du passage de l'astre au méridien ; la valeur en est, pour la lune, d'environ 0,$^{m}$92 ou 2 pieds 9 pouces ; pour le soleil, elle est trois fois moindre, ou de 11 pouces au plus. »

« Quant aux composantes horizontales, qui ont de beaucoup l'action la plus puissante (et qui sont particulières à notre méthode, parce qu'elles ne peuvent exister qu'en vertu de ce que l'attraction est une condition du mouvement même des corps), leur maximum n'est plus au passage de la lune et du soleil par le méridien ; il a lieu lors de ce passage pour des points placés à l'octant, c'est-à-dire séparés du méridien solaire ou lunaire de la huitième partie de la circonférence. La direction de ces forces horizontales est d'ailleurs la même pour les deux astres, et toujours de l'occident à l'orient ; d'où il suit que c'est sur les côtes occidentales des continents et dans les canaux ou passages ouvrant leur resserrement vers cette orientation, que doit venir s'amonceler, avec toute l'énergie des grandes masses, le flot ascendant produit par l'accumulation des eaux transportées des contrées lointaines. Sur les côtes orientales, l'action des marées produite par le retour de l'oscillation et divisée sur de grands espaces, au lieu de se concentrer comme la précédente, devra se faire sentir avec une force beaucoup moins grande. »

« *Sur les causes de l'égalité entre les deux marées d'un même jour.*

« Pour que les conditions de la rotation fictive à laquelle nous avons vu qu'équivalait l'action des forces horizontales soient réalisées, il faut supposer qu'un même axe de la terre, incessamment divisé, passe à chaque instant par le centre de la lune. Il est donc évident que, dans ce mouvement, le point de la surface du globe le plus éloigné du centre lunaire doit décrire un arc plus grand que le plus rapproché. Il se mouvra donc aussi avec une vitesse plus grande, et c'est là le principe de compensation qui produit l'égalité des deux marées ; car le soulèvement vertical direct n'existant point ici comme dans l'autre partie de la terre, son effet sera remplacé par une vitesse horizontale des eaux plus considérable. La différence des déplacements des deux points extrêmes sera proportionnée d'ailleurs au rapport du diamètre de la terre à la distance de la terre à la lune ; et, de plus, l'effet produit par les eaux étant aussi une dépendance de la masse de la lune divisée par le carré de la distance, on conçoit que l'excès de déplacement horizontal dont nous parlons soit assujetti aux mêmes lois que l'exhaussement vertical direct que nous avons vu proportionné aux mêmes éléments (c'est-à-dire au rapport des masses divisées par le cube de la distance), et puisse lui servir de compensation absolue. Il pourra donc n'y avoir, en général, d'autres différences entre les deux marées d'un même jour que celles qui dépendent de la déclinaison de l'astre attirant, et nous pourrons évaluer les forces, soit verticales, soit horizontales, comme si elles existaient égales dans les deux parties de mer opposées. »

« *Du rapport d'intensité entre les effets du soleil et ceux de la lune.*

« Les vitesses horizontales que tend à imprimer aux eaux chacun des deux astres en vertu de son propre mouvement relatif, sont, à une latitude donnée, celles que prendrait un point situé à cette latitude, si la terre exécutait sa rotation sur elle-même dans un temps égal, soit à sa révolution autour du soleil, soit à la révolution qu'exécute la lune autour d'elle. Il est facile de voir qu'à l'équateur ce mouvement ferait parcourir aux eaux $1^{m}25$ par seconde, sous l'action du soleil, et $16^{m}80$ sous celle de la lune, nombres dont le rapport est de 1 à 13 environ. »

« C'est ce rapport surtout qu'il faut considérer, et non pas la valeur absolue de la vitesse ; car il est clair qu'attendu les résistances opposées à la marche des eaux, soit par la masse des mers elle-même, soit par l'obstacle des côtes, le frottement du lit, le serrement des passages, cette vitesse, qui à notre latitude se réduit d'ailleurs aux trois quarts de sa valeur équatoriale, sera très-loin d'être atteinte dans aucun cas. Le rapport de 13 à 1 est sans doute trop considérable, car les résistances sont, en général, plus que proportionnées aux vitesses, et elles doivent agir plus fortement sur la vitesse des eaux qui dépend du mouvement de la lune, que sur celle qui dépend du soleil. Il y aurait aussi lieu de tenir compte des masses des deux astres attirants dans leur rapport avec la distance et avec le rayon de la terre ; car si elles ne tendent pas à faire dépasser aux eaux la vitesse limite, elles peuvent agir plus ou moins efficacement pour leur faire surmonter les obstacles et les résistances. Sous ce rapport encore, l'action solaire est bien plus forte, en raison de la prépondérance des masses. »

« Quoi qu'il en soit, nous allons voir cependant que le rapport de 13 à 1, quoique un peu trop fort, ne s'éloigne pas encore notablement de celui que nous présentent les effets combinés du soleil et de la lune dans ceux de nos ports où les observations ont été des plus précises. »

« Aux syzygies, l'effet produit sur la mer est dû à la somme des actions de la lune et du soleil ; aux quadratures, il est produit par la différence de ces actions. Si les forces sont dans le rapport de 13 à 1, les hauteurs de marées syzygie et quadrature doivent donc être dans le rapport de 14 à 12 ou de 7 à 6. Mais il faut y ajouter, en proportion de son importance, l'effet produit par les actions verticales directes, que nous avons vu être de 3 pieds et 1 pied ; leur somme et leur différence sont de 4 pieds et 2 pieds. Or, sur 7 à 8 mètres qui forment l'élévation totale de la marée, à Brest, la proportion de la somme de ces soulèvements verticaux à celle des exhaussements par suite des actions horizontales, est de 1 à 5 ; notre rapport de 7 à 6 devra donc être modifié par l'addition d'un cinquième pour l'un et d'un dixième pour l'autre, ce qui nous donnera enfin, pour le rapport des hauteurs aux syzygies et aux quadratures, celui de 8,40 à 6,60, ou de 7 à 5,50. »

« Or on peut voir, par les relevés des observations, qu'à Brest, aux équinoxes de mars, la valeur ordinaire des marées syzygies est de 7$^{m}$30 environ au-dessus de la basse mer consécutive, c'est-à-dire au-dessus du niveau de la plus basse mer ; tandis que la hauteur des marées des quadratures au-dessus du même niveau est d'environ 5 mètres juste. »

« Notre méthode nous met à même de trouver, *à priori* et avec une exactitude suffisante, le rapport d'intensités que la théorie de Newton ne permet pas de déduire autrement que de l'observation des mêmes faits qui servent seulement à vérifier la nôtre. Il est bien vrai que pour déterminer l'exhaussement vertical direct, nous nous servons, nous aussi, de la masse de la lune ; mais cet exhaussement n'est en général qu'une très-petite partie du phénomène, lequel réside surtout dans le transport horizontal des eaux, et c'est là ce qui forme le résultat nouveau et caractéristique de notre théorie. »

*Explication du retard régulier des marées et sa mesure.*

« Euler raconte d'une manière assez piquante, dans ses *Lettres à une princesse d'Allemagne*, ouvrage où la science emprunte tant de charme à une ingénieuse philosophie, Euler y raconte, dis-je, avec sa piquante bonhomie, le résultat de la discussion entre le système de Newton et celui de Descartes pour l'explication du phénomène des marées. Descartes qui, à l'honneur de la philosophie française, avait constaté le premier d'une manière systématique la relation entre ce phénomène et les mouvements de la lune, en attribuait la provenance à la pression de cet astre sur notre atmosphère ; Newton l'expliquait au contraire par l'attraction directe de la lune. L'expérience devait donc prononcer, et donner raison à l'un ou à l'autre de ces deux philosophes, selon que la mer serait basse ou qu'elle serait haute lors du passage de la lune au zénith de chaque lieu. Mais un résultat inattendu vint se présenter aux observateurs : Lors du passage de la lune au méridien, les eaux n'étaient ni hautes ni basses ; elles atteignaient précisément alors la hauteur moyenne. »

« L'expérience montre en effet que l'heure de la pleine mer ordinaire ne coïncide pas avec le passage de la lune au méridien, mais qu'elle le suit d'environ trois heures, dans les ports situés en mer libre. Dans les syzygies et les quadratures il existe une autre sorte de retard beaucoup plus considérable, car la marée maximum ou la marée minimum n'arrive qu'environ un jour et demi ou trois marées après celle de la syzygie ou de la quadrature. »

« Ce phénomène s'observe à peu près également dans tous les ports de France, dit Laplace, quoique les heures de marées y soient fort différentes ainsi que leurs hauteurs. »

« Mais cela n'a pas lieu seulement pour ces ports, cela a lieu pour tous les ports du globe, et cette règle est universellement admise dans les calculs de marées. C'est donc là une loi générale, tout aussi générale et aussi régulière que celle du retard des marées lunaires habituelles ; et comme ces deux circonstances n'ont jamais été suffisamment expliquées, c'est là encore une grande objection contre l'exactitude complète des théories émises jusqu'à ce jour. »

« Dans la théorie de Newton, l'on a cherché à justifier vaguement tous ces retards par l'inertie de la matière et par les résistances locales (1) ; mais puisque dans cette théorie, l'attraction agit sur toutes les particules à la fois, l'inertie de chacune d'elles est vaincue dans un même instant par la force même, et tout devrait être au contraire instantané ici comme en ce qui concerne généralement les phénomènes d'attraction ; quant aux résistances, où pourrait-on les placer lorsque l'on réduit tout au balancement vertical de canaux fluides ? Il n'y a alors, en effet, ni frottements, ni obstacles étrangers, et tout doit se passer dans le fluide même, sans considération des roches qui l'enclavent et du lit qui le contient, les frottements et les résistances d'un fond de mer ne pouvant s'exercer, par rapport à un mouvement des eaux, que sur la composante horizontale de ce mouvement. Enfin, et c'est là sans doute, pour cette théorie, l'argument le plus

(1) Newton avait essayé aussi une explication fondée sur le mouvement de rotation de la terre ; mais Laplace (*Exposition du système du monde*, livre IV, chap. XI) déclare son raisonnement peu satisfaisant et son résultat contraire à une rigoureuse analyse.

difficile à écarter, comment expliquera-t-on que le retard, qui est de trois heures seulement pour les marées ordinaires, devienne de quarante heures, lorsque vient s'ajouter ou se retrancher à l'action de la lune la petite force solaire qui n'en est tout au plus que la cinquième partie? Comment expliquer aussi que le retard soit le même aux quadratures, lorsqu'au lieu de venir en accroissement comme dans les syzygies, la force solaire vient en différence? Ces deux effets sont évidemment contradictoires l'un de l'autre et hors de proportion avec les forces auxquelles on prétend les rattacher. »

« Notre méthode, qui fait intervenir des actions différentes, indiquera sans peine la cause de ces retards; elle fera plus; elle en marquera la loi et l'exacte mesure. Pour nous, en effet, qui plaçons l'influence principale dans les *forces horizontales,* le maximum d'action n'existe pas au moment où la lune passe au méridien; car, alors, si la *force verticale de soulèvement* est bien à son maximum, la composante horizontale est fort éloignée au contraire de sa plus grande valeur, puisqu'elle est nulle; aux points de quadrature elle est aussi très-peu considérable. C'est à l'octant, c'est-à-dire au point intermédiaire entre la conjonction et la quadrature, qu'est le maximum des forces horizontales; c'est entre les deux octants, qui comprennent le méridien du lieu, que ces forces agiront d'une manière efficace, et il est facile de voir qu'un point situé actuellement sous la lune n'aura acquis sa plus grande somme d'impulsion que lorsqu'il sera parvenu à l'octant qui suivra le passage de la lune à ce méridien, c'est-à-dire après un intervalle égal au huitième de la rotation diurne de la terre augmenté du mouvement de la lune; le maximum d'effet aura donc lieu trois heures et quelques minutes après ce passage, comme l'expérience le confirme. »

« Le grand retard des marées maxima aux syzygies s'expliquera d'une manière aussi nette et beaucoup plus frappante encore, parce qu'elle ressort d'un rapport numérique entre le cours de la lune et celui du soleil, et qu'elle fait intervenir ainsi les lois de la géométrie dans un phénomène laissé jusqu'ici à tout le vague des causes purement locales. Pour le soleil en effet, le maximum des forces horizontales est aussi à l'octant ; or la vitesse du soleil par rapport à la terre étant fort différente de celle de la lune, il en résulte que lorsque ces deux astres passent ensemble au méridien d'un lieu, le passage de ce lieu par les octants ne se fera point pour les deux astres à la fois, et les points de maximum d'impulsion solaire et lunaire ne coïncideront point pour lui. En un mot, c'est la coïncidence des octants qui détermine celle des deux maxima. »

A la suite de cet exposé de doctrine dont nous n'avons présenté qu'un très-faible résumé, De Boucheporn revient, dans une brillante scholie, sur les phénomènes qui nous intéressent. »

« La théorie de Newton sur les marées, que sa rare précision sous certains points de vue et sa liaison avec la grande loi de l'attraction rendaient si remarquable pour l'époque où elle a été produite, est cependant défectueuse à plusieurs égards. »

« En premier lieu, elle est insuffisante en ce qui concerne les questions de quantité et d'énergie des forces, car elle n'atteint, pour le plus grand exhaussement vertical des eaux, qu'au chiffre de 10 pieds environ ; et comme tout repose dans cette théorie sur le balancement vertical et l'équilibre des canaux fluides, elle ne laisse aucun moyen réellement rationnel d'expliquer les élévations quatre et cinq fois plus grandes que l'on observe en bien des ports ; pas plus que l'on n'expliquerait que par des causes accidentelles la mer s'élevât en certains points sous forme de hautes montagnes au dessus du niveau général régulier que lui donnent les lois de la pesanteur combinées avec les forces centrifuges dues à la rotation du globe : car ces deux genres d'action sont. dans la théorie de Newton, d'un ordre absolument semblable (1). »

« Dans la difficulté d'expliquer ces surélévations et les anomalies tant des diverses mers que des divers ports de la même mer, elle attribue beaucoup aux *causes locales* : mais elle ne saurait définir ces causes locales, car il faudrait le plus souvent attribuer des effets inverses à des circonstances semblables, expliquer, par exemple, d'après les mêmes raisons l'exhaussement prodigieux des eaux dans le canal de Bristol et l'absence de marées sur les côtes de la Méditerranée. »

« Cette théorie indique en outre que les plus grandes marées devaient exister dans les mers les plus étendues : et cependant l'observation n'en découvre aucune dans les îles de l'océan Pacifique, la plus étendue de toutes les mers. »

« Elle conduit à une inégalité considérable entre les deux marées lunaires d'un même jour, et lorsque Laplace. convaincu d'une telle conséquence, a voulu effacer par le calcul cette inégalité qui n'existe point dans la nature, il a dû fournir des suppositions complétement éloignées de l'état réel des choses, savoir : que la terre est entièrement couverte d'eau et que ces eaux ont une profondeur constante. »

« Elle n'explique point enfin les retards des marées dans les mers libres, phénomène auquel cependant sa régularité bien certaine ne permet pas de refuser le caractère de *loi*. »

« Ce ne seraient là cependant encore que des objections de détail : mais il en est une beaucoup plus grave qui, à notre sens, serait de nature à détruire dans sa base même le principe du raisonnement newtonien, en montrant que, dans ce système. il ne devrait exister par jour, en chaque lieu, qu'une seule marée lunaire, celle qui a lieu lors du passage de la lune au méridien supérieur. J'ai déjà dit un mot de cette inévitable conséquence, lorsque j'ai voulu faire voir comment notre méthode parvient

(1) Dans sa théorie, Newton assimile les résultats de l'attraction lunaire aux effets que produit la force centrifuge du globe sur la pesanteur. et cette assimilation sert entièrement de base à son calcul ; or, l'effet de cette force centrifuge sur les eaux marines ne produit aucune irrégularité *locale* dans leur niveau ; elle n'y produit qu'un effet général et continu. Pourquoi donc en serait-il autrement dans l'attraction lunaire ?

elle-même à s'en affranchir ; son évidence est d'ailleurs telle, pour nous, qu'il nous paraîtrait pour ainsi dire impossible que nous eussions été le premier à la faire connaître, si nous ne savions que l'autorité d'un système établi, et la précision rigoureuse de certains résultats accessoires, sont de nature à expliquer bien des entraînements dans les meilleurs esprits. Quoi qu'il en soit, me défiant de ma propre analyse, je veux choisir l'énoncé du raisonnement fondamental de la théorie que je combats dans l'un des plus clairs commentateurs du système newtonien, Euler ou Laplace ; arrêtons-nous à l'expression plus rapide de ce dernier écrivain. »

« Une molécule de la mer placée au dessous du soleil, dit ce savant astronome (1), en est plus attirée que le centre de la terre ; elle tend ainsi à se séparer de sa surface ; mais elle y est retenue par sa pesanteur, que cette tendance diminue. Un demi-jour après, cette molécule se trouve en opposition avec le soleil, qui l'attire alors plus faiblement que le centre de la terre : *la surface du globe tend donc à s'en séparer* ; mais la pesanteur de la molécule l'y retient attachée ; cette force est donc encore diminuée par l'attraction solaire, etc. » Les mêmes conclusions sont appliquées implicitement à l'attraction de la lune. »

« Or il est facile de voir, ce nous semble, que, pour l'efficacité de la seconde partie de ce raisonnement, il est nécessaire que le centre de la terre tende à se déplacer *réellement* sous l'action de l'astre attirant ; car s'il n'en était pas ainsi, et que le centre de la terre demeurât absolument fixe sous cette action, trop faible pour entrer comme composante efficace dans ses mouvements, alors l'effet relatif de l'attraction sur ce centre devrait être considéré comme nul, comme détruit par la résistance de la masse entière du globe, tandis qu'il demeurerait sensible pour les molécules de la mer en raison de leur mobilité individuelle ; de là diminution plus forte de la pesanteur pour la molécule la plus rapprochée ;

(1) *Exposition du système du monde*, livre IV, chap. XI. Voir aussi Euler, dans ses *Lettres à une Princesse d'Allemagne*, lettres LXV et LXVI. Le raisonnement dont s'est servi proprement Newton, dans la proposition LXVI de ces principes, diffère à quelques égards de celui que nous trouvons dans ces deux auteurs ; mais déjà il avait été désavoué par eux et par Daniel Bernouilli comme n'étant pas complétement rigoureux.

mais, au contraire, la molécule la plus éloignée de l'astre attirant, loin d'éprouver par le mouvement rotatif du centre un soulèvement fictif, éprouverait, au contraire, un surcroît de pesanteur et une tendance à s'abaisser. En effet, l'immobilité du centre de la terre annulant virtuellement l'attraction qu'il éprouve de la part de l'astre, celle qu'éprouve la molécule mobile reste seule agissante ; et comme, par la nature de sa direction, elle agit dans le sens même de la pesanteur, il est évident qu'elle doit tendre à rapprocher cette molécule du centre de la terre, loin de la soulever.

« Or c'est précisément ce qui a lieu pour la lune, à l'attraction de laquelle le centre de la terre ne saurait obéir, à cause de la prépondérance de sa masse. La terre, à la vérité, éprouve bien à chaque instant un déplacement relatif à l'égard de la lune, produit par la différence de vitesse des deux astres autour du soleil ; mais ce mouvement ne dépend en aucune manière de l'attraction lunaire, qui n'y entre point comme force composante et qui reste réellement sans action sensible pour faire mouvoir le centre de la terre. Cela étant, il est clair, d'après ce que nous venons de faire voir, que, bien loin de soulever les eaux qui sont situées à son opposition, l'attraction de la lune devrait tendre, au contraire, à les faire baisser ; et il ne saurait y avoir ainsi, dans un jour, qu'une seule marée lunaire, lors du passage de l'astre au méridien supérieur.

« Si je ne m'abuse étrangement sur la rigueur de cette conséquence, il y en aurait assez pour prouver sans retour l'insuffisance de la théorie de Newton en ce qui concerne le phénomène des marées. On a vu, quelques pages plus haut, comment notre méthode, au contraire, parvient à écarter cet obstacle par la considération des forces horizontales qui lui sont propres et comment, par la différence des vitesses imprimées à chaque instant par ces forces dans l'hémisphère terrestre le plus voisin et le plus éloigné de la lune, les deux marées d'un même jour peuvent devenir sensiblement équivalentes. On a vu encore comment le retard régulier des marées prend pour nous le caractère d'une véritable loi, que la considération des mêmes forces explique complètement et par la plus simple géométrie.

« Portons maintenant plus avant cette vérification et donnons à nos principes la sanction la plus générale, en montrant que, dans ses impulsions horizontales qui, suivant notre système, tendent à transporter périodiquement la masse des eaux de l'Occident vers l'Orient à chaque quart de jour lunaire, que dans ces impulsions, dis-je, réside la solution du problème général des hauteurs de marées sur l'ensemble du globe, hauteurs dont la diversité n'avait encore été soumise à aucune loi, n'avait encore reconnu d'autre principe que cette vague dénomination des *causes locales*, triste ressource des théories incomplètes et qui doit tendre à disparaître de la science à mesure que la vérité se développe et que les causes réelles se font connaître.

« Ayant eu occasion, pendant un voyage en Amérique, de séjourner dans l'isthme de Panama, je remarquai avec étonnement que sur la côte de l'Atlantique, dans les petits havres de Chagres et de Porto-Bello, les marées étaient presque insensibles, tandis qu'à Panama même, dans un des golfes les plus tranquilles de l'univers, les marées s'élèvent à plus de 7 mètres, couvrant et délaissant une plage immense dans leur mouvement diurne de va-et-vient. Et cependant les ports de Chagres et de Panama ne sont pas distants l'un de l'autre de plus de douze lieues à vol d'oiseau ; tous deux sont situés sur de grandes mers, l'un dans le golfe du Mexique, l'autre dans celui de Panama, et les circonstances absolues paraissent être complètement identiques. Mais l'un de ces ports est placé sur la *côte occidentale* de l'Amérique ; l'autre est situé sur la *côte orientale* du même continent : cette circonstance, qui alors n'éveillait en notre esprit aucune idée particulière et précise, y fut toutefois le principe d'un travail auquel vinrent peu à peu se rattacher, comme à un centre de groupement, les principaux résultats de la théorie que nous venons d'exposer. C'est là, en effet, le point du globe peut-être où le contraste dont nous parlons s'offre le plus frappant sur l'espace le plus resserré ; c'est là pour nous la représentation la plus éloquente de ce principe que notre théorie fait connaître, et que nous trouverons vérifié sur l'ensemble du globe, savoir : « *que les côtes occidentales du continent, ainsi que les passages dont l'ouverture est tournée vers l'occident, doivent être, toutes circonstances égales, soumises à des marées beaucoup plus fortes que les côtes orientales.* »

« La raison en est simple : c'est que le flot apporté chaque douze heures par le mouvement périodique des mers, ayant son impulsion dirigée de l'occident à l'orient, doit concentrer sur les côtes qui lui sont opposées, c'est-à-dire sur les côtes occidentales, la somme de ces efforts. En vertu de la rotation terrestre et par suite de la propagation du mouvement lui-même dans les eaux, chaque nouvelle zone mise en action ajoute à l'effort premier contre les mêmes côtes et augmente progressivement la masse d'eauqui s'accumule contre elles; il y a donc ici concentration des eaux et des efforts sur un espace limité. Dans le mouvement inverse, c'est-à-dire dans le retour des eaux à leur position première, l'effort se divise au contraire en refluant des côtes sur la grande masse des mers; et quoique la position première, naturelle, doive être dépassée en sens inverse, comme il arrive dans tous les genres d'oscillation, on conçoit que l'effort concentré et direct doive donner lieu à des hauteurs d'accumulation sensiblement plus grandes que celui qui est produit par le retour et qui est caractérisé au contraire par la diffusion des forces.

« Dans les mers très-étendues et embrassant plus d'un quart de la circonférence, comme dans l'océan Pacifique, il se passe un autre phénomène, qui doit tendre encore à affaiblir les marées dans la partie occidentale de ces mers et surtout dans leur partie centrale. Lorsque en effet, dans ces régions, les eaux devraient commencer à monter, elles éprouvent déjà, dans leur extrémité orientale, la période descendante, et ces deux impulsions inverses tendent à s'annuler, par le choc, à leur point de rencontre, c'est-à-dire vers la partie centrale, et à rendre, par là même, moins sensible le retour de l'oscillation à la partie occidentale de ces mers. C'est par une raison de ce genre que nous expliquons l'absence des marées dans les îles de la mer du Sud, où nous persistons à dire que, suivant la théorie de Newton, elles devraient être le plus considérables.

« Le relevé général des hauteurs des marées sur les diverses côtes du globe concorde parfaitement avec les vues que nous venons d'exposer. Si, partant du centre de l'Amérique, où nous avons trouvé un si grand contraste entre les deux côtes voisines, nous suivons vers le nord et le sud les côtes orientale et occidentale de ce vaste continent, si bien disposé pour une telle étude, nous voyons un semblable contraste se prolonger sur toute leur étendue.

« En premier lieu, le long du golfe du Mexique, dans les Antilles, et sur une grande partie de la côte des États-Unis, les marées sont presque insensibles; les plus fortes ne dépassent pas 2 pieds 1/2 ; elles ne se relèvent un peu qu'à New-York, où les plus grandes hauteurs vont à 6 pieds 1/2, et à Boston, où elles atteignent 14 pieds, sans doute en raison de la position de ces ports au voisinage de l'obstacle qu'oppose à la marche orientale des eaux le coude formé par la Nouvelle-Écosse et le banc de Terre-Neuve. Dans l'Amérique méridionale, nous trouvons aussi de très-faibles marées sur la côte orientale, tout le long du littoral du Brésil; car à Fernambouco, à la baie de Todos-os-Santos, dans celle d'Espiritu-Santo, dans le canal de Saint-Sébastien, les marées varient seulement de 3 à 6 pieds, d'après les observations de M. l'amiral Roussin; et si elles s'élèvent un peu plus haut en quelques endroits, comme 12 pieds à Rio-Janeiro et 16 pieds à l'île de Maranham, non loin de l'embouchure du fleuve des Amazones, il est facile de voir que la courbure du littoral, en ces points, est éminemment propre, comme nous l'avons vu pour Boston, à former résistance au flot venu de l'occident, circonstance à laquelle il est essentiel d'ajouter celle du cours même du fleuve.

« Si nous suivons maintenant, au contraire, la côte occidentale de l'Amérique, nous voyons la mer s'élever dans les différents ports, tels que Valparaiso, le Callao, Guayaquil, Panama, Realejo, Acapulco, Monterey et San-Francisco de Californie, à des hauteurs générales de 5, 6, 7 et 8 mètres, comparables, par conséquent, à celles de nos côtes de France sur l'Atlantique, et quinze à vingt fois supérieures à celles de la côte américaine orientale.

« En Europe, un seul terme seulement de la comparaison est possible, puisque nous manquons de côtes orientales sur une grande mer ; mais sur nos côtes occidentales la mer s'élève à des hauteurs considérables, comprises généralement, pour les divers ports de l'Atlantique, entre 4 et 8 mètres, et qui, pour quelques-uns, vont jusqu'à 10 et 11 mètres. Rien ne saurait mieux confirmer nos vues que ces marées exceptionnelles; car ces ports, où la marée s'élève à de si grandes hauteurs, sont ceux précisément qui, situés au fond de golfes ouverts du côté de l'occident, comme Saint-Malo, Granville, Bristol, ou à l'entrée occidentale d'un resserrement, comme Dieppe et Boulogne à l'entrée de la Manche et du Pas-de-Calais, sont plus favorables que tous autres à l'accumulation du flot venu de l'occident vers l'Orient. Au débouché de la Manche dans la mer du Nord, au contraire, où un élargissement oriental a lieu, les hauteurs des marées vont sensiblement en décroissant, depuis Calais et Dunkerque jusqu'à Amsterdam et aux ports extrêmes de la Hollande, où elles n'atteignent guère que 2 pieds 1/2.

« La forte élévation des marées de la côte de France se poursuit sur les côtes occidentales de l'Espagne et du Portugal (quoiqu'en s'affaiblissant un peu, soit à cause des vents alizés, soit par une autre raison que nous dirons au sujet de la Méditerranée), et sur les côtes occidentales de l'Afrique; dans toutes ces contrées elle se soutient à des hauteurs de 3, 4 et 5 mètres (1); au tournant du cap de Bonne-Espérance, où l'obstacle commence à s'évanouir, la hauteur des marées n'est déjà plus que de 2 mètres, et enfin, si l'on passe sur la côte orientale de l'Afrique, à l'île de Madagascar, la marée tombe tout à fait et ne s'élève pas au delà de 3 pieds.

« En Asie, malgré les accidents qui découpent les côtes d'une manière si peu régulière, nous trouverons encore une série remarquable. Peu de contrées du globe présentent des marées aussi hautes que celles du port de Pegu, sur la côte occidentale de la côte de Siam, dans le golfe du Bengale, port dont les grandes marées sont citées par Newton; or, sa position est absolument analogue à celle de Saint-Malo, Avranches et Granville, dans la baie de Cancale, relativement au flot venu de l'occident. Si l'on suit, au reste, dans toute sa continuité, l'ensemble des côtes de ce même golfe du Bengale, on y trouvera, dans un espace restreint, un parfait résumé de toutes les conclusions de notre théorie.

(1) Il n'y a d'exception que pour les embouchures des rivières Sénégal et Gambie, où la force du courant annule en partie la vitesse du flot de marée venu d'Occident et la rejette sur les côtes voisines : la marée ne s'élève à ces embouchures que de 3 à 6 pieds. Mais elle se relève sur les côtes voisines, car au cap Blanc (Sahara), dans les Bissagos et les îles de Loss, près Sierra Leone, la marée monte à 12 ordinairement et à 16 pieds dans les syzygies, d'après les observations de l'amiral Roussin et du Commodore Owen.

A l'extrémité en effet de la côte qu'il tourne vers l'orient, c'est-à-dire à Ceylan et à la côte de Coromandel. les marées sont extrêmement faibles, elles ne s'élèvent qu'à 2 pieds; au Bengale proprement dit, aux bouches du Gange, elles vont à 9 pieds dans les petites eaux et à 13 pieds dans les grandes eaux, et l'on peut remarquer ici l'accroissement progressif dû, comme pour Boston et Rio-Janeiro, à la forme tournante de la côte, peut-être aussi à l'obstacle produit par le courant du fleuve; enfin, si nous passons tout à fait sur l'autre versant du golfe. celui qui est tourné vers l'occident, nous trouvons les hautes marées de Pégu, que nous avons citées précédemment.

« L'autre côte occidentale de l'Indoustan présente aussi de fortes hauteurs d'eau; à Bombay et à Surate, la mer s'élève à 18 pieds, comme à Brest et à Panama; tandis qu'à la côte opposée, celle d'Arabie, elle ne s'élève qu'à 3 et 6 pieds.

« Si maintenant nous passons vers la côte la plus orientale de l'Asie, nous trouvons qu'à Malacca, à l'entrée de la mer de Chine, la hauteur de la mer est, comme au cap de Bonne-Espérance, de 6 pieds seulement; et à Macao, dans une position d'ailleurs peu favorable, elle ne monte de même qu'à 7 pieds.

« Nous trouvons enfin la même faible hauteur au port Jackson, à la partie orientale de la Nouvelle-Hollande.

« Il est donc vrai de dire que notre théorie, par ses forces horizontales périodiquement dirigées de l'occident vers l'orient, et par le rapport de ces forces avec la disposition des côtes qu'elles viennent frapper, donne la loi générale des hauteurs de marées sur l'ensemble de la terre.

« J'ajouterai quelques mots au sujet de la Méditerranée. Cette mer communique, bien que par un détroit, avec l'océan Atlantique, et l'on ne voit réellement pas pourquoi dans la théorie de Newton, où il ne s'agit que de l'équilibre des fluides, cette mer n'aurait point aussi de hautes marées. La raison en est beaucoup plus claire dès le premier abord dans notre théorie, car il serait difficile de ne point remarquer que le resserrement de Gibraltar doit opposer un obstacle puissant au flot horizontal de marée venu de l'occident, comme on a vu que cela avait lieu pour la Manche dans notre comparaison entre les marées de Calais et celles d'Amsterdam. Mais ici l'on peut ajouter peut-être encore une circonstance particulière.

« L'étendue de la Méditerranée est fort petite relativement à celle de l'Océan, et, d'après le rapport géométrique des contours aux contenances qui y sont renfermées, la surface d'évaporation est beaucoup moins considérable sur la première de ces deux mers, relativement au circuit des côtes qui les enclavent. Il est donc bien probable que la Méditerranée, qui reçoit les eaux descendues de tant de contrées montagneuses et dans laquelle viennent affluer tant de grands fleuves tels que le Danube, le Don, le Dnieper, le Pô, le Rhône, l'Ebre, le Nil, doit avoir nécessairement un trop plein d'eau, qu'elle tend à déverser dans l'océan Atlantique par le détroit de Gibraltar. Le flot des marées venu de l'occident se trouvera donc, à son entrée dans ce détroit, en présence d'un courant incessant, dirigé dans un sens exactement contraire au sien, et il en sera par conséquent repoussé, ou du moins annulé en grande partie ; phénomène analogue à celui qui produit la barre des rivières débouchant dans l'Atlantique, par la neutralisation périodique de la vitesse du courant.

« C'est ainsi que l'on peut concevoir que les eaux de la Méditerranée ne soient pas soumises à une cause d'élévation et d'abaissement plus grande que celle qui résulte de l'action verticale exercée par la lune et le soleil, et qui, vu l'étendue, peut se limiter à 2 et 3 pieds, comme on le voit en effet à Venise, à Tunis, au détroit d'Euripe et en Syrie. »

Qu'il nous soit permis d'avouer que l'interprétation des idées Newtoniennes, par de Boucheporn, et la rectification qu'il leur fait subir dans une certaine mesure, à la fois, sur le point saillant de la coïncidence, jusque-là incompréhensible, des marées sur les deux côtés opposés du globe, et sur le retard des marées de syzygie par rapport au passage au méridien des deux astres attirants : que cette interprétation, disons-nous, semble tellement rationnelle qu'elle doit être acceptée, tant que l'erreur n'en sera pas démontrée. L'œuvre de ce philosophe est connue de tous les savants; la théorie que nous avons citée n'a jamais été contredite, et cependant le prix fondé par l'Institut depuis plusieurs années, fournissait l'occasion d'une contradiction.

Maintenant que nous avons écouté les théories, tâchons d'en conclure, en ce qui intéresse le plus la navigation, la véritable influence des marées sur l'agitation de la mer; en d'autres termes, la forme, la nature et l'amplitude du mouvement des eaux dû à ce phénomène. Suivant les interprétateurs de Newton, les vitesses de propagation à l'aide desquelles se sont formées les grandes ondes dont le sommet se trouve dans la zone équatoriale, diminuent en raison de leur distance du point d'attraction. Elles sont à la fois affectées par cette distance, par la forme du littéral, par la profondeur de la mer et par les circuits que subit la direction de l'ondulation. On a conclu, en effet, de l'heure d'établissement des ports, que la vitesse de propagation est :

| | Par seconde. |
|---|---|
| Entre le cap de Bonne-Espérance et Ouessant, de.... | 175m 70 |
| Entre Ouessant et Boulogne...................... | 21 27 |
| Entre le Havre et Rouen......................... | 7 22 |

Dans ce système, la grande ondulation causée par l'attraction devient, dans les estuaires, le flot de marée.

Sous ce rapport Herschell expose les phénomènes de la vitesse de propagation d'une manière plus systématique qu'il n'avait été fait par ses devanciers. Mais la différence des vitesses de translation suffit pour démontrer que l'ondulation due à l'attraction n'est point, mécaniquement, un phénomène du même ordre que la vague apportée sur les côtes par la marée, bien que cette dernière en soit une conséquence directe.

Dans toutes les hypothèses, le mouvement des marées ne peut s'accomplir que par une succession d'ondes provenant du soulèvement et de l'abaissement successifs de l'eau, ondes dont les

(1) *Mécanique analytique* de Lagrange.

effets se propagent avec une rapidité indifférente à l'agitation plus ou moins forte de la superficie de la mer. On n'entend donc pas ici l'ondulation superficielle connue sous le nom de vague et de flot; en mer libre, celle-ci est étrangère au phénomène des marées. Elle ne sert point à la propagation du mouvement d'abaissement et d'élévation de la masse des eaux : il s'agit d'une autre onde, d'une onde d'un rayon immense, ayant, par exemple, son sommet dans la région de l'Équateur, au point où les attractions lunaire et solaire se combinent, son origine aux pôles, et dont la propagation serait révélée par la différence des heures d'établissement de la pleine mer dans les ports situés le long du littoral.

La vitesse de propagation de cette onde, indiquée dans l'*Annuaire des marées*, serait de 175m70 par seconde, ou de 632 kilomètres par heure, entre l'équateur et Ouessant; elle décroîtrait rapidement dans les mers resserrées de la Manche, du canal Saint-Georges, etc., en approchant des pôles.

Le phénomène se dérobe ici, il faut bien le dire, par cette vitesse prodigieuse, à ce que nos sens peuvent en percevoir. Est-ce une vibration? Est-ce une vitesse de propagation d'ondulation? Est-ce, enfin, une vitesse de translation?

Comment l'eau, considérée dans son défaut de compressibilité, d'élasticité, peut-elle être un moyen de transmission pour de semblables déplacements? Comment le phénomène, apparent sur les côtes, est-il si peu sensible en mer libre?

L'exiguité apparente de la quantité d'eau mise en mouvement sur le littoral par rapport à la masse des mers intéressées dans le phénomène de l'attraction ne semble-t-elle pas la preuve de la très-faible importance du phénomène en mer libre?

Si ce mouvenent se combine avec le calme absolu à la surface des eaux et avec la plus grande agitation superficielle, n'est-ce pas parce que la masse des eaux n'est pas troublée par l'influence de l'attraction ?

On voit combien cette étude, qui semblait, au premier coup d'œil, étrangère à notre sujet, y prend cependant une place importante dans la détermination des causes et des effets de l'agitation de la mer.

Doit-on attribuer à une sorte de vibration la transmission du mouvement des marées, en fondant cette théorie sur une propriété analogue à celle que possède l'air de porter la lumière sans déplacement apparent ou sensible de ses molécules, tandis que son déplacement est apparent quand il porte la chaleur et le son?

L'air porte, il est vrai, la chaleur pendant le calme complet de l'atmosphère, sans agitation apparente, et cependant les lois les plus simples de la dilatation nous font connaître que cette agitation existe. Il y a là un transport, un déplacement incontestable, fondé d'ailleurs sur une loi analogue à celle qui détermine des courants dans l'eau contenue dans un récipient soumis à l'action de la chaleur. Ce n'est pas là une vibration comme celle qui porte le bruit. Nous voyons également que, dans les corps solides, l'effet d'un choc est de se transmettre, par des vibrations qui ont une relation avec le degré d'élasticité du corps, avec une excessive rapidité et sans paraître troubler le repos des molécules. Il en est de même à travers un liquide contenu de toutes parts; un choc produit en un point est répercuté sans déplacement moléculaire sensible. Est-ce un phénomène de ce caractère qui sert d'instrument à l'attraction solaire et lunaire pour produire les marées?

L'attraction qui s'exerce sur une masse d'eau dont la profondeur est immense et dont le volume semble infiniment grand relativement à celui que la marée apporte sur le littoral ou en retire, ne peut avoir pour résultat de produire sur la molécule située dans la partie la plus profonde une agitation même infiniment petite, comme celle qui a lieu dans une vibration. Avant d'agir sur cette molécule, elle mettra en mouvement celles de la superficie ; elle produira dans la mer la convexité et la concavité que formerait dans un réservoir évasé l'eau qui des bords se porterait vers le centre et s'en éloignerait par le fait de l'alternance de l'attraction.

Ainsi, en réalité, ce mouvement n'atteindrait qu'une masse d'eau superficielle; car on ne peut comprendre un mouvement qui intéresserait les parties les plus profondes.

Il s'opérerait là le phénomène qu'on peut produire dans un récipient évasé, en plongeant dans son centre un corps solide et en le retirant alternativement; l'eau subirait ainsi une espèce de pulsation qui n'intéresserait que la couche des molécules correspondante à l'immersion du corps solide.

Ces molécules d'eau, animées au point de départ d'un mouvement infiniment petit dirigé vers l'attraction, subiraient ce mouvement tant que cette attraction subsisterait; elles prendraient un mouvement inverse dès qu'elle aurait cessé. Ces deux mouvements se seraient propagés, ils se seraient produits dans les vingt-quatre heures deux fois dans chaque direction.

L'onde de marée aurait son maximum de surélévation sous l'équateur, son maximum de déplacement à l'octant, et son minimum de mouvement à la quadrature. L'axe de direction des forces attractives étant celui du méridien, la distance à parcourir entre cet axe qui se transporte de l'est à l'ouest commencerait au littoral. Serait-ce à partir de ce point, que se produiraient ces vitesses vertigineuses de 175 mètres par seconde, qui ne sont conciliables avec aucune propriété de l'eau, avec aucune donnée physique, avec aucune notion de l'hydraulique?

Ne semble-t-il pas, au contraire, que le phénomène, réduit

en mer libre à de faibles vitesses du fluide, se concilie avec ce que les marées nous montrent du mouvement apparent sur les côtes?

Ces faibles vitesses ne semblent-elles pas démontrer que l'attraction n'intéresse qu'une couche d'eau variable avec la profondeur, de telle sorte que le mouvement, qui est insensible en pleine mer, à cause de l'énorme profondeur d'eau, devient plus sensible dans les mers peu profondes, comme la Manche, et très-sensible sur le littoral où la profondeur manque absolument?

En général, les vitesses dont le fluide est animé, qu'elles soient dues aux courants dont les causes sont prises dans les variations de température du globe, comme le Gulf-stream dont on reconnaît l'existence jusque dans la Manche; qu'elles soient dues aux variations du niveau de la marée; qu'elles soient, enfin, dues aux courants de tous genres dont le régime sous-marin est encore peu connu, sont des vitesses faibles. En dehors de l'action du Gulf-stream, les courants de marée ne se reconnaissent pas en pleine mer, et, si on les observe sur le littoral, leur vitesse n'y semble pas, à moins de causes spéciales, excéder $0^{m}40$ à $0^{m}70$ par seconde. Sur certains points, le déplacement du sable et des galets se fait sous l'influence de courants plus actifs dont la vitesse peut aller jusqu'à $1^{m}50$ par seconde, et encore le transport des matières les plus lourdes ne se produit-il qu'à la suite de l'agitation résultant des flots amenés sur le bord par l'action simultanée du vent et des marées. Puisque l'ondulation ne donne pas lieu, par elle-même, à un mouvement horizontal sensible des particules d'eau, et que cependant la mer apporte sur le rivage et en emporte des quantités d'eau dans lesquelles l'ondulation est, la plupart du temps, unie à la translation de ces masses d'eau, cela prouve qu'il n'y a aucun lien entre l'ondulation verticale, que l'on appelle le flot oscillatoire, et la vague où toute l'eau agitée par l'ondulation est animée d'une même vitesse horizontale, et que l'on appelle le flot de translation qui n'est apparent que sur les côtes et dans les estuaires.

Prenant toujours pour point de départ les longues périodes de calme complet de l'atmosphère, parce qu'elles sont la preuve que l'action des marées n'est pas une cause sensible d'agitation de la mer, en ce sens qu'elle ne produit pas le mouvement ondulatoire auquel on donne le nom de vague ou de flot, nous conclurons que tous les phénomènes de marées, et même en général des courants de marées, pourraient s'accomplir sans l'ondulation appelée vague. D'un autre côté, comme l'ondulation ne peut exister sans imprimer aux particules d'eau un mouvement vertical ou orbitaire, il est clair que ce mouvement existe indépendamment des vitesses horizontales imprimées par les courants de marées ou autres. Prenons un exemple : la marée montante amène, sur un littoral quelconque ayant la forme unie d'un plan incliné de quelques centimètres par mètre, les eaux de la mer, avec une vitesse de 12 à 20 millimètres par seconde; dans les états moyens de la mer, et sur cette plage unie et d'inclinaison moyenne, une ondulation atteint le rivage toutes les cinq secondes; on peut donc admettre que les particules d'eau de cette vague ont une vitesse à peine équivalente à quelques centimètres par seconde; la vitesse de propagation de l'ondulation est cependant de 4 à 5 mètres pendant le même temps. Le nageur surmonte la première très-facilement, il serait infailliblement emporté par la seconde si elle animait l'eau d'un mouvement horizontal. Au lieu de cela, lorsque la vague ne brise pas, elle soulève le nageur et le berce, pour ainsi dire. Peut-on donner le nom de flot de translation à une vague ainsi composée de deux vitesses élémentaires, dans lesquelles celle de translation est la plus faible ? Et peut-il y avoir d'autres vagues, mues par d'autres lois ? Que, dans le mascaret et les grandes barres (*bores*), les forces de translation l'emportent sur celles de la propagation de l'ondulation, c'est-à-dire que la vitesse des particules d'eau animées d'un mouvement horizontal soit égale à la vitesse de l'ondulation, cela s'explique de soi-même. C'est un fait tout spécial dû à des pertes et à des reprises du niveau des eaux sur le littoral ; mais il n'a jamais été admis par aucun ingénieur que l'ondulation qui vient s'arrêter, en haute ou en basse mer, contre une digue ou une jetée fût une vague de la nature du mascaret.

Nous conclurons de ce qui précède qu'en dehors de ces vagues, dites : mascaret, barres, etc., il n'y a pas, à proprement parler, en mer libre, de vague, ayant pour cause le phénomène des marées, qui soit exclusivement vague de translation, c'est-à-dire de vague dont toutes les particules soient animées d'une vitesse horizontale égale à la vitesse de propagation de l'ondulation. Le vent comme première cause, la marée et les courants comme cause secondaire, donnent lieu à des ondulations dans lesquelles une part de translation appartient au vent, aux courants et à la marée : le vent, pour les particules d'eau dont il écrête les vagues ; le courant, pour la vitesse de déplacement qu'il donne aux particules d'eau, quel que soit l'état de l'atmosphère ; la marée, enfin, pour la même cause.

Mais alors surgit un autre point de vue, sur lequel l'attention des ingénieurs et des navigateurs ne peut être trop attirée. De la coïncidence des trois causes : le vent, la marée, les courants, résulte un phénomène très-apparent : c'est que plus l'ondulation est forte, plus elle concentre en elle-même la somme des vitesses horizontales dont les particules sont animées. Nous insistons sur ce point, parce qu'il doit être éclairé. Entre deux vagues qui viennent frapper une digue ou expirer sur la rive, il y a un instant de repos. Donc chaque vague apporte avec elle les particules d'eau qui, si le calme était complet, seraient mues suivant une vitesse continue et régulière. La translation se fait donc irrégulièrement, et l'irrégularité se transforme ici en accroissement de vitesse. Si la vitesse de marche de la marée est, par exemple, de 20 millimètres par seconde, et que l'ondulation ne se produise que toutes les 10 secondes, la vitesse de translation sera de 20 centimètres, c'est-à-dire qu'au mouvement vertical ou orbitaire de l'ondulation se sera ajoutée cette vitesse de translation. Si, en outre, par le fait des dispositions du littoral, des vitesses de courant de 20, 40, 60, 80 centimètres par seconde se produisent habituellement sur le point dont il s'agit, ces vitesses se décupleront et s'ajouteront comme vitesse de translation en animant toutes les particules d'eau de l'ondulation. De là des pressions énormes, des pressions exactement analogues à celles du bélier hydraulique. Mais si toutes les causes de translation, le vent, la marée, les courants, viennent à cesser, l'ondulation reprend son régime normal, et les particules d'eau soumises au mouvement vertical ou orbitaire cessent d'être animées d'aucune vitesse horizontale. De là cette conséquence qu'il n'y a point à classer les vagues en deux catégories. L'oscillation est un régime que le vent, la marée, les courants modifient plus ou moins, de telle sorte que dans chaque ondulation il peut y avoir, à la fois, oscillation et translation, ou oscillation sans translation. Mais la translation n'est, dans aucun cas, la cause exclusive de l'ondulation.

Cet exposé permet les suppositions suivantes :

Les courbes ou ondes auxquelles les attractions lunaire et solaire doivent donner naissance n'affectent que les eaux superficielles et sont insensibles en haute mer; elles n'y créent que des courants insensibles eux-mêmes. Il n'est besoin pour les expliquer ni de vibrations ni de vitesses infinies comme celles qui résultent de l'heure d'établissement des ports, de l'équateur au pôle.

Si l'action des forces lunaire et solaire n'affecte la marée, qu'après un intervalle pendant lequel trois marées ont eu lieu, de telle sorte que le nombre des courbes ou des ondes causées par les marées soit de trois, cela ne prouve pas qu'il faille diviser par trois la distance de l'équateur au pôle, et donner, dans ce cas, à chaque onde de marée plus de 1,500,000 mètres d'étendue courbe et une vitesse de propagation de 175m60 par seconde : d'abord, parce que ces ondes qui se suivent sont soumises à l'action constante et accumulée de l'attraction ; que cette attraction accroissant d'intensité de la quadrature à l'équateur, la vitesse de 175m60 par seconde serait une moyenne correspondante à des vitesses peut-être doubles et qu'alors la hauteur de l'ondulation correspondante elle-même à de pareilles vitesses en démontrerait l'existence. Qu'à peine sensible, et agissant sur une pareille étendue, l'ondulation de marée ne peut avoir pour instrument un mouvement infiniment petit de chaque molécule d'eau, ni une faible ondulation, car cela serait contraire à la loi empruntée à la chute des graves, d'après laquelle *la vitesse de propagation est égale à celle qu'un corps acquiert en tombant d'une* HAUTEUR *égale à la moitié de la* HAUTEUR *de l'ondulation.*

Il y a là, en un mot, un phénomène à l'accomplissement duquel les lois du mouvement ondulatoire de l'eau ne suffisent pas, quelle que soit la résultante des forces d'attraction. Agissant d'abord de l'Est, elles attirent la mer sur le littoral tourné vers l'Occident, puis elles ont leur maximum d'intensité et d'action au point où le méridien qu'elles traversent s'étend sur la mer de l'équateur aux pôles ; cette action peut se résumer en un soulèvement vertical des eaux à l'équateur, en un glissement à l'octant, en un mouvement plus faible à la quadrature, et cependant l'onde de marée se trouve formée sans vitesse ou du moins avec une vitesse presque nulle, inapparente en haute mer, et ne créant sur le littoral ouvert et uni que de faibles courants.

Ainsi, point de participation de la marée à l'agitation des flots en haute mer; point de ces phénomènes inconnus dont les navigateurs ont cru soupçonner l'existence dans des chocs formidables reçus en pleine mer, ou dans des courants entraînant les navires par une dérive insensible à des distances considérables.

Que si la translation des eaux et la forme ondulatoire se montrent sur le littoral, cela s'explique par l'intervention de plusieurs circonstances, telles que le frottement sur le fond, l'inclinaison de ce fond et ses inégalités, ou bien par de certaines formes du littoral qui ont troublé le mouvement régulier d'abaissement ou d'élévation du niveau des eaux.

Enfin, le peu de lien entre la translation et l'ondulation est établi par l'absence même d'ondulation sur les plages très-unies, pendant que le jeu de la marée s'accomplit.

Cet ensemble de faits démontre que l'ondulation n'est pas un instrument, une forme nécessaire dans l'établissement des marées.

Quand même, d'ailleurs, la marée s'opérerait par des mouvements vibratoires infiniment petits, par des ondes de plus d'un million de mètres d'étendue, par la translation des eaux, ce phénomène n'aurait rien encore de commun avec l'ondulation appelée vague. La vague est le résultat d'un trouble qui a une cause différente : elle est une forme que la marée n'emprunte pas en mer libre.

Les courants peuvent intéresser les plus grandes profondeurs d'eau; mais la vague a une origine superficielle, et nous nous sommes approché du but, qui est de la bien connaître, en éliminant de son action la plus grande partie du rôle qu'on lui attribue, celui de porter en elle et de servir, pour ainsi dire, de véhicule aux masses d'eau que soulèvent les astres et que la marée amène sur les rivages et en retire.

L'ondulation sous forme de vague est formée par le vent qui agite la superficie de la mer, qui y soulève d'abord des rides légères, puis de petites vagues, puis enfin, et sous l'influence de sa violence et de sa continuité, des ondulations dont la grandeur est, pour ainsi dire, en raison de l'immensité de l'espace, de la profondeur des eaux, comme si la liberté sans limite était une condition de premier ordre dans l'intensité du phénomène. C'est ainsi que les vagues qui surgissent sur les lacs, comme ceux de Zurich, de Lucerne, de Genève, de Constance, agités par les tourmentes les plus furieuses des Alpes, ne sont rien à côté de celles de la Méditerranée, et que ces dernières ne donnent pas l'idée des fortes ondulations soulevées sur l'Océan par les grands troubles de l'atmosphère.

Le mouvement des particules d'eau dans l'ondulation est contenu dans les limites de l'ondulation elle-même; elles ne tendent pas à en sortir; cela est prouvé par le fait que les corps flottants à la surface, l'écume elle-même, ne sont pas déplacés lorsque le vent n'a pas d'action sur eux et qu'il n'y a pas de courant.

Puisque l'ondulation, le flot ou la vague ne sont ni un moyen, ni un instrument, ni une forme nécessaire du transport de l'eau, nous trouverons les forces dont elle est animée dans le mouvement propre aux particules d'eau qu'elle intéresse. Les uns considèrent ce mouvement comme exclusivement vertical, les autres admettent qu'il est orbitaire, même circulaire.

Une école s'est, en outre, formée, qui a classé l'ondulation en deux catégories : la vague d'oscillation et la vague de translation. A la première elle a attribué le mouvement exclusivement vertical des particules; dans la seconde elle a supposé que les particules étaient animées d'un mouvement horizontal identique dans toute la hauteur de la vague. Cette école a prétendu encore que les vagues des deux catégories existaient dans l'Océan et sur le littoral; mais la première de ces suppositions a été fortement contestée dans le sein de l'école même, et c'est au littoral et à son influence qu'on attribue, le plus généralement, la formation de la vague de translation.

L'analyse ne semble pas plus en faveur de cette théorie que de celle qui affirmait l'existence des vagues de translation dans l'Océan. Considérons, en effet, l'ondulation dans son origine, et suivons le mouvement des particules qui la composent sous l'influence du vent qui est la cause qui l'a produite. Dans l'ondulation, la preuve de l'oscillation verticale des particules d'eau est donnée par ce fait que les vagues ne transportent rien horizontalement sans y être aidées par le vent ou les courants. Le fait est vrai partout. Dans la marée ascendante, qui marche à des vitesses de 8 à 20 millimètres par seconde, les herbes ou objets flottants, l'écume même, n'avancent ou ne se retirent que d'une très-petite quantité, quelque fortes que soient les vagues qui les soulèvent, à moins que, placés à la crête de ces vagues, ces objets ne soient saisis par le vent et emportés avec l'eau qui les soutient; soit aussi lorsque, par suite des frottements sur le fond, la crête de la vague est animée d'une plus grande vitesse que le pied; elle *brise* alors et entraîne, avec la partie de l'eau qui brise, les corps flottants qu'elle a soulevés avec le sable ou les galets du fond.

L'observation démontre que le vent d'un côté, les frottements du fond de l'autre, et la marche de la marée, ont pour conséquence qu'une partie toujours faible, mais une partie variable de la masse d'eau qui constitue une ondulation, peut être animée d'une vitesse de translation. Mais que cette masse d'eau puisse tout entière prendre ce caractère, non-seulement cela n'est point établi, mais le contraire semble patent. Nous tâcherons de le démontrer.

Le vent ne soulève, en commençant, que de légères rides dans une eau calme, parce que la résultante de sa direction s'approche de l'horizontale ; ce n'est, pour ainsi dire, que le frottement de l'air sur l'eau qui tend à agiter celle-ci. Lorsque l'ondulation commence à se former, et plus elle s'accentue, plus la vague présente à la direction horizontale du mouvement du vent un obstacle qui accroît l'effet de celui-ci. (Pl. 3, fig. 3 et 4.)

L'ondulation doit donc augmenter de volume à mesure que le vent continue ou s'accroît. Si l'effet du vent se bornait là, le mouvement oscillatoire des particules de l'ondulation resterait vertical ; mais il ne peut en être ainsi : le frottement d'un vent violent sur l'eau intéresse une petite couche d'eau, comme sur la terre il intéresse les poussières et les sables qu'il entraîne. Cette couche d'eau monte sur le sommet de l'ondulation. Arrivée là, elle est projetée par le vent, s'il est très-violent ; on dit alors que la mer moutonne.

Les effets accumulés du vent ont, par cela même, la propriété d'élever les eaux sur le littoral vers lequel il souffle. Il n'est pas douteux que des courants de fond s'établissent alors pour rétablir l'équilibre qui n'est obtenu que par la reprise du niveau. Si le vent cesse, les couches d'eau supérieures de l'ondulation sont rendues au mouvement vertical. Le vent donne donc à l'ondulation le caractère de vague de translation, mais pour une partie extrêmement petite, dans tous les cas, des eaux qu'elle met en mouvement.

La marée ne fait pas autre chose. Dans la vitesse de 10 à 20 millimètres par seconde qu'elle affecte pour s'approcher ou s'éloigner du littoral, une très-faible quantité d'eau est intéressée. Si la totalité des particules des vagues de marée était animée de toute la vitesse de propagation de l'ondulation, il suffirait de quelques secondes pour que la marée s'effectuât.

Le seul phénomène qui, dans ce cas, semble donner aux vagues le caractère de translation, est celui qui se forme par l'effet du frottement sur le fond. Les particules d'eau du pied de la vague, retardées dans leur marche sur le fond, se laissent devancer par celles de la crête, qui déferlent alors sur le côté exposé au rivage. La preuve de ce fait, c'est que le déferlement de la vague n'a jamais lieu du côté opposé à la terre, que la mer monte ou descende.

Il n'y a pas de preuve plus significative que la vague de marée n'est point une vague de translation.

L'incompressibilité et l'inélasticité de l'eau sont deux états analogues. L'eau est très-peu compressible parce qu'elle est très-peu élastique, et réciproquement. Pour la même cause, l'eau est propre à transmettre des chocs de la plus grande intensité. Le coup de bélier en est l'exemple, c'est le choc réduit à son maximum d'expression. L'eau subitement arrêtée dans une conduite produit un choc égal à la quantité de mouvement du liquide intéressé, multipliée par son poids et inversement proportionnelle à la durée du choc. Le choc serait infini si la durée en était infiniment courte, mais elle est augmentée par l'élasticité du métal dans lequel l'eau est subitement arrêtée.

Des conduits en fonte d'un grand diamètre, et par conséquent d'une épaisseur considérable, entourés de béton ou de sable très-compact, sont rapidement fissurés par la simple condensation de petites bulles de vapeur.

C'est cette propriété de l'eau de transmettre ainsi des chocs de la plus grande intensité, quand son mouvement est subitement arrêté, qui explique la violence de son action dans les anfractuosités des roches verticales contre lesquelles la vague se heurte, et qui explique ainsi la douceur de son action lorsqu'un courant, quelque rapide qu'il soit et produit sans ondulation, est porté sur un obstacle de forme verticale. Dans le premier cas, qu'il y ait ou qu'il n'y ait pas courant, l'ondulation doit subir instantanément un changement de forme. Elle ne le peut que par un choc. Dans le second cas, l'eau animée d'une vitesse qui la porte contre la roche verticale monte comme dans la branche d'un siphon, jusqu'à ce qu'elle ait trouvé un niveau correspondant à sa vitesse; puis elle se détourne en exerçant une pression continue et régulière contre les parois qui modifient la direction de son mouvement.

Voilà peut-être comment s'explique la confusion faite par des observateurs entre le flot de translation et la simple ondulation. Le subit changement de forme de celle-ci peut produire un choc et l'effet semblera avoir pour cause un mouvement de translation dû à un déplacement général de la masse d'eau, tandis que ce déplacement aura été infiniment petit, mais aura produit une réaction de la nature du coup de bélier.

En résumé, dans les masses d'eau mises en mouvement par l'ondulation, nulle partie n'est, en l'absence du vent ou des courants, animée d'un mouvement de translation. Ce mouvement commence et s'accroît suivant l'intensité du vent et la force du courant. La part du vent est toujours très-faible, la part du courant toujours la même, car l'ondulation n'accroît pas la vitesse du courant, mais elle en divise l'effet, elle suspend et rassemble son action dans la masse d'eau qu'elle intéresse. Cette conclusion, loin de s'opposer à l'explication d'aucun des effets d'hydrodynamique ou de pression statique que l'on attribue aux vagues, les élucide complétement.

Tout corps qui s'oppose à un mouvement subit la somme tout entière des réactions de ce mouvement. Le mouvement oscillatoire dont les vagues sont animées constitue sur le fond ou sur les obstacles qu'elles rencontrent des pressions dont la violence s'élève jusqu'au choc, suivant que l'arrêt du mouvement est plus ou moins subit. Rien ne rend mieux compte de cet effet que le bélier hydraulique, dont le choc n'a tant d'intensité que parce qu'il est instantané. L'expérience constate que, dans certaines expositions, les obstacles à la mer ont subi des pressions qui s'élevaient à 32 tonnes par mètre carré, à la profondeur de quelques mètres. Une pression semblable ne résulte pas, on est du moins fondé à l'admettre, de la vitesse de propagation des ondes. Celle-ci n'y participe pas, puisqu'elle ne déplace pas sensiblement, dans le sens horizontal, les particules d'eau à travers lesquelles elle se transmet. Mais nous savons que des vagues de 12 à 14 mètres de hauteur ont été observées dans l'Océan, que leur vitesse de propagation était de 15 mètres par seconde, qu'elles avaient 170 mètres de longueur. L'énorme masse d'eau constituant l'ondulation ainsi soulevée, mettait 11 à 12 secondes à se former, ce qui suppose des vitesses verticales de 1 mètre par seconde. Le choc résultant d'un corps animé d'une pareille vitesse n'a pas d'expression mathématique, puisque son intensité absolue résulterait de l'absence entière d'élasticité de deux corps qui s'entrechoqueraient, tandis qu'entre la vague et le navire, la première étant pénétrable et le second mobile, le choc se convertit en pressions plus ou moins intenses et plus ou moins subites.

Mais pour ceux qui ont observé la violence des effets de l'eau il n'y a rien d'extraordinaire que, soit comme pression statique, soit comme pression dynamique, un obstacle immédiat éprouve d'aussi puissantes réactions que celle dont il s'agit ici. Cette pensée, que toutes les réactions qui s'opèrent sur les obstacles opposés au mouvement des ondes, ont exclusivement pour origine les oscillations verticales, est confirmée par la généralité du fait, à la fois le plus considérable et en même temps le plus extraordinaire de l'hydrodynamique. Ce fait, c'est le jaillissement qui résulte des obstacles qui opposent une surface verticale au mouvement de l'onde. Le jaillissement est en effet le phénomène extrême, celui que produit la vague la plus furieuse; il dépasse 30 mètres de hauteur au phare de Bell-Rock, là où justement se sont montrées ces pressions de 32 tonnes par mètre carré. La nature a, dans tous ses actes, une logique incontestable. On dit que la réaction est égale à l'action, on pourrait ajouter qu'elle est presque toujours semblable dans sa forme. Quand deux corps exactement identiques en poids et en volume, égaux aussi quant à leurs conditions de densité et d'élasticité, animés d'une même vitesse, s'entrechoquent; leurs résultantes ont une direction géométrique identique. C'est cette condition qui avait attiré l'attention du savant ingénieur Coriolis sur les effets obtenus dans le jeu de billard, dont il n'a pas dédaigné d'exposer les démonstrations analytiques. Le jaillissement aurait dû, depuis longtemps, enseigner aux ingénieurs qu'il est surtout l'effet des oscillations verticales, puisqu'il leur ressemble. Le ressac n'est ici même qu'une composante du courant pour une faible part, et des oscillations verticales; il est un degré intermédiaire entre la reaction horizontale, qui est le commencement des effets, et la réaction verticale, dont le jaillissement est l'effet extrême, celui qui se rapproche le plus de la résultante du choc vertical.

A part les belles études de Virla, sur lesquelles nous reviendrons plus loin, les discussions sur les travaux à la mer, dans lesquelles les ingénieurs ont cherché, à l'envi, à se mettre d'accord sur la direction des efforts dont la vague est animée, aboutissent bien plutôt à des descriptions d'effet qu'à des théories fondées sur les causes. Ils reconnaissent que la plage composée du sable le plus fin reste insensible aux plus fortes agitations des vagues; qu'elle est au contraire extrêmement sensible aux courants; en un mot, indifférente aux oscillations des vagues, mais affectée par les moindres vitesses horizontales.

On voit fréquemment, sur les bords de l'Océan, de vastes étendues de roches alternativement couvertes et découvertes par les marées. Les vagues semblent s'y briser avec violence et cependant ces roches restent revêtues d'une végétation marine qui ne résisterait pas à la moindre pression latérale ; un courant un peu actif la balaierait, mais elle est insensible aux pressions verticales causées sur le fond par le mouvement ondulatoire.

Ce qui se rapporte des vues qui précèdent aux réactions des vagues sur les navires et sur les ouvrages en mer, sera discuté, soit à propos de l'agitation causée par le vent, soit à propos des dimensions et de la forme de construction des coques. Mais, pour le moment, c'est de vues où les éléments naturels ont une forte part dans les faits généraux relatifs à l'agitation de la mer, qu'il faut encore nous occuper.

## CHAPITRE VI

### AGITATION DE LA MER (SUITE). — COURANTS

*Sommaire :*

Causes des courants. Marées. Différence de température. Vents. Leur vitesse. Courants superficiels. Courants de fond.

Si l'agitation causée à la superficie de la mer par les marées ne prend la forme de l'ondulation que là où une cause spéciale s'oppose à la marche des eaux, c'est-à-dire sur le littoral ; si, par le calme prolongé de l'air, le jeu des marées s'accomplit en laissant la surface de la mer parfaitement unie, toujours est-il qu'une part est à faire, dans la navigation, aux courants que produisent, dans certaines mers, l'élévation et l'abaissement du niveau des eaux. La Manche, la mer du Nord se vident et se remplissent, l'Adriatique subit une différence de niveau à laquelle la Méditerranée semble ne participer que faiblement. La mer Rouge subit des différences de niveau de un à deux mètres, et dans le golfe Persique, ces différences sont beaucoup plus fortes.

Il faut donc tenir compte de ces courants dans l'agitation de la mer. Il faut aussi tenir compte des courants qui sont dus aux différences de température et de salure des eaux de la mer, aux pressions atmosphériques et aux vents. Le mouvement rotatif de la terre a une action sensible sur leur direction ; mais il ne paraît pas en être une cause efficiente. La force centrifuge développée à la surface de la terre emmène avec elle les eaux les plus froides, c'est-à-dire les plus lourdes, en les faisant remonter des pôles aux régions équatoriales, et leur direction ne se dessine vers l'ouest que lorsqu'elles perdent une partie de leur poids par l'accroissement de la température.

La permanence de ces courants a été utilisée par le commerce; les navires ont suivi la direction de leurs eaux, car pour une cause semblable, le même phénomène se produit dans l'air, et les directions des courants et des vents réguliers offrent ainsi, à la navigation à voile, une route habituellement sûre et facile, en certaines saisons.

Les courants, dont nous avons dit les causes générales, s'accomplissent sans que la surface des eaux prenne la forme ondulatoire. Ils intéressent cependant, à un haut degré, la navigation transatlantique, d'abord parce que la puissance motrice du navire doit être en raison des obstacles qu'ils apportent à la marche, et puis à cause de l'effet de translation qu'ils ajoutent à la forme ondulatoire qui est produite par l'action des vents sur la mer.

La vitesse des courants généraux varie, en mer, entre $0^m$ 25 et $0^m$ 75, par seconde; les courants locaux, produits par les marées, sur le littoral, dépassent rarement deux mètres. Mais dans certaines passes, entre les îles Orcades au Orckneys, par exemple, elle s'élève, par les marées de vive eau, jusqu'à 5 mètres par seconde.

La vitesse des transatlantiques prise à $11^m$ 5, étant de $5^m$ 93, par seconde, la rencontre de courants dont la vitesse varie entre $0^m$ 50, et $1^m$ 50, est un avantage ou un obstacle à la marche.

Quand le courant est contraire et que la mer est soulevée par le vent à des hauteurs d'ondulation qui dépassent celle du navire sur l'eau dans les mouvements de tangage ou de roulis, qu'en conséquence le navire embarque la tête des lames, soit par l'avant, soit par le travers, la vitesse de translation dont les ondulations sont animées par le courant, s'ajoutant à la vitesse du navire, les claire-voies, capots et les objets en saillie sur le pont éprouvent un choc proportionnel à ces vitesses. L'intensité de ces chocs peut produire des avaries qui forcent de ralentir la marche du navire. Il y a donc une part à faire, dans l'agitation de la mer, à la vitesse des courants, puisqu'elle ajoute aux vagues une vitesse de translation, qui, sans elle, ainsi que nous l'avons vu, serait nulle.

La vitesse des courants généraux tels que le Gulf Stream, atteint 2$^{m}$ 25 par seconde, dans ses parties les plus étroites. Les courants de marée à l'entrée de la Manche entre Ouessant et le Land's-end, ont, à l'époque des marées de vive eau, une vitesse de 0$^{m}$ 75, par seconde ; de 1$^{m}$ 00, entre les Casquets et Start-Point ; ils s'élèvent à 1$^{m}$ 20, et à 2$^{m}$ 50, entre les pointes d'Ailly et Beechy-head, ayant ainsi augmenté de vitesse à mesure que la mer se rétrécit entre les deux rivages de la France et de l'Angleterre.

Nous retrouverons l'influence de ces vitesses, dans les formes et les effets de l'agitation de la mer, quand nous aurons décrit le rôle du vent dans cette agitation.

La vitesse du courant varie avec certaines causes. Des vents violents et prolongés, correspondant à une baisse dans la pression barométrique, peuvent accumuler sur le littoral une grande quantité d'eau. La hauteur de la marée pourra y dépasser de plus d'un mètre celle affirmée par des calculs préparés d'avance et qui ne sont pas susceptibles d'erreurs astronomiques.

L'effet contraire se produira également, et dans ces deux cas les courants qui longent les rives seront plus ou moins rapides.

Nous ne parlerons que très-sommairement des courants de fond. En général, les rares narrations des navigateurs qui les signalent sont empreintes d'une disposition au merveilleux dont il faut se défier. L'existence de ces courants, sans que la surface de l'eau les trahisse, est possible. Lorsqu'on ouvre la vanne de fond d'un grand réservoir, l'écoulement inférieur n'agite pas immédiatement a superficie ; il n'y a là qu'un faible volume intéressé par rapport au volume total. Il est difficile d'assigner les causes de pareils courants, et leur existence serait, dans tous les cas, tellement locale et restreinte qu'elle perdrait pour nous tout intérêt. Nous ne parlerons pas davantage des courants qui se produisent sous les glaces des pôles.

# CHAPITRE VII

## AGITATION DE LA MER (SUITE). — VENTS.

*Sommaire :*

Composition de l'air, effets de la température sur sa densité ; causes générales du vent; régime nécessaire et régulier; retour continu des mêmes effets, suivant la répartition de la chaleur solaire. Caractère essentiellement temporaire et local des perturbations de l'atmosphère. Pression du vent sur la mer. Formation des vagues. Instructions d'Arago pour en observer les hauteurs. Description de l'agitation de la mer et de la hauteur des ondulations. Scoresby, Herschell, Airy, Brémontier, Duleau, Virla. Nécessité d'observations plus complètes.

L'atmosphère, formée d'air et de vapeur d'eau, subit, plus que la mer, l'influence des variations de température. Elles est constamment en mouvement. Ce mouvement lui permet de tenir en suspension ses éléments constituants dont les poids spécifiques diffèrent notablement entr'eux.

L'azote entre pour 79 %, l'oxygène pour 21 dans sa composition ; la densité de l'azote est 0,97, celle de l'oxygène 1,10, celle de l'air étant 1. La vapeur d'eau entre à tout état de raréfaction dans l'atmosphère et s'y élève juqu'à une certaine hauteur où elle est arrêtée par la condensation de ses molécules dans les régions froides qu'elle rencontre en s'élevant. Cette condensation a pour limite de densité la constitution des vapeurs sous forme aqueuse, de grêle ou de neige (aiguilles de glace).

La quantité de vapeur d'eau en suspension dans l'atmosphère est variable ; mais malgré tous les caprices des saisons, rien ne permet de supposer que la régularité qui préside aux phénomènes de la mer, tels que les marées et les courants, n'existe pas au même degré pour l'atmosphère.

Ce qui semble appuyer cette supposition, c'est que la hauteur d'eau qui tombe annuellement dans les diverses parties du globe, où elle a pu être observée, ne diffère jamais notablement. Ce résultat peut paraître bien surprenant si on considère l'extrême variabilité du vent.

La vapeur d'eau est le résultat de l'évaporation causée par les rayons solaires, et par les différences de température. L'évaporation a été mesurée directement. Dans la zône tropicale elle enlève en moyenne, par 24 heures, une couche de 10 millimètres d'eau sur la surface de la mer ; on la suppose de moitié sur les étangs, canaux et rivières dans nos climats.

Dans les zônes tropicales, les vapeurs s'élèvent avec l'air raréfié par la chaleur des rayons solaires. Cet air est remplacé par un air plus froid. Mais à cette cause régulière et permanente de déplacement de l'air se joint une série de phénomènes dont la source est la même sans aucun doute, mais dont les lois ne présentent pas le même degré de certitude et de régularité. Ces phénomènes sont les vents, depuis la brise jusqu'à l'ouragan, qui, sous divers noms : tempête, cyclone, typhon, produisent sur la mer une agitation formidable. Les lois de ces phénomènes émanent des conditions constitutives de la nature.

La chaleur décroît, sur la terre, de l'écliptique aux pôles, la cause de cette décroissance est connue. Les forces d'attraction du soleil et de la lune décroissent également de l'écliptique aux pôles, mais la force centrifuge dont sont animées les molécules de l'atmosphère est d'autant plus considérable que le cercle parcouru est plus grand, c'est-à-dire, qu'elles sont plus rapprochées de l'équateur. De telle sorte que, dans le milieu où s'exerce la force centrifuge, le corps le plus lourd prend le pas sur le plus léger. Cette seconde force l'emporte sur la première et c'est pour cette cause que l'air froid, étant plus lourd que l'air chaud, tend incessamment à se porter vers les zônes équatoriales jusqu'à ce qu'il perde son poids par la chaleur qu'il y acquiert.

La nature fournit mille preuves de la faculté qu'ont les mélanges formés de corps de densité différente de se transporter sans se séparer. L'air peut transporter de la vapeur d'eau, même quand celle-ci est amenée par la condensation à une densité supérieure à la sienne propre. L'eau de mer chargée de sel (1020) à un degré qui élève sa densité à 1040, circule néanmoins dans les courants de fond et franchit des obstacles qui ont plusieurs milliers de mètres de hauteur, puisque, nulle part, les fonds les plus bas ne témoignent d'une eau dont la densité s'accroisse progressivement. C'est une question de forces en mouvement. Quand l'abaissement de la température a amené la condensation de la vapeur d'eau au-delà de la limite de densité que peut supporter l'air, celle-ci tombe sous la forme de pluie ; mais, à mesure que sa densité s'est accrue, sa vitesse de marche augmente par l'effet de la force centrifuge résultant du mouvement de rotation de la terre, et c'est ainsi que l'on voit des grains chasser l'air devant eux et laisser le calme derrière eux.

La résultante des forces de rotation et des forces centrifuges est, pour notre hémisphère, une ligne venant de l'ouest. Il y a cependant des grains présentant les effets que nous venons d'indiquer dans d'autres directions, mais cela s'explique par les phénomènes de mouvement circulaire, remous, tourbillons qui caractérisent la marche à grande vitesse des corps éminemment élastiques qui rencontrent un obstacle qui les fait dévier de leur direction.

L'atmosphère est donc sujette, sur certains points de la superficie du globe, à des changements d'équilibre dùs à des dépressions; les unes habituelles aux régions équatoriales, résultant de la raréfaction de l'air en contact avec la terre; les autres, habituelles aux zônes tempérées et froides, proviennent de la contraction de l'air rafraîchi par la condensation de la vapeur d'eau transportée. L'intensité de ces dépressions est en raison des différences de température des contrées où s'échangent les vapeurs en suspension dans l'atmosphère. Dans ces circonstances, les masses d'air sont mises en mouvement *par aspiration*, ce sont les cas où l'air acquiert la plus grande vitesse de déplacement.

En été, dans nos contrées, la température est plus rapprochée de celle des zônes équatoriales, les phénomènes qui créent les grands mouvements de l'atmosphère sont moins caractérisés. Aussitôt que l'angle d'incidence des rayons solaires diminue dans la moitié de chaque hémisphère et que la température s'y abaisse, l'air chargé de vapeurs y est attiré par l'effet de la contraction qu'il éprouve, ces vapeurs se condensent et accroissent encore, en tombant, la densité de l'air auquel elles enlèvent une nouvelle quantité de chaleur et causent ainsi des perturbations qui ne s'éteignent qu'à mesure que la chaleur solaire vient aider l'air à tenir en suspension ces vapeurs qui vont chercher des contrées plus froides.

L'atmosphère est également sujette, dans les parties rapprochées de la terre, à des pressions occasionnées par des variations dans la densité, dans la hauteur, dans les vitesses même dont sont animées les couches d'air dans ses régions supérieures. Dans ce cas, le vent agit par impulsion. Le courant trouvant devant lui la résistance de l'air à déplacer, ne prend de violence qu'à mesure que l'obstacle est vaincu. La différence entre les vents résultant de dépressions et d'aspirations d'une part, et de pressions et d'impulsions de l'autre, c'est que les premiers sont subits et violents, tandis que les autres s'élèvent par degrés. Les premiers sont moins souvent accompagnés de pluies et de vapeurs que les seconds, ils durent également moins.

Ainsi, que les variations de température, les variations de densité et les forces centrifuges dues à la rotation de la terre, amènent, éloignent et ramènent les phénomènes qui constituent le mouvement de l'atmosphère, ces mouvements aboutissent à des effets réguliers, puisque c'est à quelques centimètres près, que varie la hauteur d'eau tombée annuellement sur les divers points de la terre : puisque les lignes isothermes sont fixes : puisque la température moyenne de chacune des saisons ne diffère pas sensiblement d'une année à l'autre : puisqu'enfin rien ne vient déranger, en un seul lieu et en un seul moment, l'éternelle succession des mêmes phénomènes : que les tempêtes, les cyclônes, les ouragans, les typhons, qui sont des épisodes éphémères d'un vaste ensemble, surgissent aux mêmes contrées et pour des causes toujours semblables, et produisent les mêmes effets.

L'air mis en mouvement est, sous le nom de vent, une force. Cette force exerce sur tout ce qui l'entoure une pression qui varie avec la vitesse dont l'air est animé. Le tableau suivant indique la vitesse par seconde et la pression par certains états du vent : nous y avons joint la voilure que peut porter un navire pour faire mieux apprécier la relation de la vitesse du vent avec l'agitation de la mer.

| DÉSIGNATION D'ARAGO | INDICATION EN LANGAGE ORDINAIRE *Annuaire des Marées* | VITESSE EN MÈTRES PAR SECONDE | PRESSION PAR MÈTRE CARRÉ EN KILOG. | VOILURE QUE PEUT PORTER UN FORT NAVIRE, FIN VOILIER, COURANT LARGUE |
|---|---|---|---|---|
| | Calme............ | 0 | | |
| A peine sensible.... | ........................ | 0 50 | | |
| Sensible........... | Presque calme...... | 1 | 0 14 | |
| Modéré............ | Légère brise........ | 2 | 0 54 | Toutes voiles dehors |
| | Petite brise......... | 4 | 2 17 | |
| Assez fort......... | ........................ | 5 à 6 | 4 à 5 | |
| | Jolie brise.......... | 7 à 9 | 7 à 11 | |
| Fort.............. | ........................ | 10 | 13 à 14 | |
| | Bonne brise........ | 11 à 12 | 15 à 19 50 | Ris de chasse, les perroquets |
| | Bon frais........... | 16 | 25 à 30 | Deux ris |
| Très-fort.......... | Grand frais......... | 20 à 22 | 54 à 60 | Trois ris |
| Tempête........... | ........................ | 22 50 | 65 à 90 | |
| Grande tempête..... | ........................ | 27 | | |
| | Coup de vent....... | 29 à 30 | 122 à 125 | aux bas ris, basses voiles |
| Ouragan.......... | ........................ | 36 | 176 | un ris, perroquets calés |
| | Tempête........... | 37 | 187 | à sec, perroquets dépassés |
| Ouragan qui déracine les arbres et renverse les édifices.. | Ouragan renversant les arbres et les maisons.......... | 45 à 46 | 277 | fuyant devant le temps |

Il faut distinguer entre la pression exercée par le vent, sur un obstacle placé perpendiculairement à sa direction, telle qu'elle est indiquée par les chiffres qui précèdent, et celle qui est exercée sur la mer. Cette dernière est une résultante qui varie avec l'angle de direction du vent, c'est-à-dire suivant qu'il plonge ou qu'il tend à s'élever. Dans le cas du parallélisme avec la surface de la mer, le frottement des molécules de l'air sur celles de l'eau suffit cependant pour déterminer un changement de forme de celle-ci.

La manière dont se produit l'agitation superficielle de la mer est connue de ceux qui ont navigué quelques semaines hors de la vue des côtes. Si au calme de l'atmosphère, qui a laissé la surface de l'eau absolument tranquille et unie, succède le vent dans une direction quelconque, quelle que soit son intensité, l'agitation commence par de très-faibles et de très-courtes rides ; puis viennent des ondulations, puis, à mesure que le vent persiste, l'ondulation s'accroît en hauteur et en creux, en longueur et en vitesse de propagation. La forme de l'ondulation tend à devenir fonction de la pression du vent sur ses parois ; tant que la vitesse du vent reste égale ou inférieure à la vitesse de propagation de la vague, la forme de celle-ci conserve sa régularité, et si elle ne rencontre pas d'obstacle, sa direction est celle du vent. Les couches superficielles de l'eau, du côté exposé au vent, montent à la crête de la vague ; là, saisies et emportées, elles retombent en écume et produisent le moutonnement. Lorsque le vent mollit, on voit l'écume descendre des deux côtés de la vague vers le creux.

La forme de la vague elle-même se modifie sous l'influence du vent. L'ondulation ne s'accroît point par l'augmentation régulière d'une même vague, mais en absorbant la vague qui la précède et qu'elle gagne en rapidité parce qu'étant plus forte, sa vitesse de propagation est plus grande.

C'est pour cette cause qu'il n'existe en mer, à la suite l'une de l'autre, aucune vague semblable ; elles diffèrent toutes plus ou moins ; quand l'agitation croît, la dimension des vagues augmente, mais avec une extrême irrégularité provenant de l'irrégularité même des ondes du vent. Quand le vent faiblit, la forme des vagues devient beaucoup plus régulière. Peu à peu les plus fortes absorbent les autres ; il se forme une houle dont les ondulations, arrondies et puissantes, s'abaissent à leur tour jusqu'à ce que le calme se rétablisse.

L'ondulation de la mer a donc une cause unique, le vent ; elle est le signe d'un trouble accidentel de l'atmosphère. Elle est pour l'eau un effet de réaction, comme l'est pour l'air, pour l'éther, l'onde qui nous apporte la lumière ou le bruit produit en un point de l'espace ; elle est une propriété des liquides, comme les vibrations, qui transmettent à travers les corps le choc qu'ils ont reçu, sont aussi une propriété physique. L'ondulation a ses lois physiques et dynamiques. Nous les avons décrites d'après les savants les plus autorisés.

On a voulu déterminer la puissance, ou plutôt le travail de l'agitation, en cherchant à connaître à quelle profondeur l'eau était agitée. Des observations ont d'abord constaté que la vie animale se produisait à des profondeurs d'eau de 150 à 170 m., et l'on en a conclu la preuve d'une certaine agitation des eaux. Il a été, depuis, constaté par l'enlèvement des câbles télégraphiques sous-marins, gisant à des profondeurs variables entre 2,000 et 3,000 m., que la vie animale existait à ces profondeurs ; la preuve en était dans la présence d'un grand nombre d'animaux ayant des habitudes sédentaires.

Mais il n'y a aucune raison de supposer que la faible agitation nécessaire pour entretenir la vie animale à de grandes profondeurs soit due à l'agitation superficielle causée par le vent.

Il suffit, pour produire ce mouvement, des différences de température et de salure qui se résument en différence de densité. C'est là l'agent du mouvement qui rétablit partout l'identité de la composition de l'eau de mer, et, par cela même, l'équilibre entre ses diverses densités. Mais la cause d'agitation la plus puissante, bien que réduite à de très-faibles vitesses, est, certainement, celle qui résulte des marées; vitesses, d'ailleurs, variables avec la profondeur.

La puissance destructive de la mer, constatée par son action sur son fond ou sur les matières meubles qui le composent, va en diminuant à mesure que la profondeur s'accroît.

La progression de cette diminution est même très-rapide, en ce sens que la pression exercée par l'eau sur les corps qu'elle entoure, bien que s'accroissant avec la hauteur d'immersion, ne modifie pas le rapport de la densité relative de l'objet comprimé avec celle de l'eau. Mais il résulte de là que l'action dynamique de l'eau s'accroît nécessairement, de sorte qu'à de très-grandes profondeurs, un très-faible courant peut entraîner des masses très-lourdes. Les faits géologiques démontrent du reste la vérité de cette induction.

Un fait également général, c'est que les grandes agitations de la mer, soit en pleine mer, où ses oscillations sont les plus fortes, soit sur ses rivages, au point où les vagues de translation sont animées de toute leur puissance; produisent, de temps immémorial, des effet toujours identiques. Une plage de sable, unie et faiblement inclinée en amortit invariablement les efforts destructifs; un objet extrêmement mobile, l'oiseau qui nage à la surface des eaux, défie la fureur des vagues; il est incessamment balancé verticalement sans changer de place. La fatigue qu'éprouve un navire en bois provient bien plus du défaut d'équilibre des parties qui le constituent, que des chocs mêmes qu'il éprouve dans sa marche. Sous l'influence des efforts que fait la coque pour résister à ces fatigues, ses joints se matent et s'ouvrent, et le navire fait eau. Mais un navire bien construit ne court aucun péril par l'agitation de la mer tant qu'il ne rencontre pas d'écueils.

C'est qu'en réalité ce mouvement, si terrible en apparence, que présente une mer soulevée par l'ouragan, n'a pas plus de puissance pour détruire la coque d'un bon navire qu'il n'en a pour détruire le poisson qui vit dans ces eaux si agitées. Ce sont les réactions du navire sur lui-même qui le disloquent et le détruisent. S'il est bien homogène, bien résistant, bien mobile, sa mobilité même le sauve de la destruction. Un ingénieur avait pris pour armoiries un roc battu par les vagues avec cette devise : *immobilis in mobile;* un autre ingénieur plus observateur choisit un léger esquif obéissant à l'agitation des vagues avec cette devise : *mobilis in mobile*; c'est qu'en effet si la mer rencontre un obstacle, son action ne semble prendre de puissance destructive, que suivant la forme de cet obstacle vertical ou incliné qui s'oppose à la marche de la vague d'oscillation ou du flot de translation.

Nous avons dit quel est le phénomène qui change le caractère d'une vague oscillatoire, pour en faire ce qu'on appelle le flot de translation. Dans la mer libre, un vent furieux s'empare de la crête des vagues et leur imprime une vitesse horizontale supérieure à celle de l'ondulation. L'épaisseur d'eau ainsi emportée par le vent est en raison de la violence de celui-ci ; elle n'est d'abord que superficielle, mais elle tend à s'accroître avec l'intensité du vent. D'un autre côté, l'ondulation elle-même, tendant sous cette influence à s'accroître et à gagner en épaisseur, la résistance que sa crète offre au vent s'accroît également, et la quantité d'eau qui se détache de la vague n'est autre que la tranche même que le vent peut porter. Or, comme sa pression ne s'élève guère à plus de 200 kil. par mètre superficiel, il n'y a qu'une faible tranche d'eau qui puisse obéir au vent.

On ne peut donc admettre que, même dans les ouragans, les vagues de l'Océan participent à la fois de la nature oscillatoire et de celle de translation. Cela semble d'ailleurs prouvé par la facilité même avec laquelle les navires résistent à la mer, et par les moyens généralement employés pour diminuer leur fatigue. Ces moyens sont de faire tête à la lame et de ralentir la vitesse. Le choc du navire contre les vagues diminue alors d'intensité, parce que la section sur laquelle il s'exerce est réduite ainsi que la vitesse. Cela confirme ce qui est d'ailleurs surabondamment prouvé, que la vitesse de propagation de l'ondulation n'a d'effet sur l'intensité du choc auquel le navire est exposé, qu'en raison des mouvements de celui-ci.

Qu'importe, en effet, que l'obstacle qu'oppose l'ondulation ait surgi avec plus ou moins de vitesse, du moment que les molécules en sont animées d'un mouvement vertical. Ce n'est pas alors le choc de deux corps qui se rencontrent, animés, chacun, de leur vitesse horizontale propre ; le navire seul, a cette direction, celle que lui imprime le vent ou son moteur, mais les molécules de la vague ne se meuvent pas horizontalement, et c'est ainsi qu'en réduisant la vitesse du navire, l'agitation de la mer devient sans effet destructeur sur sa coque.

L'importance de cette appréciation est grande, car elle semblerait prouver l'erreur capitale dans laquelle sont tombés les ingénieurs qui ont prétendu qu'un navire éprouvait à la mer des chocs de la même intensité que ceux qu'éprouve une jetée ou une digue frappée dans toute sa hauteur par le flot de translation. Il est établi que ce dernier choc engendre des pressions qui s'élèvent jusqu'à 30,000 kil. par mètre carré et qui sont plus habituellement de 3 à 4000 kil. Quelles sont les parois de navires en bois qui résisteraient de pareilles pressions? Les barreaux qui supportent le pont et qui servent d'entretoises, entre les deux murailles du navire, seraient brisés et celui-ci serait écrasé au premier choc. Or, il est reconnu que ce n'est point à ces forces de compression que le navire doit sa fatigue, mais au travail qu'entraîne le défaut d'équilibre de chacune de ses parties dans une mer agitée.

Ainsi, en pleine mer, le choc qu'un navire devra éprouver s'exprime par sa puissance vive, c'est-à-dire, son poids multiplié par la vitesse à l'instant du contact avec la vague. Le moment des forces horizontales de l'ondulation sera, au contraire, un moment d'inertie statique, car elle n'a pas de vitesse de translation, puisqu'il n'y a pas de résultante horizontale, dans le mouvement dont les molécules sont animées. Une digue, au contraire, résiste par son moment d'inertie statique, tandis que celui du flot de translation qui s'en approche est la puissance vive résultant de sa masse tout entière. C'est un moment d'inertie dynamique. Cette comparaison explique pourquoi une simple réduction dans la vitesse de marche du navire suffit à franchir l'obstacle qu'une grande agitation de la mer peut lui opposer.

En déterminant la réaction de la vitesse horizontale dont le navire est animé, sur les vagues dont le caractère purement oscillatoire est bien établi, nous ne voulons pas dire que le navire est absolument insensible aux forces dirigées verticalement par l'oscillation. C'est l'intensité bien reconnue de ces forces qui a amené les ingénieurs américains aux formes verticales des murailles de leurs navires. En supprimant l'évasement dont les lignes accroissaient, dans les mouvements du roulis et du tangage, le déplacement du navire, ils ont facilité sa marche dans le gros temps.

Si de la pleine mer nous passons aux rives, le caractère de la vague de translation se montre parce que la marée apporte des tranches d'eau nouvelles, parce que le fond produit une résistance à la marche de ces tranches d'eau, parce que le caractère ondulatoire qui s'est propagé, sous l'influence du vent, de la pleine mer sur les rives, s'est associé aux courants qui ont accéléré la marche de l'eau. Dans ce cas, la forme du flot est excessivement variable. En temps de calme du vent et de l'onde, le mouvement ne se montre sur le littoral que par de très-faibles vagues ; le frottement sur le fond est le seul obstacle qu'elles rencontrent. Si la forme de ce fond et le rétrécissement des rives opposent un obstacle à la marche de l'eau, l'onde s'accumule et produit le phénomène que nous voyons se réaliser sous forme de mascaret (Pl. 2).

La forme de la vague dépend alors de trois circonstances : sa hauteur, le frottement du fond et la vitesse dont elle est animée. Si cette vitesse est supérieure à celle qui résulterait de la hauteur même de la vague, la courbe dépassera, à la crête, le point où la vague vient en contact avec le fond. Mille formes diverses se présenteront donc, suivant la relation que ces trois conditions auront entre elles.

Quand une vague rencontre un fond incliné, la vitesse est ralentie, la vague s'élève et devient plus courte, le nombre des particules en mouvement est moindre, mais la distance parcourue par elles et leur vitesse propre sont plus grandes. Cet accroissement de hauteur et de mouvement, continue jusqu'à ce que le mouvement des particules devienne supérieur à la vitesse de la vague ; la crête s'abat alors en avant et brise ; sa force destructive a atteint son maximum ; tout obstacle artificiel qui force le flot à briser crée une puissance énorme là où, en son absence, le flot aurait passé avec innocuité.

De la forme des vagues naissent des dangers de différente nature pour les embarcations. C'est donc cette forme, c'est-à-dire, la hauteur, la longueur de l'ondulation, sa vitesse de propagation, la profondeur d'eau intéressée dans l'agitation, les vitesses d'oscillation dont la vague est animée qui sont indispensables à connaître, pour en calculer les effets, soit sur un corps flottant ou mobile, soit sur un objet immobile. Il semble que l'expérience devrait avoir prononcé sur toutes ces questions, car le nombre des observateurs des effets de la tempête est considérable et les occasions d'observer sont malheureusement trop fréquentes; cependant il n'en est point ainsi. Il y a peu de descriptions de l'agitation de la mer.

Cette absence de notions sur la hauteur des vagues avait frappé Arago. Dans les instructions qu'il eut l'occasion de rédiger pour les voyages de circumnavigation, il eut le soin d'en signaler l'intérêt, et il précisa les précautions à prendre pour assurer l'exactitude très-approximative des résultats des observations (1). Les dispositions qu'il conseille sont exactement les mêmes que celles que Scoresby employa douze ans après, en 1847, pour déterminer la hauteur des vagues dans la plus forte tempête dont il ait été témoin. La plus haute vague observée par la *Vénus* pendant sa longue campagne, avait 7 m. 50 d'élévation, entre le creux et le sommet; encore a-t-on consenti à donner le nom de lame au jaillissement résultant du choc de deux vagues distinctes, allant l'une sur l'autre obliquement; les lames proprement dites n'atteignaient pas la hauteur de 7 m., même dans les parages du cap Horn, où elles ont, suivant tous

(1) Pages 73 à 76, vol. 4 des *Œuvres d'Arago*.

les navigateurs, des dimensions inusitées. C'est dans le sud de la Nouvelle-Hollande que la *Vénus* rencontra les lames, non les plus hautes, mais les plus longues; les plus longues lames, avaient, d'après l'estime, trois fois les dimensions longitudinales de la frégate, ou environ 150 m. Ailleurs, Arago rapporte que dans un terrible conp de vent, reçu à la hauteur des Açores, et qui dura du 9 au 22 février 1841, M. Missiessy, officier de marine, embarqué sur le brick *le Sylphe*, marchant de concert avec le brick le *Cerf*, s'attacha à déterminer où aboutissait, sur la mâture de ce second bâtiment, le rayon visuel mené tangentiellement aux crêtes de deux vagues consécutives; cette observation lui donna, pour le maximum de la hauteur des vagues, 13 à 15 mètres.

Si Arago avait complété ses instructions en engageant les observateurs à contrôler les dimensions en hauteur et en longueur des ondulations par la vitesse de propagation qui en est la conséquence, il en fût certainement résulté des appréciations plus certaines.

Quant à la vitesse des plus fortes vagues, M. David Fomson l'a trouvée de 15 m. 30 par seconde. M. Wollaston, opérant par une autre méthode, a trouvé une vitesse double sur la côte du Yorkshire. Le capitaine Tate a trouvé, dans la mer de Chine, une vitesse de 8 m. 40. Ces observations sont incomplètes.

La description de l'agitation de la mer qui paraît jusqu'à ce jour la plus estimée est celle de Scoresby. Nous en donnons des extraits.

Scoresby était un ardent navigateur. Membre correspondant de l'Institut de France; il faisait partie des principaux corps et sociétés scientifiques d'Angleterre et d'Amérique. Une grande partie de sa vie a été passée sur mer. Son mémoire a pour titre : *Des Vagues de l'Atlantique, de leur grandeur, de leur vi-*

*tesse. Phénomènes qu'elles présentent.* Deux passages d'Angleterre à New-York, sur le *Cambria* et sur un autre navire de la compagnie Cunard, lui fournirent l'occasion de faire les observations suivantes :

Dans ces deux passages, dans le second surtout, la mer atteignit, sous l'influence des vents les plus violents et les plus tenaces, le plus haut degré d'agitation qu'il ait eu l'occasion d'observer.

La méthode d'observation consistait à prendre place sur la partie la plus élevée du navire : la plate-forme du tambour des roues par exemple. Connaissant ainsi la hauteur entre la ligne de flottaison et l'œil de l'observateur, il s'agissait de déterminer si les vagues masquaient l'horizon et de quelle hauteur elles le masquaient.

Dans le premier passage, l'observateur, placé à 6 m. 70 au-dessus du niveau de la mer, la plupart des vagues n'interceptaient pas l'horizon, mais un cinquième environ s'élevait au-dessus de l'horizon de 1 à 2 m., donnant ainsi 8 m. à 8 m. 50 de hauteur des vagues. Scoresby trouva que l'élévation moyenne était de 5 m. 50 à 6 m.

Cette observation laissait à désirer, parce que le vent, faisant tête à la marche du navire, poussait les vagues perpendiculairement à sa direction et il est probable que la ligne de flottaison du *Cambria*, dont la longueur est de 67 m., n'atteignait pas le creux de la vague.

Les observations suivantes furent infiniment plus précieuses : la vague y prenait le navire par le travers, et on peut admettre que, dans ce cas, la ligne de flottaison atteignait le creux des vagues. C'était par 51° de latitude et 38° 1/2 de longitude Ouest ; le vent était alors O.-S.-O. et la direction du navire, nord vrai, 52° Est. La hauteur d'observation était de 9 m. 25 au-dessus de la ligne de flottaison, et pendant sa durée, toute la longueur du navire était dans le creux des vagues dans une position verticale quant à son axe dans le sens du roulis, et horizontale dans le sens du tangage. La moitié des vagues cachait alors l'horizon à l'observateur. Dans cette position entre deux vagues, la hauteur de celles-ci formait un angle avec l'horizon d'environ 2° 1/2 lorsque la crête de la vague était à peu près à 100 yards de l'observateur (91 mètres). Cela ajoutait 4 m. à la hauteur du niveau de l'œil. Scoresby en conclut que la hauteur moyenne des plus hautes vagues était de 13 m.

Afin d'estimer la vitesse de propagation de l'ondulation, l'observation établissait le temps qu'une vague mettait à passer de l'avant à l'arrière du navire, la vitesse de celui-ci étant d'ailleurs déterminée.

L'observation s'appliquait aussi à la période de passage des vagues, afin de déterminer la distance entre le sommet de l'une et le sommet de la suivante. Cette distance fut trouvée de 170 m. et la vitesse de propagation 14 m. 60 par seconde. Quant à la forme des vagues, elle semblait régulière dans les mers profondes et éloignées des côtes, toutes les fois que le vent soufflait avec persistance dans une direction et avec une force uniformes.

Mais ces conditions d'égalité et de continuité dans la direction et la force du vent, n'existent que très-rarement, et l'agitation subit alors d'innombrables changements de forme qu'une observation attentive fait connaître à l'œil exercé du marin.

A. Henderson, ingénieur de constructions navales, qui a passé la plus grande partie de sa vie sur mer, et dont le nom a une certaine autorité, à la fois comme praticien et comme observateur, a fait, dans les mers du Sud, à bord du *Bellérophon*, des expériences qui établiraient que l'agitation de la mer y produit fréquemment des ondulations supérieures à celles que Scoresby a observées ; suivant lui les vagues atteignaient 15 m.

de hauteur et leurs crêtes étaient distantes de 180 à 300 m.

Trois années plus tard, Scoresby, résumait ses impressions dans une lettre publiée dans les *transactions* philosophiques. Il ne croit pas que l'agitation dont il a été témoin se renouvelle fréquemment avec cette grandeur. Il revient sur les résultats de ses observations et il ajoute que, pour les traversées transatlantiques, des navires de grandes dimensions sont avantageux, à la fois sous le rapport de l'économie et de la sécurité : « d'énormes na- « vires y seront un jour employés. » (*Enormous vessels would be ultimately employed.*)

Nous insérons enfin, ici, la description d'Herschell sur les causes de l'agitation de la mer.

Herschell reconnaissait deux natures de vagues ; les ondulations de la marée (*Tide waves*) et les vagues soulevées par le vent (*wind waves*), celles-ci, dit-il, « sont petites à leur origine ; elles commencent par une simple ride, ce que les marins appellent une *patte de chat* (*Cat's paw*). Mais elles acquièrent en avançant, et par la pression continue du vent, une hauteur nouvelle. (Voir planche II.) Cet accroissement a lieu suivant une loi qu'Airy a déduite des principes de la dynamique. D'après cette loi, les vagues les plus larges ne peuvent se développer dans les mers étroites ni près des côtes, quand les vents sont de terre. Elles demandent, pour se former, une grande étendue d'eau et une pression continuelle, *a tergo*. Les plus grandes vagues connues, sont celles qui se produisent au midi du cap de Bonne-Espérance, sous l'influence des vents de tempête du N.-O., fréquents dans ces régions. Ces vents soulèvent la mer autour du cap, après avoir traversé obliquement la vaste superficie de l'Atlantique. On rencontre alors des vagues de douze mètres de hauteur, si bien que deux navires se trouvant tous deux, au même moment, dans le creux des vagues et séparés par l'une d'elles, perdent complétement la vue l'un de l'autre. Au midi du cap Horn, des vagues de neuf mètres de hauteur ont été observées. Dans nos mers (la Manche, le canal de Bristol), les vagues excèdent rarement 2 m. 40 à 2 m. 75. Il y a une relation entre la largeur d'une vague, sa vitesse et la profondeur de l'eau. » C'est d'après cette relation, qu'Airy a dressé le tableau que nous avons inséré page 41, et qui donne, d'après la profondeur d'eau et la largeur de la vague, la vitesse corespondante de l'ondulation, par seconde.

« Le professeur Bach a conclu de cette loi la profondeur du Pacifique, et les sondages ont établi l'exactitude de ses calculs.

« Par un principe semblable, fondé sur ce fait que l'ondulation de marée, considérée comme une ondulation libre ayant en largeur de crète 6,000 milles géographiques, parcourt sa propre largeur en 12 heures, on trouve pour la profondeur moyenne de l'Atlantique, du 50° S. de latitude au 50° Nord, 6,700 m.; résultat également d'accord avec les sondages connus.

« Lorsque le vent, soufflant de terre, continue à agir sur les flots, ceux-ci augmentent en longueur et en largeur, et si la profondeur augmente, la vitesse de propagation s'accroît rapidement. La profondeur d'eau que l'agitation produite par la vague intéresse, n'est jamais dans une égale proportion avec les dimensions de la vague elle-même, soit en largeur, soit en hauteur; car le mouvement diminue suivant une progression géométrique, tandis que la profondeur de l'agitation au-dessous de la surface, ne s'accroît qu'en progression arithmétique; si bien, qu'à une profondeur égale à la largeur de la vague, le mouvement n'est plus que la 534e partie de ce qu'il est à la surface. En conséquence, une vague qui aurait 12 m. 20 de hauteur et 400 m. de longueur, ne causerait qu'un mouvement, de moins de 26 $^{m}/_{m}$ à une profondeur de 400 m. et serait incapable, en conséquence, d'agir sur le plus petit grain de sable. Lorsque des vagues se croisent, elles se superposent simplement, et au lieu de diviser l'eau en rides parallèles, elles y forment des losanges.

« Les vents qui, après avoir soufflé longtemps avec une violence exceptionnelle changent subitement, soulèvent des vagues qui, au centre du tourbillon, arrivent de tous les points du compas, et produisent alors une agitation redoutable ; c'est ce que les marins appellent une mer démontée.

« Quand une vague s'avance sur une eau peu profonde, le frottement retarde le mouvement des particules inférieures, celui des particules supérieures continue. Le cercle de crête formé par les particules d'eau, passe graduellement à la forme d'une ellipse de plus en plus aplatie, enfin la vague brise ; la crête tombe en forme de boucle, du côté vers lequel la vague s'avance. L'eau inférieure, ainsi retardée dans son mouvement, revient bientôt sur elle-même, de là l'action érosive qui met en mouvement les sables et les galets du fond. La distance à laquelle la vague commence à briser vers le littoral est en raison de la faible profondeur et du vent. Les grandes ondulations de l'Océan Indien, brisent quelquefois dans 14 m. 50 d'eau et à une distance de 6,505 mètres de la terre. La force des vagues, quand elles brisent contre un obstacle, est énorme. »

A l'exception de ce que dit Herschell de la hauteur des vagues produites par les tremblements de terre, nous n'avons rien retranché d'intéressant dans sa description de l'agitation de la mer.

Nous avons même reproduit la citation de la mesure de la profondeur du Pacifique déterminée par la vitesse de propagation de l'ondulation de la marée, due au docteur Bach, et l'application qu'Herschell fait lui-même de cette théorie à la détermination de la profondeur de l'Atlantique, bien que ces calculs et leur base paraissent fort contestables.

Les recherches des ingénieurs français sur l'agitation de la mer datent de 1809.

Dans un mémoire posthume sur le mouvement des ondes, Brémontier, adoptant, d'après Newton, le mouvement moléculaire vertical dans l'ondulation, cherche à concilier ce mouvement avec les phénomènes produits par la mer sur son fond et sur les digues et jetées opposées à son agitation. Cela sort de notre cadre. Nous trouvons cependant, dans ce mémoire, la phrase suivante qui intéresse l'agitation de la mer : « Une foule de voyageurs, de marins, sur les observations desquels on doit avoir quelque confiance, nous certifient que, par la seule intensité des vents, les vagues ont quelquefois une hauteur de 20 mètres. » Il ajoute : « Une vague de cette hauteur devait avoir 80 mètres de base. »

On voit que Brémontier n'avait pris de la théorie de Newton que l'hypothèse du mouvement moléculaire vertical. Quant à la relation de la hauteur de l'ondulation avec sa longueur et avec sa vitesse de propagation, il n'en a pas, comme Newton, fait remonter le principe aux lois qui régissent la chute des graves.

C'est, du reste, Brémontier qui a reconnu le premier que l'agitation des ondes se transmettait dans la mer à une grande profondeur, et que la forme du fond, uni, incliné, ondulé ou açore, avait une influence directe sur la forme et la dimension des vagues.

Après lui, et longtemps après Poisson et Cauchy, un autre ingénieur, Emy, publia un mémoire fort étendu sur le mouvement des ondes considéré au point de vue de la construction des travaux à la mer. Comme Brémontier, il accueillit les hauteurs des vagues de 20 mètres, *d'après des témoignages dignes de foi;* ces vagues ayant 50 mètres de longueur. Pas plus que Brémontier, il ne s'aperçut que l'une de ces dimensions était incompatible avec l'autre.

Par un singulier hasard, Emy adopta l'hypothèse du mouvement moléculaire orbitaire dans l'ondulation. C'est cette même hypothèse qui a été reprise, depuis, par Airy et adoptée par les savants anglais, après que ce dernier l'eut affirmée dans un travail analytique auquel il n'a rien été opposé, mais dont les conclusions n'ont pas été admises par les savants français, puisque la question a été récemment remise au concours par l'Institut.

L'hypothèse d'Emy trouva deux puissants contradicteurs, hommes d'une intelligence hors ligne : Duleau et Virla. Le premier contesta, avec l'autorité qui appartenait à sa science et à son expérience, les diverses hypothèses d'Emy, du mouvement orbitaire et du flot de fond; il montra qu'elles n'avaient aucune base mathématique; il mit en garde contre leur adoption.

Virla fit plus. Partant de l'hypothèse Newtonienne, du mouvement moléculaire vertical dans l'ondulation, il démontra que celle du mouvement orbitaire ne pouvait se concilier ni avec la courbe de l'ondulation, ni avec l'absence de déplacement des corps flottants à la surface. Quelques pages lui suffirent pour prouver l'inutilité de donner *à priori* une origine aventurée à des phénomènes qui n'en avaient nul besoin pour être expliqués. Le seul regret que laisse cette savante étude de Virla, c'est qu'Airy n'en ait pas eu connaissance; elle l'eût peut-être empêché de retomber aussi dans cette même hypothèse du mouvement orbitaire des molécules de l'ondulation; et, dans tous les cas, il se fût gardé d'exprimer, sur les travaux de ses devanciers, l'opinion singulière que nous avons reproduite page 36.

Virla, s'appuyant sur la théorie de Poisson et de Cauchy, a devancé manifestement Airy dans la description des effets de l'agitation de la mer. Nous ne lui avons pas emprunté ces démonstrations, parce que celles de Poisson et de Cauchy nous en dispensaient; mais il importe de rappeler que Virla a laissé, par ses études et par ses travaux d'art, la preuve incontestable qu'il possédait, sur les effets de l'agitation de la mer, les notions les plus étendues.

Nous reproduisons (note 1 et pl. 2) la partie du mémoire de Virla relative à la théorie des ondulations.

Rien n'est donc à recueillir dans les études de Brémontier et d'Emy quant aux dimensions des vagues soulevées par les vents les plus intenses, et persistant pendant plusieurs jours, sur les mers de grande profondeur.

On ne s'explique pas et on regrette que des savants, Scoresby, Emy, Brémontier, Henderson, connaissant les lois qui régissent le mouvement de l'eau et de ses ondes, n'aient pas jugé à propos de comparer leurs observations aux résultats du calcul théorique. Cette étude les eût amenés, sans doute, à compléter des notions qui sont restées incertaines.

Les variations de hauteur des vagues qui se succèdent, sont, sans aucun doute, une des difficultés de l'observation; mais elles donnent un intérêt de plus aux calculs. Si le docteur Scoresby, pourvu d'un anémomètre, avait pu mesurer la pression du vent et établir une relation approchée entre cette pression et la grandeur croissante des ondulations; s'il avait compté en même temps la durée et l'amplitude des oscillations des navires ainsi que le nombre des vagues correspondant à ces oscillations, il eût donné à ses observations une valeur bien autrement précieuse. On sait que c'est sous l'influence de l'accroissement de vitesse du vent que se forment les grandes ondes; mais la pression qui résulte de cette vitesse varie entre 1 kil. et 200 kil. par mètre carré; la relation de la pression du vent avec la hauteur des vagues est donc d'un grand intérêt. Tant que la mer est horizontale, la résultante de cette pression du vent sur les eaux est nulle; mais elle s'accroît à mesure que l'ondulation s'élève; elle en entraîne même la superficie, et déforme la crète des vagues en la détachant de l'ondulation. Cette partie de la crète ainsi enlevée devance la vague. Mais, à mesure que l'ondulation s'agrandit, la crète de la vague s'épaissit et oppose à la pression du vent une résistance telle que jamais la vitesse de propagation de l'ondulation n'est égale à celle du vent; elle lui est toujours et de beaucoup inférieure. C'est par ce double effet d'accroissement de la grandenr des ondulations, à mesure de l'accroissement de la pression du vent, que se conserve le caractère purement oscillatoire des vagues en eau profonde. Nous le répétons : ce n'est que par des observations plus complètes, que l'agitation de la mer sera mieux précisée. Des instruments peuvent recueillir la pression du vent; le nombre et la hauteur des vagues passant sous le navire dans un temps donné peuvent être indiqués par la pression qu'elles transmettraient dans la branche d'un syphon placé dans le navire et en communication avec la mer. Le nombre et l'amplitude des oscillations de roulis et de tangage du navire, ainsi que la direction du vent sont également faciles à reproduire dans un appareil. La vitesse du navire, celle des lames et leur direction, devraient être observées directement.

Quant à présent, les seules observations qui se rapprochent manifestement de la vérité sont celles qu'Arago a provoquées, et surtout celles de Scoresby et d'Henderson. Elles fixent pour nous la limite des dimensions des vagues en mer libre, dans les grandes profondeurs, sous l'influence des vents les plus violents et les plus tenaces.

# CHAPITRE VIII

## LE NAVIRE. — STABILITÉ.

*Sommaire :*

Détermination des conditions d'équilibre d'un navire considéré comme corps flottant. Relations des volumes, des poids et de la forme. Influence de l'immersion et de l'émersion sur la stabilité. Stabilité de forme; stabilité de poids; moyens d'obtenir le maximum ou le minimum de stabilité. Terme moyen conciliable avec la douceur du roulis et du tangage. Oscillations. Causes de leur durée et de leur amplitude. La situation géométrique et relative des volumes et des poids domine et est le meilleur guide dans la recherche des effets à obtenir. Résumé des études géométriques qu'exige la construction d'un navire.

Les ingénieurs considèrent un navire comme un corps flottant, dont les formes doivent être disposées de façon à remplir les conditions suivantes :

1° Se comporter à la mer sans fatigue;

2° Obéir à l'agitation de celle-ci sans rien perdre de ses qualités nautiques, c'est-à-dire sans que la stabilité soit compromise et la marche ralentie;

3° Avancer en causant le moindre trouble dans le milieu où s'inscrit le sillage, afin d'obtenir la plus grande vitesse au moyen du plus faible moteur.

La première condition est une question de construction que nous traiterons en son lieu.

La seconde est une question de formes.

Pour l'exposer, il faut d'abord s'entendre sur les mots :

Nous voulons nous borner à exposer, dans ce qui va suivre, les éléments dont disposent le constructeur et le marin pour donner à un navire les facultés qui défient la mer.

Nous n'apprendrons, et n'avons la prétention d'apprendre à personne à faire un navire ; nous indiquerons seulement, et d'une manière générale, les conditions scientifiques que le constructeur doit connaître et observer pour le bien construire, et le marin pour le bien diriger.

Deux forces agissent sur un corps flottant, l'une tendant à l'émerger, l'autre à l'immerger.

A l'état statique d'un corps flottant, ces deux forces sont égales.

Mais, à l'état dynamique, c'est-à-dire pendant le mouvement, les forces d'émersion tendent à élever le navire hors de l'eau toutes les fois que son déplacement devient supérieur au poids du volume d'eau qu'il déplacerait à l'état de repos. Ces forces ont un centre de gravité qui est le centre de forme ou de figure du volume d'eau déplacé.

Les forces d'immersion tendent à enfoncer le corps flottant dans l'eau toutes les fois que, par suite de sa quantité de mouvement, son poids devient supérieur au volume d'eau qu'il déplace à l'état de repos. Ces forces ont aussi un centre de gravité qui est celui du poids du bâtiment.

Il y a donc deux centres par lesquels réagissent les forces d'immersion et d'émersion. Le centre de figure ou de carène, qui se rapporte au volume immergé du navire, et le centre de gravité, qui se rapporte à son poids.

L'agitation de la mer imprime au navire des balancements dont résultent des émersions et des immersions alternatives.

Tantôt les immersions et les émersions sont partielles, en ce sens, que si le navire émerge d'un côté, il immerge de l'autre.

C'est le cas lorsque le navire s'incline transversalement, ce qui s'appelle mouvement de *roulis ;* et lorsqu'il s'incline longitudinalement, ce que l'on nomme mouvement de *tangage.*

Quelquefois, les mouvements sont verticaux pour toute la masse du navire.

Dans ces diverses conditions, les parties du navire qui s'abaissent sont animées d'une quantité de mouvement qui a pour expression leur poids multiplié par la vitesse d'abaissement. L'expression de la quantité de mouvement des parties qui émergent est la même.

Mais la résistance à l'immersion croissant comme la profondeur de cette immersion, est toujours supérieure à la quantité de mouvement dont peut être animé un navire soulevé par la mer et retombant avec toute sa masse.

Un objet dont la densité est moindre que celle de l'eau, flottera donc dans l'eau, quelque agitée qu'elle soit. De plus, il dépend de celui qui lui donne une forme, qu'il flotte dans une position à laquelle il reviendra incessamment malgré le trouble, malgré l'agitation de la mer et de l'atmosphère.

Pour cela, il donnera au corps flottant, et aux matériaux employés dans la construction, une forme et une disposition telles que le centre de figure de la partie immergée et le centre de gravité du poids soient dans une ligne verticale, perpendiculaire au plan de flottaison, et qu'ils soient inscrits tous deux au-dessous de ce plan.

Cette condition étant remplie, le navire reprendra sa position verticale toutes les fois qu'il ne sera pas sollicité à s'incliner par une cause spéciale.

Mais quand ces causes de trouble agiront, il devra n'y obéir qu'à la condition de reprendre sa situation aussitôt qu'elles auront cessé.

C'est cette disposition qu'on appelle stabilité.

La stabilité d'un navire est très-diversement comprise.

Suivant les uns, c'est la disposition d'un navire à reprendre sa situation normale aussitôt que cesse la cause qui la lui a fait perdre.

Suivant les autres, c'est la résistance plus ou moins grande que le navire oppose aux forces qui tendent à lui faire perdre sa situation normale.

La distance qui sépare ces deux points de vue est considérable ; elle aboutit à la création de deux écoles.

Les premiers préfèrent une embarcation docile à l'agitation de la mer, obéissant, par des mouvements doux et amples de tangage et de roulis, à l'action combinée des vagues et du vent, et ne fatiguant ni la coque ni le gréement.

Les seconds préfèrent plus de résistance à la mer ; des reprises de position plus rapides ; des mouvements de tangage et de roulis plus courts, plus secs ; un navire, en un mot, capable de porter une puissance motrice plus forte, voile et vapeur, au prix des fatigues de sa coque et de son gréement.

Et comme ces différences s'obtiennent dans le même navire suivant la disposition de son chargement, aussi bien que par des formes de construction différentes, il en résulte qu'il faut, pour charger un navire, presque autant d'instruction que pour dessiner ses formes.

Ainsi, le navire le mieux fait, naviguant dans les conditions d'un confortable exceptionnel pour ses passagers, peut devenir, par la seule disposition de sa cargaison, incommode et fatigant au plus haut degré.

Ce simple exposé suffit pour faire comprendre qu'un corps flottant éprouve de l'agitation de la mer des réactions dont l'influence n'est pas seulement combattue par ses formes, mais aussi par ses conditions d'équilibre statique et dynamique.

Une planche subit toutes les inclinaisons des vagues dont les plans inclinés ont plus de superficie qu'elle.

Un mât, tenu verticalement dans l'eau par un poids attaché à sa partie inférieure, est à peine sensible à l'agitation qui se produit dans sa partie supérieure.

Dans l'une, le centre de gravité est situé près du plan de flottaison; dans l'autre, il est très-inférieur à ce plan.

Tels sont les deux extrêmes.

La planche a le maximum de stabilité de forme, le mât a le maximum de stabilité de poids. Dans une mer agitée, la première serait inhabitable, tant elle serait volage; le second serait constamment couvert d'eau.

Deux éléments se présentent donc : la dimension du plan de flottaison et la hauteur du centre de gravité; survient alors la relation de ces deux éléments de stabilité.

Supposons que la planche soit attachée perpendiculairement à l'extrémité supérieure du mât, celle-ci opposera à l'agitation de la mer la somme de résistance au mouvement que le mât puisait dans la situation inférieure de son centre de gravité, moins la disposition qu'elle avait elle même à obéir à cette agitation.

Suivons, pour la clarté de notre exposition, cette méthode de démonstration par les extrêmes. Supposons un cylindre d'une densité moitié moindre que celle de l'eau, et parfaitement homogène. Le plan de flottaison passera par le centre de gravité, qui sera celui de figure, et la situation de la circonférence sera en équilibre instable autour de ce centre. Si, tangentiellement à la circonférence, le cylindre prend la forme d'un rectangl ecirconscrivant la moitié hors l'eau, le centre de gravité du système s'élèvera, mais le cube s'immergera un peu plus; le plan de flottaison passera au-dessus du centre de gravité, et les points situés autour de ce centre cesseront d'être en équilibre instable, parce que toute inclinaison qui ramènerait le centre de gravité sur le plan de flottaison ayant pour résultat d'augmenter le volume immergé, ne pourrait s'accomplir sans relever celui-ci, de telle sorte que ce centre tendant incessamment à reprendre sa situation sous le plan de flottaison, rendrait incessamment au système sa position normale.

Cet exemple démontre l'action et les réactions de deux centres, le centre de gravité du navire et le centre de figure du système immergé.

Supposons maintenant que la forme d'un volume ou d'un navire immergé, au lieu d'être semi-cylindrique, soit triangulaire, et que, dans l'inclinaison, la situation du centre de la section immergée, par rapport au plan de flottaison, reste la même; alors le rapport du volume immergé par le fait de l'inclinaison au volume immergé dans la position normale du corps flottant, pourra s'accroître dans des proportions telles que le centre de gravité pourra, sans inconvénient pour la stabilité, être placé au-dessus du centre de carène.

Il est facile de démontrer, en effet, que c'est de la relation de position de ces deux points que va dépendre la situation normale du navire sur l'eau, et son aptitude à la reprendre toutes les fois qu'une cause quelconque la lui fera perdre. Plaçons-les dans un navire de forme ordinaire. Un navire se compose de deux parties : le centre, dont le fond a, ou peut affecter la forme semi-sphérique, surmontée de parois verticales, ou la forme carrée d'un parallélipipède, tandis que les deux extrémités affectent la forme triangulaire, verticalement et horizontalement.

Cette forme possède la condition géométrique de ne pouvoir s'incliner sans déplacer un plus grand volume d'eau, par conséquent, sans relever son centre de gravité, c'est-à-dire encore sans émerger. Si nous supposons ce navire construit de manière que le poids de sa carène soit également réparti des côtés opposés à son axe (nous ne supposons là que ce qui a lieu habituellement), il sera droit sur l'eau. Son plan de flottaison sera perpendiculaire à son axe de construction.

Chargeons-le dans les mêmes conditions : suivant le volume du chargement, le centre de gravité du navire sera à une hauteur quelconque, mais il sera nécessairement sur la ligne verticale qui passe par l'axe de construction. Les deux centres de poids et de figure seront donc situés sur cette ligne.

Or, puisque le navire ne peut s'incliner sans déplacer un plus grand volume d'eau, ce qui relève forcément le centre de gravité du navire, il faut, pour qu'il s'incline, une impulsion étrangère à lui-même. Cette impulsion cessant, la carène revient à la situation dans laquelle le déplacement représente exactement le poids du navire. D'un autre côté, le centre de gravité ne pouvant dévier de la verticale passant par le centre de carène sans incliner le navire, agit sans cesse pour garder sa situation au-dessus ou au-dessous du centre de carène. Ainsi, dans toute inclinaison du navire, il se produit un couple tendant à le redresser, qui est appelé couple de stabilité.

Suivant la relation géométrique des deux centres, ce couple donne l'expression mathématique, c'est-à-dire la direction et l'expression des forces développées par une certaine inclinaison pour revenir à la situation normale.

Il est lui-même égal à la différence qui existe entre le couple de stabilité de poids et le couple de stabilité de forme.

C'est ainsi que toutes les fois que le centre de gravité est situé au-dessus du centre de carène, ainsi que cela a lieu dans les navires ordinaires, il tend à augmenter l'inclinaison. On lui donne le nom de *couple de stabilité de poids.*

Le deuxième couple, qui exprime la force tendant à replacer horizontalement le plan de flottaison est nommé *couple de stabilité de forme*. Le couple final est égal à leur différence.

Empruntons au savant traité de construction navale de M. de Freminville, son exposé du calcul du moment de stabilité transversale. Il est d'une grande clarté.

*Calcul du moment de stabilité transversale* (1). — Considérons un bâtiment en équilibre sur une eau tranquille, et soit FL son plan de flottaison (pl. 4. fig. 1).

Il est sollicité par deux forces égales et directement opposées, l'une égale au poids P. de tout le système, dirigée verticalement de haut en bas et appliquée au centre de gravité G; l'autre égale au déplacement $\varpi \times V$ (2), dirigée de bas en haut et appliquées au centre de carène C. Si, par une cause quelconque, le bâtiment est dérangé de sa position initiale et prend une inclinaison $\theta$, telle que la flottaison devienne F′ L′, le volume immergé de la carène reste le même, mais le centre de la carène occupe une nouvelle position C′; le bâtiment est alors sollicité par les forces $\varpi$ V et P égales et de sens contraire, appliquées respectivement au nouveau centre de carène C′ et au centre de gravité G; ces deux forces constituent un couple qui tend à ramener le bâtiment à sa position initiale et qui reçoit le nom de couple de stabilité. Le point $m$, où la nouvelle direction C′ P′ de la poussée liquide rencontre la verticale $m$C, est nommé le métacentre, et la distance de ce point au centre de carène C, est le rayon ou le bras de levier du métacentre; nous le désignerons par la lettre $\rho$. Si du point G on abaisse G$d$ perpendiculaire à C′ P′, le couple des deux forces P et P′ aura pour expression $P \times Gd$, et en désignant par $a$ la distance GC du centre de gravité au centre de carène, on aura :

$$Gd = mG \sin \theta = (mC - GC) \sin \theta = (\rho = a) \sin \theta$$

et

$$P \times Gd = P \times (\rho - a) \sin \theta$$

Telle est l'expression mathématique du couple de stabilité; or la nouvelle carène déterminée par la flottaison F′ L′ est égale à l'ancienne, diminuée d'un onglet projeté en FIF′ (fig. 2) et

(1) *Traité pratique de Constructions navales*, par A. de Freminville, ingénieur de la marine.

(2) $\varpi$ est le poids du mètre cube d'eau de mer,
V le volume de la carène.

augmentée d'un onglet d'égal volume, projeté en LIL', en sorte qu'en désignant par Q et Q' leurs déplacements, on peut, au lieu de la force P' appliquée en C, considérer la force P appliquée en C, et les forces Q et Q' appliquées au centre de gravité $\gamma$ et $\gamma'$ des onglets et dirigées en sens contraire l'une de l'autre, ainsi que l'indique la figure; on pourra pareillement remplacer le couple unique par $P \times Gd$ (fig. 1) par les couples de signe contraire $P \times Gn$ et $Q \times \delta\delta'$ (fig. 2).

Le premier de ces deux couples a pour expression $P \times a \sin \theta$, et toutes les fois que le centre de gravité est situé au-dessus du centre de carène, ainsi que cela a lieu dans les navires ordinaires, il tend à augmenter l'inclinaison, on lui donne le nom de couple de stabilité de poids; le deuxième couple $Q \times \delta\delta'$ est de signe contraire au premier; il tend à ramener le navire à la position initiale, il est nommé couple de stabilité de forme, le couple final est égal à leur différence ou à :

$$Q \times \delta\delta' - Pa \sin \theta.$$

Lorsque l'angle $\theta$ est très-petit, les deux onglets FIF', LIL' peuvent être considérés comme des solides de révolution, et l'on démontre facilement que leurs moments sont égaux, en sorte qu'au lieu du moment $Q \times \delta\delta'$, on peut écrire $2Q\delta i$, $i$ étant la projection sur la verticale de l'intersection des deux flottaisons FL et F'L'.

Quant au déplacement de l'onglet, il est égal au produit de la longueur $\delta i$ par la surface de la demi-flottaison, par l'angle $\theta$ et par la densité de l'eau de la mer, expression dans laquelle tout est connu, excepté $\delta i$, en sorte que la recherche du couple de stabilité de forme est réduite à l'évaluation de cette quantité, ou, en d'autres termes, au calcul de la position du centre de gravité de l'onglet.

Tâchons de mettre la logique de cette démonstration à la portée du plus grand nombre des lecteurs.

L'influence de la position du centre de gravité est bien comprise des marins, ils savent qu'un navire démâté se relève immédiatement et prend des mouvements très-vifs de roulis, parce que l'abaissement de son centre de gravité a augmenté la distance entre ce centre et le métacentre. L'influence des formes dans les navires de grande longueur dont les extrémités sont fines est également comprise. Celles-ci rendent, par leur forme triangulaire, les conditions de stabilité que les formes plates ou cylindriques du milieu n'ont pas au même degré.

Ainsi, dans la position normale d'un navire, le centre de gravité et le centre de figure, ou de la carène immergée, doivent être situés sur une ligne verticale, perpendiculaire au plan de flottaison, qui est l'axe du bâtiment.

Quand le navire est incliné, cette perpendiculaire au plan de flottaison nouveau, passant par le centre de carène, vient rencontrer l'axe vertical du bâtiment en un point que l'on appelle métacentre latitudinal.

C'est le point limite de la stabilité de forme.

Le centre de gravité autour duquel s'opère le mouvement de rotation du navire doit toujours être situé au-dessous de ce point, car, s'il était au-dessus, la moindre inclinaison déterminerait le chavirement du navire.

On comprend alors que le moment de stabilité de forme s'exprime par le déplacement de la carène, multiplié par la distance du métacentre au centre de carène, et comment le moment de stabilité de système, c'est-à-dire l'effort de mouvement avec lequel le bâtiment tend à se redresser, est égal au déplacement de la carène multiplié par la distance entre le métacentre et le centre de gravité.

Rappelons ici ce que nous avons dit en commençant des forces d'émersion et d'immersion auxquelles un navire est soumis. La forme de la carène tend incessamment à la reprise de sa position normale, parce qu'elle est l'expression géométrique et symétrique du moindre déplacement proportionnel à son poids.

Le poids tend toujours à replacer son centre de gravité dans la perpendiculaire au plan de flottaison du navire, parce que c'est dans cette situation qu'il fait de tous côtés équilibre au volume d'eau déplacée.

Dans la plupart des navires, le centre de gravité de poids est à peu près à la ligne de flottaison en charge.

La hauteur du métacentre, au-dessus de cette ligne, varie de 1 à 2 mètres. Elle est la plus grande dans les plus petits navires ; sa hauteur moyenne est d'environ 1 m. 30. Quand le métacentre est trop bas, le navire est instable, *crank*. Quand le métacentre est trop haut, le navire est incommode, *uneasy*.

Les géomètres auxquels on doit les premiers travaux scientifiques sur la stabilité du navire ont indiqué les effets des formes et des dimensions, et ils en ont résolu les relations par des formules d'une grande simplicité. Le poids du navire, c'est-à-dire la force d'immersion, est un premier élément ; le second, la force d'émersion, est emprunté à la forme. En effet, la supériorité de la planche sur un cylindre, pour conserver sa position sur l'eau, démontrait que le moment d'inertie du plan de flottaison du navire était aussi un élément de stabilité. Le volume du navire est un troisième élément dans le calcul de stabilité. Enfin, il restait à définir l'influence réciproque de ces éléments, et pour cela il fallait connaître la situation du centre de gravité du navire, et du centre de la carène. Le simple bon sens indiquait que plus le centre de gravité est bas, par rapport au centre de carène, plus la stabilité du navire était accrue. Cela mettait sur la voie de résoudre par le rapport d'un levier la réaction des dimensions des formes et du poids.

Dans ce but, il fallait déterminer le point de rencontre des forces dont l'une tend à incliner le navire et l'autre à le redresser. Ce dernier étant le centre de rencontre de toutes les poussées du fluide, il doit rencontrer une ligne qui est en réalité l'axe de construction du navire. Cette ligne d'axe géométrique s'obtient en divisant le moment d'inertie du plan de flottaison du navire, par rapport à son axe longitudinal, par le volume de la carène.

C'est sur cette ligne que vient se rencontrer aussi le point géométrique qui est appelé métacentre. C'est par ce point que les résultantes des pressions latérales que l'eau exerce sur un navire quand il est incliné, doivent rencontrer la ligne verticale passant par le centre de gravité.

L'expression de la stabilité étant ainsi le poids du navire multiplié par la distance du centre de gravité au métacentre, l'intérêt est de rendre cette distance proportionnellement la plus grande possible, par rapport à la distance du centre de gravité au centre de carène, c'est-à-dire qu'il faut que la distance entre le centre de gravité et le centre de carène soit très-petite, et que la distance entre le métacentre et le centre de gravité soit très-grande.

Mais, pour accroître la distance du métacentre au centre de carène, il faut accroître la valeur du moment d'inertie du plan de flottaison, c'est-à-dire faire que, pour un volume donné, ce moment soit maximum. Or, pour remplir cette condition, il faut augmenter la largeur du navire et diminuer le tirant d'eau, puisque les moments d'inertie d'une surface, par rapport à un axe quelconque, croissent comme les cubes des largeurs.

Telle est l'explication du grave intérêt qui s'attache à l'accroissement des dimensions des navires.

Elle se résume dans les termes suivants :

Le roulis d'un navire est affecté par les dimensions réciproques des vagues et du navire lui-même, par sa vitesse également, puisque celle-ci met le navire en rapport avec un plus ou moins grand nombre de vagues, dans la période de temps où il accomplirait une oscillation. C'est une question de moment d'inertie; la planche, l'esquif léger obéissent à la vague dont la quantité de mouvement dépasse leur moment d'inertie propre. Le navire de 4 ou 5000 tonnes de déplacement, doué d'un moment d'inertie considérable, conserve ses conditions comme corps flottant, de durée d'oscillation et de tangage dans les plus fortes mers, parce que le moment d'inertie propre des vagues n'atteint jamais le sien. Il peut en être affecté, quant à l'amplitude du roulis, quant à ses mouvements d'émersion et d'immersion; mais dans un rapport qui décroît toujours en raison de son déplacement. C'est là une considération capitale qui assure toujours, pour le transport des personnes, la préférence aux grands navires savamment construits, comme le sont aujourd'hui la plupart des transatlantiques.

Ce que nous avons dit des données géométriques qui déterminent la situation du métacentre, suffit pour faire comprendre que celui-ci doit varier avec les inclinaisons du navire, puisque ces inclinaisons ont pour résultat de modifier les dimensions du plan de flottaison en augmentant sa largeur, le volume immergé restant constant, et par conséquent de modifier le moment d'inertie de ce plan. Le moment d'inertie augmente donc naturellement avec l'inclinaison, par le fait même des formes du navire, et le métacentre s'élève en conséquence. Mais l'élévation proportionnelle du centre de carène, dans les inclinaisons, atténue ce dernier effet.

Les conséquences de ce simple exposé sont qu'il y a, par rapport à la stabilité de forme, un rapport plus ou moins favorable du tirant d'eau avec la largeur, et qu'il y a aussi, par rapport à la stabilité de poids, un rapport plus ou moins favorable entre la situation des deux centres de forme et de gravité. On a vu que le navire large et peu immergé se rapproche de la planche. Le navire étroit et très-immergé se rapproche du mât chargé d'un poids à son extrémité inférieure et flottant verticalement. Dans les deux cas, si le centre de gravité est placé au-dessus du centre de carène, les inclinaisons du navire, provoquées par l'agitation de la mer ou par l'action du vent, prendront une amplitude et une lenteur d'autant plus grandes que ce centre de gravité sera plus élevé.

On voit que la stabilité d'un navire, considérée comme faculté de reprendre incessamment sur l'eau sa situation normale, dépend de la manière dont il est affecté par ses conditions de construction à l'état de repos et à l'état de mouvement.

Or, comme l'état de mouvement est habituel, les conditions qui s'y rapportent sont des plus essentielles. Ces conditions se résument dans un calcul de l'ensemble des moments produits par les poids du navire, ensemble dont l'axe des forces doit coïncider avec la ligne verticale sur laquelle sont situés les centres de gravité et de volume immergé.

Ce calcul du centre d'action de l'ensemble des moments doit être fait, comme l'ont été ceux des poids et des volumes, pour les trois situations dans lesquelles se trouve un navire : 1° lège, 2° avec ses poids constants, 3° avec le chargement qui se modifie pendant la durée de la traversée.

S'il s'agit d'un navire à vapeur portant des passagers et des marchandises, le poids constant sera celui des marchandises et celui de l'excédant en combustible que l'on garde pour les éventualités. Son poids variable sera celui du combustible, qui est maximum au départ et nul à l'arrivée.

Le navire pouvant rencontrer des gros temps, à l'état lège, s'il ne porte pas de marchandises, et s'il a consommé tout son combustible, ou bien avec son chargement et un faible poids de charbon, ou enfin avec son chargement de charbon au maximum, il importe de savoir comment les moments de ces divers poids peuvent affecter l'état dynamique du navire.

Dans les trois cas, la coïncidence sur la même ligne des axes verticaux de l'ensemble des moments des poids ajoutés au navire doit être recherchée, et cette ligne doit être celle des axes de situation des centres de gravité de la coque et de la forme de la partie immergée du navire.

Mais il ne suffit pas de cette seule coïncidence, car il serait alors facile de l'obtenir, en chargeant un navire à l'avant et à l'arrière, et en faisant varier les poids et leur distance au centre, par conséquent les moments, suivant les formes plus ou moins fines de l'avant et de l'arrière. Le navire serait droit sur l'eau et balancé dans ses mouvements de roulis et de tangage, mais il serait fatigué par l'amplitude d'oscillation qui résulterait pour lui de l'éloignement du centre d'une trop grande somme de puissance vive.

Pour obvier à cet inconvénient, il faut que la répartition du poids, du centre aux parois et du centre aux extrémités, soit étudiée de façon à faire décroître le poids, à partir du centre, en raison de la distance à ce centre.

Un navire à vapeur, où toutes les places du chargement et de l'installation sont déterminées d'avance, par rapport aux dispositions du moteur, à son poids, à l'immersion de ses roues ou de son hélice, ne conserve à la mer les qualités que le calcul lui a assurées comme stabilité de poids et de forme à l'état lège, que lorsque le chargement en marchandises et en combustible, placé dans les compartiments qui lui sont affectés, ne modifie pas sa situation sur l'eau aussi bien à l'état de repos qu'à l'état de mouvement; car il perdrait, autrement, une partie de ses qualités nautiques. Il faut qu'en immergeant, comme en émergeant, la relation des proportions qui constituent son état statique et son état dynamique ne se modifie pas sensiblement.

Nous abordons ici une des plus intéressantes conditions géométriques de la stabilité du navire.

Quand un navire s'est incliné par l'effet d'une force extérieure, et si cette force vient à cesser, il se redresse et s'incline du côté opposé; si la cause qui l'avait incliné ne se reproduit plus, il s'inclinera encore de nouveau, mais à un moindre degré, et ses oscillations continueront en s'affaiblissant jusqu'à ce qu'il reprenne la situation normale que lui donnent ses conditions géométriques de construction et de chargement, en l'absence de toute cause de perturbation.

Ces oscillations ont le caractère de celle d'un pendule, c'est-à-dire qu'elles ont pour le même navire, au même tirant d'eau, la même durée, quelle qu'en soit l'amplitude.

Lorsqu'un navire sort de son état d'équilibre, il y revient par l'effort de stabilité avec un mouvement accéléré. Il arrive alors qu'il dépasse cette position d'équilibre, revient encore et ainsi de suite, comme un pendule fait dans l'air.

Nous raisonnons ici dans l'hypothèse que, suivant les principes, les centres de gravité du plan de flottaison horizontale, du poids, de la carène et des moments sont situés sur la même ligne perpendiculaire à ce plan.

Ce mouvement giratoire ne peut s'accomplir que parce que les poids constitutifs du navire sont situés à une certaine distance du centre de gravité. Il représente ainsi le fléau d'une balance doué, en raison de sa longueur, d'une certaine durée d'oscillation. C'est, en réalité, un pendule dont la longueur est en raison de la distance moyenne au centre de gravité du navire, des poids répartis de chaque côté de ce centre. Cette distance est ce qu'on appelle le rayon de gyration. Mais si la cause de l'oscillation est dans cette situation du poids, la durée de l'oscillation ne dépend pas seulement du rayon de gyration, elle dépend encore du bras de levier de la stabilité, c'est-à-dire de la hauteur du métacentre au-dessus du centre de gravité. L'action des forces dues à la poussée du fluide, autour de l'axe du navire, dont la résultante rencontre la verticale perpendiculaire au plan de flottaison, s'oppose en effet à l'oscillation Elle est fonction de la racine carrée de la hauteur du métacentre, au-dessus du centre de gravité; ce qui s'explique par la définition de la ligne du métacentre que nous avons donnée.

L'analyse abrége sur ce point la définition.

Il suffit de chercher la longueur du pendule simple *isochrone* avec les oscillations et de substituer cette valeur dans la formule

$$t = \pi\sqrt{\frac{l}{g}}$$

Or, la longueur du pendule a pour expression :

$$l = \frac{Pr^2}{PS} = \frac{r^2}{S} = \frac{\text{Carré du rayon de gyration.}}{\text{Dist. du métacentre au c. de gyr.}}$$

Substituant cette valeur dans la formule, on a :

$$\pi\sqrt{\frac{r^2}{Sg}} = \frac{\pi r}{\sqrt{gS}} \quad \text{(Maudslay)},$$

et comme $\sqrt{g}$ est sensiblement égal à $\pi$, la formule se réduit à :

$$t = \frac{r}{\sqrt{S}}$$

On voit que la durée d'une oscillation dépend uniquement de deux choses; du rayon de gyration de tous les poids qui constituent le navire et de la hauteur du métacentre au-dessus du centre de gravité, c'est-à-dire du bras de levier de la stabilité. Le temps est proportionnel à la longueur du rayon de gyration et en raison inverse de la racine carrée de la stabilité.

Ainsi, les oscillations auront d'autant moins de durée que le rayon de gyration sera plus faible et le métacentre plus élevé.

L'exposé des lois géométriques qui règlent les conditions de stabilité d'un navire se rapportent généralement ici à ce qui concerne le roulis, c'est-à-dire, aux oscillations transversales. Mais ces lois s'appliquent aussi bien au tangage, c'est-à-dire aux oscillations longitudinales. Les divers éléments, à savoir l'inertie du plan de flottaison, le volume, le poids du navire, la situation du centre de carène et du centre de gravité de poids, le rayon de gyration servent aussi à fixer l'axe de construction, le point métacentrique, c'est-à-dire la courbe des métacentres pour certaines inclinaisons, et la durée des oscillations.

A l'aide de ces données géométriques, l'ingénieur peut donner au navire qu'il construit telle durée d'oscillation qui lui paraît compatible avec sa destination. Si c'est un navire de guerre, il commencera par déterminer les éléments de volume et de poids entrant dans sa construction, et la relation de ces éléments entre eux, à un tel degré d'aproximation, qu'il pourra en conclure la durée de l'oscillation. Il modifiera cette durée par la disposition de l'armement. S'il craint trop d'amplitude, il accroîtra la stabilité en descendant le centre de gravité, ou en donnant aux œuvres-mortes de son navire une forme qui élèvera rapidement le point métacentrique en raison de l'inclinaison.

Ses calculs domineront toutes les éventualités. Il proportionnera la vivacité du roulis, c'est-à-dire le levier de stabilité, à la nature et à la résistance du gréement; il douera à volonté son navire de résistance ou de docilité à l'agitation de la mer, et, se plaçant dans l'éventualité du combat par une mer agitée, il prolongera à volonté le temps pendant lequel le tir de son artillerie sera plus certain.

Il y a plus; avec la puissance des moyens mécaniques dont un grand navire de guerre dispose, on comprend qu'il pourrait instantanément porter son artillerie à sa batterie haute, l'abaisser à sa batterie basse, modifiant ainsi son centre de gravité, c'est-à-dire la durée et l'amplitude de ses oscillations suivant l'état de la mer.

Si la destination du navire est le transport transocéanien des personnes, l'ingénieur devra déterminer les éléments géométriques de son navire avec une rigueur égale à celle qu'il apporte à la détermination des conditions de stabilité d'un navire de guerre. Son devoir à cet égard est d'autant plus strict, que, par le fait même de l'émersion résultant de la consommation du combustible, les conditions de stabilité se modifient incessamment avec le tirant d'eau, puisque la situation du centre de gravité, et celle du centre de carène changent, que la distance du métacentre au centre de carène s'accroît, et, qu'en un mot, la relation des points géométriques diminue le levier de stabilité.

Il y a donc deux moyens d'accroître la période d'oscillation du roulis. L'une est de rapprocher du métacentre le centre de gravité du navire en l'élevant. L'autre est d'accroître le rayon de gyration. Dans le premier cas, le chargement sera porté dans les hauts; dans le second, vers les murailles du navire. Mais cela demande des précautions, afin de ne pas compromettre la stabilité, c'est-à-dire la disposition du navire à reprendre sa situation normale dans le cas des plus extrêmes inclinaisons.

Dans la détermination des durées du mouvement de roulis et de tangage, l'ingénieur se préoccupe des vitesses que prennent les parois et les extrémités du navire dans les moments d'agitation de la mer. C'est un point très-délicat. Le Great-Eastern a une largeur double des navires actuels faisant la navigation transocéanienne, mais, dans ses traversées sur New-Yorck, son tirant d'eau n'était pas beaucoup plus fort; il se rapprochait de la planche comme condition de stabilité; la durée de ses oscillations de roulis était, en conséquence, sensiblement égale à celle des navires actuels transocéaniens (entre 5 et 6 secondes).

Sa grande largeur rend les oscillations lentes et faibles quand il est debout à la lame, parce que chaque lame n'a que peu de masse par rapport à lui-même, et parce qu'il est habituellement sous l'influence de plusieurs vagues dont les centres de gravité constituent une composante qui se rapproche de l'horizontale.

Mais quand il navigue parallèlement à la lame, qu'il la reçoit latéralement, il arrive au maximum de mouvement de roulis, et la vitesse de descente et d'élévation vers les murailles du navire est d'autant plus grande que la durée de l'oscillation est plus faible et la largeur du navire plus grande.

Cette largeur est de 25 mètres; or, la durée de l'oscillation étant de 5 à 6 secondes, comme celle des navires trans-océaniens de 13 mètres de largeur, il s'ensuit que la vitesse du roulis vers les pavois du Great-Eastern est, comparativement aux navires transocéaniens, dans le rapport de 25 à 13.

Si la destination d'un navire est le transport des marchandises, le capitaine doit connaître les éléments géométriques qui constituent sa stabilité à vide, avec lest, et plein; car la disposition du chargement dépend de ces conditions. Sous ce rapport, on ne peut trop regretter l'absence de notions théoriques qui se manifeste généralement. Nous verrons plus loin de quelle importance sont ces notions pour la marche d'un navire à vapeur et pour la consommation en combustible.

Résumons les opérations et les calculs préparatoires nécessaires à la détermination de la stabilité d'un navire :

Calcul du déplacement en volume et en poids.

Calcul du moment d'inertie du plan de flottaison par rapport à l'axe longitudinal du navire.

Détermination de l'axe du plan de flottaison.

Calcul du moment d'inertie du plan de flottaison par rapport à l'axe transversal du navire dans sa position normale, et à des inclinaisons transversales diverses.

Moment d'inertie du plan de flottaison pour des inclinaisons longitudinales diverses, tangage.

Détermination du centre de carène.

Calcul de la hauteur du métacentre latitudinal au-dessus du centre de carène.

Calcul du métacentre longitudinal.

Surélévation du métacentre pour des inclinaisons diverses.

Détermination du centre de gravité de poids et du rayon de gyration.

Augmentation de la distance entre le métacentre et le centre de gravité pour des inclinaisons diverses.

Calcul du moment de stabilité transversale pour différentes positions des centres de gravité et pour des inclinaisons diverses. Stabilité statique.

Moment de stabilité statique longitudinale pour des inclinaisons diverses.

Détermination des poids qui, placés sur les flancs du navire, seraient susceptibles de lui faire prendre des inclinaisons données pour différentes hauteurs du centre de gravité?

Détermination des poids qui, placés à l'extrémité du navire, seraient susceptibles de produire des inclinaisons données.

Courbes des positions successives du métacentre et du centre de carène.

Détermination de l'axe des puissances vives résultant de la somme des moments du poids de la coque et du chargement, et de la coïncidence de cet axe sur la verticale passant par les centres de gravité et de carène.

Calculs, aux plus forts et aux plus faibles tirants d'eau, des durées d'oscillations résultant des différentes positions du centre de gravité, et d'un rayon de gyration donné. Roulis. Tangage.

Espace parcouru par seconde, dans le roulis, par les parois du navire, pour des inclinaisons diverses, ainsi que dans le tangage, par les extrémités du navire.

Ces divers calculs, dans lesquels entrent les moments des poids du chargement, doivent être établis séparément quand il s'agit des navires transatlantiques, pour les trois états dans lesquels ils naviguent, à savoir : 1° l'état lège, c'est-à-dire sans chargement et le combustible épuisé; 2° avec le chargement en marchandises et un faible poids de combustible : c'est la condition du navire à l'arrivée; 3° plein chargement de marchandises et de combustible : c'est l'état du navire au départ.

On voit, que pour l'étude complète de la stabilité d'un navire, l'ensemble des calculs auxquels doit se livrer l'ingénieur est considérable. Aussi s'en dispense-t-on habituellement. Mais, pour des navires destinés à la navigation transocéanienne et au transport des personnes, le devoir strict de l'ingénieur est de ne pas s'en dispenser.

On trouvera de grands avantages à les pousser aussi loin que possible, et à comparer les résultats avec ceux d'autres types.

Il est facile, parce que c'est uniquement une œuvre de patience dans laquelle le travail arithmétique domine, de déterminer, par le calcul, le poids et le déplacement du plus grand navire à vapeur en fer. Cela peut se faire à quelques mille kilogrammes près. Cela coûte bien des heures d'un travail attentif, mais tout ce qui est dépensé en études à cet égard est gagné en résultats techniques et économiques.

Dans la détermination de la puissance de stabilité d'un navire, l'ingénieur suppose toujours que le pont, ses écoutilles et claires-voies, résistent à l'invasion de l'eau à l'intérieur. Cela est essentiel, non-seulement à cause du poids de l'eau, mais à cause de la faculté qu'elle a de se porter du côté où le navire incline, changeant ainsi, de la manière la plus dangereuse, la position du centre de gravité.

Tant que l'eau n'a pas pénétré dans le navire, la mer peut impunément le couvrir.

Quelles que soient la hauteur et la violence avec lesquelles la mer se précipite sur le navire, quelque soit le trouble momentané qui en résulte dans sa position, il ne perd, s'il résiste dans sa forme, aucune de ses facultés de reprise immédiate d'équilibre aussitôt que la cause perturbatrice a cessé. La partie hors l'eau étant composée de salons, de cabines, constitue un volume de plus faible densité que le reste de la construction, de sorte que la puissance d'émersion s'accroît rapidement, et plus ce volume est considérable, plus le navire tend à émerger avec vivacité.

Le navire couvert par la lame subit, en en sortant, les conditions ordinaires de tout corps qui déplace, momentanément, plus que le poids d'eau correspondant à sa densité. Il exerce sur la masse d'eau qui le recouvre un effort correspondant à la différence entre son poids réel et le poids d'eau qu'il a déplacé. Il ne perd en ce moment aucune des conditions de stabilité. Lorsqu'au contraire, par suite des mouvements de tangage et de roulis, combinés avec la forme ondulatoire des vagues, il est fortement émergé, c'est alors que la coincidence du centre de gravité au centre de carène, ou la faible distance qui les sépare, a une heureuse influence, parce qu'elle guide le mouvement de retombée du navire en le ramenant dans la verticale, avec d'autant plus d'énergie, que la chute est plus rapide.

En un mot, un navire bien calculé dans ses conditions de stabilité, défie la mer la plus furieuse, en ce sens que si son enveloppe résiste, si son chargement n'est pas bouleversé, si l'eau n'a pas pénétré dans l'intérieur, si rien, en conséquence, n'a changé les points mathématiques qui font de son ensemble un corps flottant incessamment ramené par lui-même dans sa position normale, les vagues, les vents ne peuvent avoir d'autre influence sur lui que celle de l'agiter dans une certaine limite. Il ne chavirera jamais.

L'influence du gréement entre dans la détermination de la stabilité.

Son poids modifie la hauteur du centre de gravité. Ce poids est faible, il est vrai ; mais sa distance du centre de gravité accroît notablement son moment d'inertie.

Ce qui est plus grave, c'est la hauteur du centre de propulsion des voiles, ce que l'on appelle le centre vélique.

Un marin doit savoir quelle est sensiblement la pression moyenne par mètre carré du vent qui souffle ; la pression que chacune des voiles reçoit aussi du vent et transmet au navire ; l'équivalent que donne cette pression pour un certain angle ou onglet d'immersion ; s'il est étranger à ces notions, l'expérience lui en donnera et développera en lui l'instinct, non pas la science, et l'on sait ce que coûtent les leçons que donne l'expérience. En ceci, comme en tout, il est heureux que l'esprit d'observation et l'instruction donnent souvent à la jeunesse le pas sur les têtes grises ; sans cela, le progrès serait lent et fort entravé.

Aujourd'hui, un marin sachant les pressions correspondantes aux vitesses du vent, l'effort que chaque voile transmet et la résultante de cet effort sur la coque, connaissant la progression d'accroissement du moment d'inertie du plan de flottaison pour chaque degré de cette inclinaison, et pouvant comparer ainsi la puissance d'inclinaison du propulseur vélique à la résistance à l'inclinaison du navire, recueillera, s'il sait observer, les données de l'expérience, infiniment plus vite que s'il a tout à apprendre.

Les données à ajouter au programme de l'étude d'un navire sont donc, sous ce rapport :

La mesure des surfaces du navire hors l'eau exposées au vent.

La surface des voiles.

La hauteur du centre de propulsion vélique.

Et la détermination par le calcul, de l'effort de renversement qui peut en résulter par une pression de vent donnée.

La stabilité est une condition essentielle de la navigabilité, mais elle n'est pas la seule. Qu'un navire ne puisse être renversé par aucune agitation de la mer, que son roulis et son tangage soient doux sans trop d'amplitude, si ce navire ne peut évoluer, si ses lignes d'eau ne lui permettent pas de sortir du creux des lames, avec l'aide de son gouvernail, quand il ne peut être animé que d'une faible vitesse à cause de la grande agitation de la mer, alors son pont, incessamment envahi par la mer, éprouvera des avaries telles que l'enlèvement ou la destruction des claires voies, capots ou objets saillants qui couvrent les communications de l'extérieur avec l'intérieur du navire.

La mer pénétrant par ces ouvertures éteindra les feux et mettra la machine hors de service jusqu'à ce que l'eau ait été enlevée par les pompes à bras.

Il faut donc ajouter aux conditions de stabilité la faculté d'évoluer facilement. Cette faculté était obtenue autrefois par un rapport convenable entre la longueur et la largeur du navire. Les navires courts et larges étaient, il est vrai, exposés à dériver avec les courants, le vent, la direction des vagues, mais ils étaient très-maniables.

Lorsque le rapport de la largeur à la longueur a doublé, que de 1 à 4 il a passé de 1 à 8, qu'en même temps la finesse des formes de l'avant, le dégagement de l'arrière et la forme droite des murailles ont affaibli l'action du gouvernail, ce n'est qu'en accroissant la vitesse de marche que l'on a rendu au gouvernail des effets suffisants. Encore faut-il souvent s'aider des voiles d'évolution.

Il est d'un grand intérêt, dans les navigations transocéaniennes, d'établir ces voiles, ainsi que la partie du gréement à laquelle elles sont attachées, avec une extrême solidité. Que de navires désemparés de leurs voiles d'évolution et de leurs machines qui, ne pouvant obéir, faute de vitesse, au gouvernail, restent dans le creux des lames, luttant pour empêcher la mer de pénétrer par les ouvertures qu'elle se fait dans le pont.

Même dans une mer complétement démontée, la machine étant désemparée, si l'équipage est encore maître de la direction du navire, si celui-ci obéit au gouvernail et à la manœuvre des voiles, et s'il se tient à l'angle du vent et de la lame qui convient le mieux à son mouvement de roulis et de tangage; s'il peut, en un mot, se maintenir dans la position où la mer embarque le moins, il pourra alors attendre la fin du gros temps, réparer ses avaries à mesure qu'elles se produisent, et empêcher l'eau de pénétrer dans l'intérieur du navire.

Une autre condition de navigabilité d'un navire, c'est sa légèreté, *Buoyancy*. Il faut s'entendre sur ce mot. La légèreté comparative d'un navire ne dépend, dans le cas dont il s'agit, c'est-à-dire en supposant l'identité des lignes d'eau, que du rapport du volume total du navire à celui de l'eau qu'il déplace. Un navire transatlantique de 10 m. 50 de creux, offrant au plan de flottaison 1100$^{m2}$ de superficie, et déplaçant 5000 mètres cubes au tirant d'eau de 6 mètres, oppose encore à une immersion complète un effort de 4,400,000 kilogrammes, correspondant à 4 mètres de hauteur d'immersion.

C'est donc avec une énergie égale à 4 ou 4,500 kilogrammes par mètre carré que le navire se soulèvera de lui-même lorsque la vague s'élèvera autour de lui, et quand même l'eau le couvrirait, son poids sur le pont ne peut être qu'une minime fraction de l'effort de soulèvement dont le navire est doué à chaque immersion qui dépasse la ligne de flottaison proportionnelle à son poids spécifique.

Nous avons dit que la légèreté d'un navire était dans le rapport de son volume à son déplacement. Nous pourrions dire mieux encore que la légèreté est dans le rapport de sa densité à son déplacement.

La densité d'un navire, c'est le rapport de son poids à son volume intérieur et inaccessible à l'eau. Le transatlantique dont il s'agit a, sous son pont, un volume de 9400 mètres cubes; son poids est de 5000 tonnes; sa densité est donc, par rapport à l'eau, 0,53.

Dans ces conditions, un navire défie absolument la mer, en ce sens que la plus haute ondulation, celle qui a 12 à 13 mètres de hauteur, le soulèvera nécessairement aussitôt qu'elle l'aura immergé sur une hauteur correspondante à la différence de densité que l'immersion accroît à mesure qu'elle s'accroît elle-même. C'est pour cela que, dans ces conditions, on voit le navire se relever à l'avant avec une violence d'autant plus grande qu'il a été plus immergé par les forces vives dont il est animé. Si, dans le moment où la lame s'élève à l'avant, l'arrière est dégagé, le mouvement de bascule que subit le navire devient d'une vivacité qui fatigue à la fois la coque, le gréement, et peut déplacer le chargement. Le même effet se produit dans le roulis avec autant d'intensité. C'est dans ces mouvements que les mâts se brisent, parce que les haubans et étais sont relâchés. Si la cargaison se compose d'objets susceptibles de glisser les uns sur les autres, comme des rails, elle s'entasse sur un point en se déplaçant; le centre de gravité se porte à l'avant ou à l'arrière, du côté ou la cargaison a glissé. Nous avons vu deux navires entrant dans le port de Gijon (Asturies), chargés de rails : ils venaient d'Angleterre, et ils avaient rencontré du gros temps dans le golfe de Gascogne; l'un avait son avant plongé au point de manquer d'eau à l'arrière et de ne pouvoir gouverner; l'autre avait l'arrière presque entièrement sous l'eau. Si le gros temps avait continué, ils étaient perdus.

La légèreté d'un navire est donc une condition de sécurité qui a la plus grande importance. Une conséquence terrible de l'absence de cette condition est le naufrage du *London*. Ce navire tirant 6 m. 175 ne présentait hors l'eau qu'une hauteur de 1 m. 67 jusqu'au pont. La différence de son volume à son déplacement était trop faible. Sa densité trop grande. Lent à se relever sous l'action des coups de mer, il les subissait dans toute leur énergie; ses claires-voies enlevées, les machines noyées, le navire sans direction, incessamment couvert par la vague, devait être bientôt rempli et submergé.

A égalité de tirant d'eau, la hauteur sur l'eau d'un navire présente donc l'avantage d'affaiblir la densité en augmentant son volume, et de le protéger, par sa hauteur même, contre l'embarquement des lames.

Un troisième avantage aussi capital est d'accroître sa solidité en rapprochant sa construction de la forme d'égale résistance par laquelle un corps incessamment sollicité par des forces inégalement réparties sur sa longueur, acquiert la plus grande rigidité.

Mais cette hauteur sur l'eau rencontre un obstacle dans les règles qui s'appliquent à celle des dimensions des navires que l'on appelle le *creux*.

Le creux est pris entre le dessus de la quille, et la droite passant par l'attache inférieure des barrots du pont aux murailles du navire.

On cherche vainement les règles qui déterminent le creux des navires indépendamment de leur tirant d'eau. L'ingénieur qui a pris la première place dans l'enseignement de l'art de la construction navale, M. de Fréminville, se borne à dire que « dans les navires bien construits il devra exister un certain rapport entre la longueur et le creux ; que, pour cette raison, il a fait figurer ce rapport dans la légende générale et qu'il ne saurait trop recommander d'en tenir compte » mais il résulte des considérations qui précèdent immédiatement ces lignes que « le creux constitue l'un des principaux éléments de solidité de la coque. A profondeur égale de carène, un navire très-ras sur l'eau offrira beaucoup moins de résistance à la flexion ou à la rupture qu'un navire dont les œuvres mortes auraient une hauteur plus considérable et dans lequel, par conséquent le creux serait plus grand. »

Il semble donc qu'à part l'influence sur les conditions de stabilité, de la hauteur sur l'eau, c'est-à-dire des poids et des moments qui sont la conséquence de leur situation, le savant professeur recommanderait plutôt le maximum de creux dans l'intérêt de la solidité du navire.

Il est regrettable, qu'en face des naufrages causés récemment par la destruction des ponts de navires bas sur l'eau, incessamment envahis par la lame pendant une tempête moyenne, cette grave question n'ait pas été traitée avec l'intérêt qu'elle mérite.

Prenons par exemple un type de navire à hélice très-fréquemment en usage dans la navigation transocéanienne. Ce type a 80 à 85 mètres de longueur, 10 à 11 m de largeur ; 7 m 32 de creux ; une teugue de 2m 30 de hauteur est à l'avant ; une dunette de même hauteur à l'arrière ; toutes deux occupent environ les 3/5 de la longueur du navire. Entre ces deux habitacles est le pont, coupé par les claires-voies de la machine, des escaliers, des écoutilles, etc. Il est entouré de pavois surmontés de bastingages dont la lisse est à la hauteur des habitacles. Ce navire jauge 1752 Tx. D'après ses lignes d'eau et son creux, sa capacité intérieure est de 4,200 mètres cubes. Au tirant d'eau de 5m, 80 il déplace 2670 m3; il reste 1530 m3 hors de l'eau. La densité du volume total de ce navire est donc 0,636. Mais si ce navire est, comme cela paraît fréquemment le cas, surchargé de 0m 50, sa densité s'élève à 0,725, il ne lui reste plus hors l'eau qu'un volume de 1160 m3, et alors s'il embarque par suite de gros temps, un poids d'eau équivalent, il doit sombrer.

Au tirant d'eau de 6m30 le pont de ce navire est à 1m59 au-dessus de l'eau; ses pavois de 2m30 portent la hauteur à laquelle les lames peuvent embarquer à 3m89. Il est bien connu qu'à cette hauteur, dans un état d'agitation moyenne de la mer, les lames embarquent sur les ponts des navires dont la densité est aussi forte, non-seulement à cause de leur lenteur à s'élever sur l'eau, mais aussi parce que les mouvements du roulis et du tangage réduisent cette hauteur jusqu'à l'annuler quelquefois.

Le navire dont nous décrivons les dispositions et les conditions de navigabilité à la mer, présente donc vers son centre une longueur de 30 à 35 sur 10 à 11 mètres de largeur et de 2m30 de profondeur, dont la hauteur sur l'eau est très-faible. Si cet espace était complétement rempli par une lame, la surcharge serait de 825 tonnes et le volume hors l'eau du navire surchargé étant de 1160m3 il ne se relèvera qu'avec une excessive lenteur.

Les pavois ont, il est vrai, à leur base, quelques ventelles qui s'ouvrent sous le poids de l'eau embarquée, ainsi que des dallots; mais ces ventelles sont en petit nombre, et peuvent être, comme les dallots, encombrées par des objets déposés sur le pont, que l'eau, en s'écoulant, y apporte avec elle.

Si, dans cette situation, l'embarquement des lames est incessant, si la violence des coups de mer enlève les claire-voies, l'eau se précipite avec abondance dans l'intérieur, envahit les cales et la chambre de la machine, éteint les feux, empêche le jeu des pompes et surcharge le navire au point de le compromettre.

Le navire est, il est vrai, partagé en un certain nombre de compartiments par des cloisons étanches, mais cette précaution est inutile, s'il suffit de l'envahissement par la mer, d'un seul compartiment, pour faire sombrer le navire.

Le type du navire dont nous venons de décrire les conditions nautiques est celui du *London*, de *l'Amalia*, et de nombre d'autres navtres à vapeur, que de tristes et fréquents sinistres signalent à l'attention publique.

Pour éviter les dangers de semblables dispositions, il faut aux navires transatlantiques toute la hauteur sur l'eau qui est conciliable avec leur stabilité. La limite du creux est là ; elle n'est pas ailleurs.

On comprend qu'alors que les dimensions relatives des navires, en longueur et largeur, étaient pour ainsi dire fixes et les échantillons de bois toujours les mêmes, l'étude attentive de la distribution des poids, donnât une hauteur de creux correspondante aux bonnes conditions de stabilité. Mais depuis que le rapport de la longueur à la largeur a changé, que la finesse des formes de l'avant et de l'arrière a permis de modifier celles de la partie centrale au point de la reprocher d'un rectangle, depuis enfin que l'emploi du fer dans la construction a permis d'accroître les dimensions dans les hauts au moyen de dispositions légères quoique suffisamment solides, un nouveau type a été construit sous le nom de spardeck. Il a consisté à couvrir par un pont tous les habitacles, tels que dunettes, teugues, roofs; à élever ce pont sur l'eau autant que le permettaient les conditions de stabilité; à le laisser aussi ras que possible et sans pavois, pour que, dans les gros temps, les lames puissent le traverser sans s'y arrêter. C'est aujourd'hui le type le plus général et le plus marin; c'est le plus sûr parce qu'il est à la fois le moins dense et le plus haut sur l'eau. Ces deux qualités sont de premier ordre et leur importance nous fournira souvent l'occasion d'y revenir dans cette étude.

# CHAPITRE IX

## LE NAVIRE. RÉSISTANCE A LA MARCHE. LIGNES D'EAU.

*Sommaire :*

Études de Bourgois sur la résistance au mouvement des navires. Décomposition des coefficients qui expriment cette résistance; part de l'empirisme et des lois du mouvement dans ces calculs. Études des ingénieurs et constructeurs anglais, Bourne, Scott Russell, Macquorn Rankine. Formules et procédés pour le tracé des lignes d'eau des navires. Nature des courbes qu'affectent ces lignes. Proportions entre l'avant et l'arrière des navires. Accord des ingénieurs et des constructeurs anglais sur l'ensemble de ces vues et de ces procédés. Opinion de Dupuy de Lôme sur les résistances diverses qu'oppose l'eau aux navires en marche.

Il y a une forme qui doue un corps flottant de la faculté d'obéir à une force de propulsion en exigeant la moindre quantité de travail pour une quantité de mouvement donnée.

Cette forme est celle qui produit le moindre déplacement portionnel du liquide, en superficie et en profondeur, autour du corps flottant.

Cette forme, l'analyse mathématique peut l'indiquer, car les lois de la pesanteur régissent d'une manière absolue le mouvement, la direction et la forme du mouvement des corps.

L'analyse mathématique a résolu la forme et la direction du mouvement ondulatoire par une savante déduction des lois physiques connues.

Il n'y a aucune raison pour demander à l'empirisme les conséquences d'une loi dont la rigueur est absolue et régit tout ce qui est force et mouvement.

Cependant la nature et l'état des corps les affectent de conditions particulières que l'expérience seule fait connaître.

C'est ainsi, qu'à part sa densité, la viscosité de l'eau dont l'effet se fait sentir dans l'écoulement et dans l'ondulation, son défaut presque absolu d'élasticité, et l'incompressibilité qui résulte de son homogénéité, etc., influent à la fois sur la forme du mouvement et sur la nature des résistances que l'eau oppose à son déplacement et à son agitation par des causes extérieures.

L'état de nos connaissances sur ce point est résumé dans le mémoire de Bourgois sur la résistance de l'eau au mouvement des corps et particulièrement des bâtiments en fer.

Il croit que l'insuffisance ou l'erreur des savants qui ont demandé à la théorie pure les lois de la résistance des fluides provient de ce qu'ils ont négligé de tenir compte dans leurs hypothèses fondamentales de certaines propriétés des molécules liquides mises en jeu par le choc ou le contact de ces molécules avec les corps en mouvement.

Il conclut que c'est la méthode expérimentale qui doit servir de guide ; que l'extrême complication des phénomènes qui accompagnent le mouvement des corps dans l'eau ou à sa surface, ne laisse guère espérer que l'on parvienne jamais à exprimer les lois de leur résistance par des formules à la fois simples et rigoureuses (1).

(1) L'usage a prévalu depuis longtemps, dans la marine, de représenter la résistance qu'éprouve un batiment en mouvement dans l'eau par l'équation $R = K B^2 V^2$, dans laquelle R est la résistance en kilogrammes, $B^2$ la surface immergée du maître-couple ou de la principale section transversale du bâtiment en mètres carrés ; V, sa vitesse en mètres par seconde, par rapport au milieu ambiant, et K, une

« D'après les lois généralement admises, la résistance qu'éprouve un corps de la part du milieu dans lequel on le suppose en mouvement serait proportionnelle à la densité de ce milieu,

quantité exprimée en kilogrammes, que l'on appelle le coefficient de résistance du bâtiment.

Le coefficient K peut être aussi considéré comme la valeur moyenne de la résistance de 1 mètre carré du maître-couple pour une vitesse de 1 mètre par seconde, et cette valeur varie nécessairement suivant les conditions de la question.

L'équation $R = K B^2 V^2$ est identique à celles qu'on trouve dans les ouvrages de mécanique, sous la forme

$$R = (m + n)\, p\, A \frac{V^2}{2g} = K p A \frac{V^2}{2g} = K p A H,$$

et dans lesquelles $g = 9^m\, 8088$, qui est la vitesse acquise par un corps grave, une seconde après le commencement de sa chute, suivant la verticale; $p$, la densité du milieu ou le poids en kilogrammes de $1^{m\,3}$ de ce milieu; $A = B^2$, la surface immergée du maître couple, $H = \frac{V^2}{2g}$, ce qu'on nomme la hauteur due à la vitesse V, c'est-à-dire la hauteur d'où un corps grave devrait tomber pour acquérir la vitesse V à la fin de sa chute, ou bien encore la hauteur de la colonne du liquide capable de produire, par sa pression, la vitesse d'écoulement V à sa partie inférieure; enfin $m$ un coefficient numérique relatif à la résistance de la proue et $n$ un coefficient numérique relatif à la résistance de la poupe.

Il résulte de la comparaison des équations qu'on vient de poser, qu'il existe entre le coefficient $K = (m + n)$ des dernières et celui de la première, l'égalité $K = K \frac{P}{2g}$; pour l'eau de mer, $K = 52^k, 25\, K$.

L'expression $R = K B^2 V^2$ une fois admise, la valeur de R dépend directement de celle de K, dont il importe, par conséquent, de déterminer les variations diverses en fonction des dimensions, des proportions, des formes et de la vitesse du bâtiment ou du corps, attendu que la valeur de la résistance suit ces mêmes variations, en même temps que celles qui dépendent directement du maître-couple $B^2$ et de la vitesse V. (*Extrait du mémoire sur la résistance de l'eau au mouvement des corps*, pages I et II.)

Reech a établi dans son *Traité de Mécanique*, page 273, que l'exacte proportionnalité de la résistance aux surfaces et aux carrés des vitesse ne pourra avoir lieu qu'autant que l'on opérera avec des formes semblables et avec des vitesses proportionnelles aux racines carrées à l'étendue de la principale section transversale du corps et au carré de sa vitesse relative par rapport au milieu (1).

Mais de nombreux faits d'expérience relatifs à la résistance des bâtiments de mer ont semblé démontrer l'inexactitude du principe sur lequel reposent ces équations, car ils attribuent aux coefficients des valeurs variables dans le même sens que la vitesse et en sens inverse de la grandeur absolue des dimensions des bâtiments. »

L'auteur entreprend, en conséquence, d'étudier la nature des relations qui peuvent exister ainsi entre le coefficient de résistance de la vitesse et de la grandeur des corps.

« On peut, dit-il, s'étonner d'apprendre qu'après d'aussi merveilleux progrès réalisés dans l'architecture navale et l'emploi des machines, l'important problème de la résistance des ca-

des quantités homologues. Le savant professeur fait découler ce principe du théorème de Newton sur la similitude des mouvements qu'il étend comme règle universelle à toutes les questions de mécanique pratique, et de l'intervention de la pesanteur dans les questions relatives à la résistance des bâtiments.

Il reconnait que l'exactitude de l'application de cette règle suppose l'effet de la cohésion et du frottement des liquides exactement proportionnel au carré de la vitesse. Or, les expériences de Beaufoy démontrent clairement qu'il n'en est pas ainsi.

La loi de similitude, dont il est question, ne peut, dès lors, être considérée que comme une approximation, dont le degré d'exactitude dépend du plus ou moins d'étendue des surfaces frottantes par rapport à celle du maître couple. (*Extrait du même ouvrage*, page VIII.)

(1) C'est ce qu'exprime d'ailleurs l'équation suivante :

$$R = K p A \frac{V^2}{2g}$$

R, résistance ; K, coefficient ; $p$, la densité du milieu ; A, la surface immergée du maître-couple.

Dans cette formule, et d'après les idées reçues depuis longtemps, K ne devait dépendre que de la forme et des proportions du corps, de même que $\kappa$ dans

$$R = \kappa B^2 V^2.$$ (*Extrait du même ouvrage*, page III.)

rènes attende encore sa solution. Il est incontestable, cependant, que cette question, si intéressante pour l'ingénieur et le marin et agitée depuis un siècle n'est pas sortie du domaine de la controverse »

L'auteur attribue l'échec de la théorie de Newton, sur la résistance des fluides, à ce qu'il leur a supposé une composition moléculaire qui leur permettrait de se mouvoir librement par une impulsion quelconque, sans transmettre aux parties voisines le mouvement qui leur est imprimé.

« Cette hypothèse admise, on démontre aisément à l'aide des principes généraux de la mécanique, mais en ne tenant compte que du choc sur la face antérieure, que la résistance éprouvée par un plan soumis au choc d'un fluide et mesurée normalement, est proportionnelle à sa surface, au carré de la vitesse, et au carré du sinus de l'angle d'incidence du fluide. Le calcul intégral fournit ensuite des méthodes pour calculer la résistance d'une surface quelconque et pour déterminer la figure du solide offrant la moindre résistance au mouvement de l'eau. »

« Malheureusement cette théorie si complète qui a servi à Bouguer, Euler, Bernouilly, etc., repose sur une hypothèse inadmissible pour les liquides. C'est vainement qu'on a cherché, à l'aide de considérations ingénieuses, à fonder une théorie mathématique rigoureuse de la résistance des fluides. Les faits les plus essentiels pour l'établissement de cette théorie sont encore imparfaitement connus. Ainsi l'on ignore à quelle limite, au juste, s'étend l'action des corps en mouvement sur les molécules du milieu ambiant et quelle influence il faut attribuer à l'état de repos ou de mouvement absolu du corps ou du milieu, dans le phénomène de la résistance. »

Nous n'avons pas retrouvé dans les *principes* de *Newton* la supposition que lui prête Bourgois. Il nous semble même que les propositions 42 et 43, livre second, théorèmes 33 et 34, exposent une théorie contraire à celle qu'il lui suppose.

*Proposition* 42. Motus omnis per fluidum propagatus divergit a recto transitu in spatia immota :

..... Propagatio ista non fit nisi quatenus partes medii centro propiores *urgent commoventque partes ulteriores.*

*Proposition* 43. Corpus omne tremulum in medio elastico propagabit motum pulsuum undique in directum; in *medio vero non elastico motum circularem excitabit.*

Nous admettons avec Bourgois que l'expérimentation prenne la place de la théorie en cette circonstance puisque la théorie est insuffisante, mais sans désespérer comme lui de voir un puissant analyste substituer dans les formules des valeurs et des rapports absolus aux coefficients que l'empirisme y introduit à leur défaut.

Et comme les études auxquelles s'est livré Bourgois, sur les résultats d'expériences, sont aujourd'hui ce qu'il y a chez nous de plus avancé dans la question qui s'agite, nous continuerons à exposer ses conclusions.

Sa méthode est de procéder à la décomposition du coefficient total à introduire dans la formule ordinaire de résistance au mouvement d'un navire. Dans ce coefficient total entrent celui de la résistance de l'eau sur la carène; celui de la dénivellation; celui de la cohésion de l'eau; celui de la résistance de l'air en temps de calme.

L'auteur fait, de cette décomposition, une espèce de critérium des rapports que les diverses causes de résistance doivent garder entre elles.

Tel coefficient de résistance minimum pour une forme de navire, s'élève rapidement pour une autre forme. Pour un navire bien construit, à formes fines, le coefficient total introduit dans la formule de la résistance au mouvement $R = K\ B_2\ V^2$ se décompose ainsi :

| | | |
|---|---|---|
| Coefficient | de résistance de l'eau sur la carène....... | 2k.,10 |
| — | de dénivellation...... ................ | 0 59 |
| — | de cohésion......................... | 0 08 |
| — | de résistance de l'air calme............. | 0 14 |
| — | de résistance totale.................... | 3k.,91 |

Ce coefficient multiplié par le produit de la surface immergée du maître couple multipliée elle-même par le carré de la vitesse donne, en kilogrammes, la résistance au mouvement.

Nous allons citer en entier les conclusions du savant travail de Bourgois, en nous réservant d'y revenir lorsque nour traiterons de la puissance des appareils propulseurs relativement à la résistance au mouvement.

La fraction de la notice scientifique publiée récemment par Dupuy de Lôme, sur la résistance opposée par l'eau aux navires en marche, et sur la mesure du travail utile des machines marines, sera finalement reproduite comme l'œuvre de l'ingénieur le plus autorisé.

« Pour les corps plongés entièrement dans un liquide, la résistance directe, c'est-à-dire la résultante, dans le sens contraire à la marche, des pressions exercées par le milieu contre le corps en mouvement est proportionnelle au carré de la vitesse du mouvement relatif, et à l'étendue de la section du corps faite normalement à la direction de cette vitesse.

« Pour les corps flottants comme pour les corps plongés, la résistance latérale, c'est-à-dire la résultante, dans le sens contraire à la marche, de toutes les forces parallèles aux parois du corps, comprend deux résistances distinctes, — l'une dépendant de l'inertie des molécules liquides, mise en jeu par leur frottement contre les parois du corps, et proportionnelle au carré de la vitesse relative ; l'autre dépendant de la cohésion du liquide et proportionnelle à la simple vitesse. Toutes deux proportionnelles à l'étendue des surfaces frottantes et au cosinus de leur inclinaison par rapport à la direction du mouvement relatif.

« La résistance des corps flottants suit les mêmes lois que celle des corps plongés, à la condition que l'on tienne compte de l'accroissement des surfaces résistantes qui résulte de l'effet de la dénivellation du liquide. Mais, si l'on continue à rapporter la résistance à la surface primitive du maître couple et au carré de la vitesse, on trouve, pour le coefficient de résistance, une valeur variable avec la vitesse, et renfermant un terme dans lequel entrent, comme facteurs, la vitesse élevée au carré ainsi que le rapport de la largeur à la surface du maître couple.

« Le coefficient de résistance a un minimum, pour une certaine vitesse, d'autant plus rapide que le corps ou le navire est plus grand. Autour de la vitesse donnant lieu au coefficient minimum, la résistance varie sensiblement comme le carré de la vitesse, et les limites en dedans desquelles cette loi est sensiblement exacte s'étendent d'autant plus vers les vitesses rapides que les corps ont de plus grandes dimensions. Au-dessus de ces limites, la résistance croît plus rapidement que le carré de la vitesse, et d'autant plus rapidement que le tirant d'eau est plus faible et que les formes de ses œuvres mortes sont moins aiguës. Au dessous de ces limites, la résistance croît moins rapidement que le carré de la vitesse et d'autant moins rapidement que le corps a une surface frottante plus étendue par rapport à son maître couple.

L'acuité des formes a pour effet d'augmenter la résistance latérale, en même temps qu'elle diminue la résistance directe. C'est ainsi que pour des angles d'incidence de 9 à 10 degrés et des surfaces de bois peint, il y a compensation entre ses deux effets, et, par conséquent *une plus grande acuité* donne un *accroissement* du coefficient de résistance totale.

Quant aux variations de la résistance par rapport à l'obliquité du choc, il semble que l'ancienne loi de proportionnalité de la résistance au carré du sinus de l'angle d'incidence doive être modifiée seulement par l'addition d'une quantité constante, pour une même vitesse et une même section transversale quelle que soit l'acuité de la forme du corps.

Si l'on considère l'influence de la longueur des corps sur leur résistance, on voit que la résistance directe diminue à mesure que la longueur augmente jusqu'à ce que la résistance postérieure cesse de dépendre de cette longueur, auquel cas la résistance reste pareillement constante.

« Le coefficient de résistance totale a un minimum correspondant à un certain rapport de la longueur à la largeur, compris entre un et dix, dans le cas particulier des parallélipipèdes rectangles et qui, pour des corps moins résistants, doit être peu élevé.

« En appliquant ce qui précède à la résistance des carènes, on voit que son coefficient, abstraction faite de la résistance de l'air, peut être considéré comme composé de trois termes.

« Le premier $K_1$, indépendant de la vitesse, compris entre $1^k 8$, pour les vaisseaux rapides comme *le Napoléon*, et $2^k 2$, pour les vapeurs dont la longueur est d'environ 5 fois 1/2 la largeur; variable, enfin, dans le même sens que ce rapport entre la longueur et la largeur et suivant l'état de propreté de la carène.

« Le second $K_2 \frac{lV^2}{B}$ proportionnel au carré de la vitesse, au rapport $\frac{l}{B^2}$ de largeur à la surface du maître couple, et dans lequel $K_2$ varie de $0^k 12$, pour les avisos les plus fins, $0^k 16$ pour les formes de vaisseaux à voiles.

« Le troisième enfin, $K_3 \frac{S}{B^2 V}$, proportionnel à la vitesse, et dans lequel $K_3$ semble devoir varier en $0^k$ 08 pour les carènes en bois, doublées de cuivre aussi bien que pour les carènes, en fer parfaitement lisses, et $0^k$ 1 pour les carènes en fer légèrement rugueuses, ainsi qu'elles le deviennent généralement peu de mois après leur sortie du bassin.

« La résistance de l'air, en calme, sur la mâture et les œuvres mortes des navires en mouvement, augmente leur coefficient de résistance d'une quantité comprise, d'après une évaluation approximative, entre $0^k$ 20, pour les vaisseaux et $0^k$ 45 pour les avisos, dans la marine française.

« Les valeurs du coefficient de résistance totale, calculées d'après ce qui précède, et en tenant compte de la résistance de l'air en repos, sont les suivantes.

| | |
|---|---|
| ANCIENS VAISSEAUX A VOILES | |
| Comme *le Charlemagne*, de 3 à 9 nœuds de vitesse environ. | $3^k$,0 |
| — — pour 11 nœuds...... | 3 3 |
| VAISSEAUX RAPIDES | |
| Comme *le Napoléon*, pour 11 nœuds.................... | 3 0 |
| FRÉGATES RAPIDES | |
| Comme *l'Audacieuse*, pour 11 nœuds.................... | 3 4 |
| CORVETTES RAPIDES | |
| Comme *le Primauguet*, pour 10 nœuds.................. | 3 8 |
| AVISOS | |
| Comme *le Marceau*, pour 10 nœuds..................... | 4 6 |
| CANONIÈRES | |
| Comme *l'Arquebuse*, pour 10 nœuds.................... | 5 5 |

« Le coefficient de résistance, pour des vitesses peu différentes, varie donc généralement en sens inverse de la grandeur des dimensions absolues. Mais ce fait, anormal en apparence, ne tient qu'à l'influence de la dénivellation ; et, dans la réalité, la loi fondamentale de la proportionnalité de la résistance à l'étendue des surfaces ne cesse pas d'être applicable aux navires et aux corps flottants, aussi bien qu'aux corps plongés

« De l'influence incontestable de la dénivellation sur la résistance résulte aussi, au point de vue exclusif de la rapidité de la marche, la supériorité des carènes d'un grand tirant d'eau et d'une faible largeur, par rapport à la surface du maître couple. »

Les formes des navires auxquelles s'appliquent les calculs et les conclusions qui précèdent sont celles des navires de l'État. Les navires transocéaniens du commerce qui font le service des passagers ont des avants plus aigus, des arrières plus fins et relevés plus verticalement. Il est vrai que la section du maître couple est, dans les navires à roues, plus rapprochée du parallélogramme que dans les navires à hélice. Mais comme à égalité de puissance motrice, le tirant d'eau des navires à hélice est plus fort, on peut considérer en général les formes données aux navires postaux du commerce comme plus fines que celles des navires de la marine militaire.

Il est à regretter que l'auteur se soit arrêté dans la voie où il s'était engagé et qu'il n'ait pas cherché à résoudre par le calcul les formes les plus avantageuses, ou du moins qu'il n'ait pas cherché à contrôler les théories par lesquelles d'autres ont cherché à résoudre cette grave question.

L'acuité des formes à l'avant est généralement considérée comme une condition essentielle à la rapidité de la marche en tant qu'elle correspond à des formes de l'arrière assez fines pour que le fluide déplacé à l'avant retrouve à l'arrière un espace égal au volume déplacé à l'avant pour y reprendre son niveau. Dans ce cas, le sillage du navire ne laisse pas derrière lui, le creux et les remous qui sont les indices d'une disproportion considérable entre les volumes déplacés à l'avant et à l'arrière du navire. Cependant l'égalité des volumes déplacés à l'avant et à l'arrière n'implique pas tous les éléments de la résistance due au déplacement : c'en est un.

Cette acuité est en outre portée au-dessus du plan de flottaison afin que dans les immersions provoquées par le tangage, ou lors du choc des vagues à l'avant la résistance à la marche soit amoindrie.

Considérons la progression dans l'eau d'un navire à formes très-aiguës; à sa proue le chemin parcouru par l'eau à partir de l'axe longitudinal du navire est faible; il s'accroît à mesure que le navire procède et il atteint sa limite quand la section du maître couple a touché le point où était située la molécule d'eau atteinte par la proue. De là plusieurs conséquences : étant données une largeur et une profondeur d'immersion égales, entre plusieurs navires, le chemin parcouru par l'eau déplacée sera, à vitesse égale de chaque navire, d'autant moindre dans le même espace de temps que l'acuité du navire sera plus grande, et la résistance due à la section immergée du maître couple décroîtra en proportion. C'est ce qu'Euler, et les géomètres avant lui, avaient reconnu en faisant intervenir le sinus de l'obliquité dans la théorie de la résistance que les corps solides ont à vaincre en se mouvant dans un fluide quelconque.

Une autre conséquence est que la région de l'eau déplacée sera d'autant plus grande et par conséquent le mouvement total d'autant plus grand que l'impulsion donnée à l'eau sera plus vive, puisque l'ondulation sera plus forte et sa vitesse de propagation plus grande.

L'onde formée par l'eau déplacée, qui précède le navire quand la section extrême est la même que celle du maître couple, comme dans les barques des canaux, s'étend autour du navire et s'approche vers le milieu quand son avant est très-aigu. Cette onde se propage d'autant moins que sa hauteur est plus faible et cette hauteur est en raison inverse de l'angle d'impulsion; dans ce dernier cas, elle se trouve plus prête à reproduire le volume laissé à l'arrière par l'avance du navire.

On obtient ainsi dans la progression du navire la moindre somme d'agitation du milieu qu'il traverse et, par conséquent, la moindre somme de résistance.

Il faut reconnaître que malgré l'inefficacité de l'analyse mathématique dans la détermination des formes des navires, l'expérience suit une loi de progrès continu et que les ingénieurs et constructeurs habiles se trompent rarement de beaucoup dans leurs tentatives d'accroître la vitesse des navires.

L'expérience seule les guide, malgré les tentatives répétées des savants pour saisir l'application des lois physiques et mécaniques à ce grave problème.

Les doctrines à l'aide desquelles les ingénieurs cherchent à construire des règles pour la forme à donner aux navires sont assurément en voie de progrès, non que la solution gagne en rigueur, mais elle gagne en approximation et en aperçus nouveaux.

Nous citerons à la fin de ce chapitre, et dans son entier, l'opinion de Dupuy de Lôme sur la résistance des carènes au mouvement dans l'eau. Mais le résumé des intéressants résultats théoriques auxquels l'ont conduit ses travaux, et les expériences qu'il a faites ou dirigées, est ici à sa place.

Il considère « l'acuité des proues, tant au-dessus qu'au-dessous de la flottaison, c'est-à-dire la diminution des angles d'attaque à l'avant, ainsi que l'allongement des rayons de courbure des formes que l'eau en mouvement doit contourner, surtout pour le remplacement, à l'arrière, de l'eau venant du fond, comme les principaux moyens de diminuer la résistance à la marche. Leur influence est d'autant plus grande qu'on applique au navire une force plus considérable. Pour de petits efforts de traction, l'influence des formes s'affaiblit et celle du frottement de la carène sur l'eau prédomine.

« Entre navires de formes géométriquement semblables, de diverses grandeurs, à surfaces immergées bien lisses, et mis en mouvement à la même vitesse, la force de traction nécessaire pour imprimer cette vitesse croît moins vite que la surface de la maîtresse section transversale. On est près de la vérité en disant que la résistance par mètre carré de la maîtresse section à une même vitesse, décroît quand le navire grandit proportionnellement aux racines carrées des rayons de courbure des formes. »

Partant de ces principes, Dupuy de Lôme fait entrer dans la formule de la résistance au mouvement dans l'eau, la surface de la maîtresse section, le périmètre mouillé, un coefficient variable avec les formes et un autre coefficient variant avec le poli des surfaces immergées.

Cet exposé de doctrine de l'ingénieur dont la responsabilité a été, de nos jours, le plus fortement engagée dans les résultats à atteindre comme vitesse, dans la transformation, disons plutôt dans la création de notre marine militaire, et qui a obtenu ces résultats, puise dans le succès même une importance capitale. Aussi y reviendrons-nous tout à l'heure avec l'étendue qu'elle mérite.

Après le silence trop longtemps gardé par les ingénieurs français, ce trait de lumière suffit pour nous montrer que la voie rationnelle n'est pas abandonnnée, par eux, pour l'empirisme; loin de là; ils s'y maintiennent avec ardeur.

Nous exposerons les doctrines qui prévalent en ce moment sur ce sujet, parmi les ingénieurs anglais.

La résistance au mouvement d'un navire se compose de deux

éléments : 1° la pression hydrostatique causée par la différence du niveau de l'eau à l'avant et à l'arrière quand le navire est en mouvement.

La différence du niveau est ici l'expression du déplacement de l'eau et de l'agitation transmise par la vitesse dont le navire est animé. C'est la transformation de ce mouvement en une hauteur d'ondulation correspondante à la pression exercée contre l'eau.

2° Le frottement de l'eau sur les parois et le fond du navire.

Ce dernier élément de résistance est considéré comme le plus important et ne peut être matériellement réduit. Quant au premier, il peut être réduit à volonté par l'acuité des extrémités.

La vitesse avec laquelle l'eau est déplacée latéralement à l'avant d'un navire est fonction de l'angle formé par la proue et de la vitesse de marche. La force nécessaire pour créer ce mouvement est alors égale au poids de l'eau mise en mouvement multiplié par la hauteur de chute nécessaire pour atteindre la même vitesse.

Mais comme l'eau déplacée à l'avant revient en grande partie à l'arrière reprendre sa place, la force employée à l'avant se retrouve à l'arrière et ce qui en est perdu est *négligeable*.

Mais ce phénomène ne se produit qu'à la condition que les formes d'avant et d'arrière seront telles que l'eau mise en mouvement à l'avant ne sera déplacée que latéralement, sans vitesse à l'étrave et sans vitesse au maître couple, sa vitesse maxima correspondant au milieu du parcours entre ces deux points : à condition également que la courbe représentant l'accroissement et la diminution de vitesse sera celle d'un pendule accomplissant une oscillation pendant le temps mis à parcourir la distance de l'étrave au maître couple par les molécules aqueuses déplacées.

Dans ces conditions, chaque particule d'eau sera, par le fait de la marche propulsive du navire, mue latéralement par la proue comme la lentille d'un pendule est mue par la pesanteur, et quand le maître-couple passe à travers le chenal, ainsi créé, chaque particule d'eau revient reprendre sur les formes arrières du navire sa situation première et rentre dans le repos.

Il n'y a donc là aucune perte de force, excepté celle qui est due au frottement de l'eau en mouvement, de même que dans le mouvement du pendule, il n'y a de force dépensée que celle qui résulte du frottement de l'air contre la lentille.

Il est inutile de dire combien une doctrine conduisant à négliger totalement des forces exprimées par des quantités de mouvement est éloignée des saines théories. En réalité un navire, quelle que soit la finesse de ses formes, élève la surface de l'eau à l'avant et laisse une dépression à l'arrière; de cette différence de niveau il résulte une pression hydrostatique opposant une résistance constante à la marche. C'est dans le moyen d'amoindrir cette différence qu'il faut chercher la forme à donner au navire.

Voici le procédé géométrique tel qu'il est décrit par Bourne, pour tracer les lignes d'eau.

Soit A C, (pl. 4, fig. 1) la quille d'un navire de 200 pieds de long et de 40 pieds de largeur auquel on veut donner une vitesse de 10 milles à l'heure, ou 880 pieds par minute. Le navire devant passer de A à C (200 pieds) pendant le temps qu'un pendule PP, fait une double oscillation, ou de A à B pendant une simple oscillation soit $\frac{880}{100}$ il faudra 8, 8 oscillations par minute, et la longueur du pendule devra être calculée pour cette oscillation. Pour cela, on divise le nombre constant 375,36 par le nombre d'oscillations par minute, et le carré du quotient est la longueur en pouces. Ce sera un pendule de 151 p. 23 qui battra un arc de 20 pieds de longueur sur un papier animé d'une vitesse de

880 pieds par minute et décrira la ligne ABC qui sera la ligne d'eau convenable d'un navire dont la section transversale serait rectangulaire ; quelle que soit d'ailleurs la situation de la section transversale, cette figure servira à en déterminer la forme.

Si, au lieu d'une vitesse de 10 milles à l'heure, on veut se limiter à une vitesse de 5 milles, la figure du navire sera représentée par DAE.

Ce procédé s'étend à la détermination de la hauteur de l'onde produite en avant du navire. Cette hauteur étant en proportion de la hauteur de l'arc décrit par le pendule et la longueur de celui-ci variant en raison inverse de la durée de l'oscillation, la hauteur de l'onde sera, dans la circonstance actuelle, pour une vitesse de 10 milles et un pendule, de 151 pieds 23, de 3 pouces 96 ; mais si la vitesse est portée à 20 milles, la longueur du pendule sera de 375 pieds 36, et la hauteur de l'ondulation de 2 pieds 6 donnant lieu à une pression hydrostatique de 1 pied 3 sur les formes d'avant du navire.

Ces hauteurs d'ondulations supposant l'absence de frottement de l'eau, sont des minima.

Cela démontre qu'en accroissant la largeur du navire sans ajouter à sa longueur, on accroît dans une proportion considérable la résistance hydrostatique.

Le procédé que nous venons de décrire a pour conséquence que le déplacement du navire est égal à la moitié du parallélipipède circonscrit en supposant à la section au maître couple une forme rectangulaire et fixée à la génératrice des deux courbes horizontales d'avant et d'arrière ; les courbes verticales réduiraient encore ce volume, mais l'habitude est de conserver la section du maître couple sur une certaine longueur du corps du navire, cela n'ayant ou ne paraissant pas avoir un effet très-sensible sur la résistance au mouvement

La résistance due au frottement sur le fond du navire étant en raison de la surface, on est conduit à préférer autant que possible à un rectangle les formes semi-cylindriques modifiées de diverses manières pour s'opposer au roulis, en observant toujours la condition de moindre vitesse du déplacement de l'eau mise en mouvement.

L'eau étant incompressible, cherche, quand elle subit le déplacement que cause la carène du navire, l'issue la plus facile, qui est celle de la surface. Sa fluidité d'abord, son poids ensuite ont pour conséquence qu'elle ne s'élève au-dessus de son niveau normal qu'en raison de la quantité de mouvement qu'elle a reçue, de l'étendue du milieu dans lequel le navire flotte et de la profondeur de ce milieu. De là la différence considérable que présente la résistance au mouvement dans un milieu indéfini ou dans un canal, et aussi, dans ce dernier cas, la supériorité des carènes à formes semi-cylindriques sur les carènes à fond plat.

La courbe tracée par un pendule n'est pas la seule qui remplisse la condition de décrire, pour l'avant et pour l'arrière des navires, des surfaces propres à graduer le mouvement de l'eau, de manière à éviter des pertes de forces, mais c'est celle dont l'usage est le plus à la portée des praticiens, pour le tracé des lignes d'eau en proportion des vitesses à obtenir.

Il a été souvent objecté que dans les formes des poissons qui nagent le plus vite, il n'existe pas de lignes concaves; cependant ces formes sont telles, que leurs sections répondent à un solide destiné à passer dans l'eau en subissant la moindre somme de résistance hydrostatique.

La différence que présentent les formes d'avant et d'arrière des navires, est expliquée, dans les idées que nous venons d'exposer, par le désir d'accélérer le retour sous le navire de l'eau déplacée à l'avant. De là l'évasement dans la partie supérieure, et l'évidement correspondant des parties basses.

Le frottement de l'eau est considéré comme la cause principale des résistances qui s'opposent à la marche d'un navire. Ces résistances ont été l'objet d'expériences très-étendues dirigées par le colonel Beaufoy, et les résultats entrent, en termes empiriques, dans les calculs des ingénieurs.

On tente cependant de simplifier cette doctrine en comparant ce frottement à celui qu'un poids d'eau semblable à celui qui est déplacé par le navire, éprouverait dans un canal dont la section serait la moyenne du navire, et dont le périmètre mouillé serait égal, en surface, à celle des parois de la partie immergée de la coque.

Le calcul est alors fort simple, la vitesse de marche devient la vitesse d'écoulement, part faite à la contraction résultant du frottement lui-même. La pente à donner au canal supposé est inférée de la vitesse. On peut en conclure d'abord la résistance qui est équivalente à la somme des frottements, et puis le travail. Ce frottement même, étant multiplié par le poids d'eau en mouvement, et le produit, multiplié par la vitesse d'écoulement, donnera le travail nécessaire à l'impulsion du navire.

L'état de propreté et de poli de la coque influe très-gravement sur la vitesse du navire. Les coques, revêtues de matières végétales ou animales adhérentes, perdent une notable partie de leur vitesse. Le travail ayant pour expression la somme totale des résistances, multipliées par le cube des vitesses, on voit qu'une très-légère différence de marche représente une quantité considérable de travail perdu.

Les expériences faites sur les pertes de charge, résultant de la rugosité des parois des conduites d'eau, donnent des coefficients de frottement qui s'élèvent du simple au triple; mais ces résultats ne peuvent être complétement assimilés à la marche du navire, parce que, dans les conduites d'eau, il y a deux effets produits : l'un dû à la rugosité des parois, l'autre à la réduction de section d'écoulement qui résulte de ces rugosités. Le premier effet seul est applicable à la coque des navires.

Les formes des navires, ne pouvant être fixées, au point de vue de la vitesse à obtenir, que par la loi de résistance qu'elles éprouvent dans leur marche, il est utile de signaler tout ce qui tend à approcher de la connaissance de ces lois.

On a cherché (1) à formuler les résistances en distinguant : 1° sous le nom de résistance *en plus*, celle qui provient du déplacement du fluide en avant du corps flottant; 2° sous le nom de résistance *en moins*, celle qui provient de la diminution de pression statique derrière un corps flottant en mouvement, et 3° le frottement du corps sur la surface en contact avec l'eau.

La formule employée dans ce cas, comme instrument de solution du problème, contient les mêmes éléments que ceux que les autres savants ont cherchés dans la théorie qui régit le mouvement des corps; on y ajoute un coefficient correcteur des résultats numériques.

C'est toujours le même cercle d'insuffisance de l'analyse mathématique pour la solution du problème. A quelle lacune, à quelle erreur, dans la formule, s'applique donc ce coefficient?

On comprend l'application de coefficients empiriques comme expression de faits naturels, tels que la résistance des matériaux, le frottement des corps entre eux, l'écoulement de l'eau; mais il n'y a pas de coefficient à une loi comme celle qui exprime la résistance en fonction de l'aire d'un corps, et du carré de la vitesse de mouvement qui lui est imprimé dans l'eau; il

(1) Société des Ingénieurs civils de Londres, 1864. *Phips theory. resistance of Bodies through water.*

n'y en a pas dans la loi qui modifie géométriquement cette résistance, suivant l'angle que présente la section du corps en mouvement; il n'y en a pas à la loi qui affirme que le travail est fonction de la résistance totale par le cube des vitesses. Ces lois, ou plutôt l'application de ces lois est vraie ou fausse; c'est l'un ou l'autre, car, ni ces lois, ni leur application, n'admettent de coefficient rationnel.

Elles ont été niées; on a même tenté d'en démontrer l'erreur par l'exemple de la traction à grande vitesse des bateaux poste sur les canaux, et la question est restée sans solution, parce que les faits qui pouvaient expliquer pourquoi l'application des lois fondamentales se modifiait dans les circonstances de cette traction, n'ont pas été complétement observés.

Tant que l'application, à la résistance des corps flottants, des lois fondamentales qui régissent le mouvement et les forces ne sera pas démontrée fausse, il n'y aura pas lieu de chercher d'autre coefficient de la résistance que celui du frottement résultant de la rugosité du périmètre mouillé d'un corps complétement immergé. Les autres éléments seront puisés dans les lois de la dynamique. On pourra prendre pour point de départ du frottement pour les navires neufs, le lit d'un canal ou d'une rivière coulant sur la roche, ou un sable uni, et alors, si l'application de la théorie est vraie, on approchera bien près l'un de l'autre les deux termes entre lesquels l'égalité doit être obtenue, à savoir : le travail total opposé par la somme des résistances à une vitesse donnée, et la puissance motrice développée pour atteindre cette vitesse.

A ce point de vue, il faut reconnaître que, par la méthode actuelle où l'empirisme des coefficients est mêlée dans la formule à l'application plus ou moins logique des lois de la dynamique, les deux termes qui expriment le travail total dû aux résistances, et le travail transmis par le moteur, sont très-distants.

Ils paraissent bien plus rapprochés dans la méthode de calcul, où la somme des résistances est ramenée à l'écoulement d'un volume d'eau égal au poids du navire, dans un canal ayant la section moyenne du navire et un périmètre mouillé égal à celui de sa coque.

Cette comparaison n'est du reste utile que parce qu'elle tend à démontrer l'erreur qui se serait glissée dans l'application à la résistance des navires, des lois qui régissent les mouvements des corps, mais elle ne doit pas faire renoncer à l'étude des résistances basées, à la fois sur la forme des corps flottants, sur la densité du milieu, et sur la hauteur des ondulations soulevées.

Cette dernière loi de la hauteur des ondes en fonction de la vitesse et de l'angle d'impulsion, semble démontrer les avantages des formes dont l'acuité a pour conséquence d'approcher le maximum de hauteur de l'onde soulevée le plus près possible de l'arrière du navire, et si la théorie que les 9/10 des résistances sont dues au périmètre mouillé est fondée, il semble essentiel de montrer la relation qui existe entre l'acuité des formes qui accroît le périmètre mouillé, et le défaut d'acuité qui le réduit.

Le but qu'il ne faut pas perdre de vue étant de reconnaître les formes les plus convenables, il importe que les calculs prennent cette direction. Un exemple démontre le parti qu'on peut tirer de ce point de vue.

Le *fairy* a des formes plus aiguës que le *warrior*. Leur marche, contrôlée par la méthode de calcul, basée sur les principes qui précèdent, donne au premier un avantage considérable sur le second; d'où on conclut que si les formes du *warrior* se rapprochaient davantage de celles du *fairy*, il exigerait, pour la même marche, une puissance motrice moindre.

L'avantage de l'acuité se démontre arithmétiquement :

Supposons un navire de 105 mètres de longueur, de 13 m. 40 de largeur, et de 6 m. 50 de tirant d'eau, en charge, déplaçant 5,665 tonnes, marchant à la vitesse de 11 nœuds 5 à l'heure, soit 5 m. 92 par seconde. Supposons que ce navire est assez fin pour ne causer qu'un déplacement latéral du fluide qu'il traverse; que le rapport du volume de la carène à celui du parallélipipède circonscrit, soit 0, 643. La moyenne distance dont l'eau sera déplacée de chaque côté de son axe, sera de 6 m. 70 $\times$ 0,64 = 4 m. 20. A la vitesse de 5 m. 92 par seconde, cette distance de 4 m. 20 sera divisée par 52,50 demi-longueur du navire, si son acuité est régulière de l'extrémité au milieu. Mais si l'acuité n'a lieu que sur le quart de la longueur, le diviseur sera 26,25 ; le rapport des vitesses de déplacement latéral de l'eau sera 0,08 à 0,16, soit comme 1 à 2. Or les résistances étant comme le carré et le travail comme les cubes, on voit à quelles conséquences on est conduit. C'est là l'application arithmétique de la théorie de la proportionalité des résistances aux angles d'impulsion. On dit, il est vrai, que, dans l'un et l'autre cas, le travail fait à l'avant serait rendu à l'arrière, et que la différence, qui paraît si forte, serait annulée; mais c'est là une grave erreur, car dans le second cas, la vitesse de déplacement, c'est-à-dire l'impulsion donnée au fluide, s'est accrue en raison directe de l'angle de la surface qui imprime le mouvement; le fluide a été plus vivement porté à l'avant, son retour à l'arrière est, en conséquence, plus lent; il est moindre, une dépression se forme sous une partie de l'arrière et dans le sillage du navire. La vitesse de propagation de l'onde créée à l'avant, étant fonction de sa hauteur, et celle-ci fonction de la vitesse d'impulsion imprimée au fluide, l'ondulation qui naît incessamment à l'avant, laisse derrière elle une dépression d'autant plus forte, que la surface donnant l'impulsion est plus obtuse.

Le résultat, si sensible d'ailleurs à la simple vue, fut démontré par la circulation des bateaux-poste à grande vitesse sur les canaux. Les formes obtuses à l'avant étaient précédées par l'ondulation qu'elles causaient, tandis que les formes aiguës l'avaient à la hanche, quelquefois même à l'arrière, mais par des causes spéciales. L'effort de traction diminuait dans ces deux derniers cas dans une proportion considérable.

Scott Russell a, plus tard, fondé sur ce fait une méthode de dessin des formes d'avant et d'arrière des navires qu'on a appelée *Wave line systèm;* Macquorn Rankine a résumé cette doctrine (1) en la faisant précéder de considérations sur la pression, la viscosité et la rigidité de l'eau, d'une clarté douteuse mais pleines d'intérêt. La principale conséquence qu'il en tire est que, lorsque les surfaces sur lesquelles passe un courant d'eau affectent des courbes qui ne correspondent pas à la direction normale imprimée par la vitesse, il se forme des tourbillons, des remous qui équivalent à une *augmentation de surface.*

Ce fait se produit également lorsque, pour une cause quelconque, les surfaces deviennent rugueuses.

Or, comme il résulte des formes d'un navire que les filets d'eau déplacés éprouvent une espèce de distortion par le fait même du changement de direction, il attache à cette cause de déperdition de force un certain coefficient.

De ce point de vue, à mesure que les particules d'eau sont retardées dans leur mouvement le long du navire par les formes que celui-ci leur oppose, il y a augmentation de pression ou élévation du niveau. De même, là où les formes du navire cessent de s'opposer au mouvement de l'eau, il y a réduction de pression ou conservation du niveau.

(1) *Transactions naval architects,* 1864.

Or, l'eau étant à peu près incompressible, les variations de pression ne peuvent se montrer que par des variations de niveau, et c'est à la surface seulement que ces variations peuvent avoir lieu. L'ondulation s'élève par la pression et s'abaisse lorsque la pression s'affaiblit; la crète de l'ondulation correspond ainsi au point où la pression diminue. Une série d'ondulations qui accompagnent la marche d'un navire sans s'étendre obliquement n'est plus une cause sensible d'augmentation de résistance à partir du moment où elle s'est formée.

Mais, quand les ondulations s'étendent obliquement, les forces employées à les soulever sont transmises à des masses d'eau éloignées, et sont perdues de telle sorte qu'il en faut de nouvelles pour reproduire de nouvelles ondulations. C'est ainsi que la formation d'ondulations obliques est une cause de résistance permanente. (Pl. 5, fig. 1 et 2.)

Il résulte de ce qui précède qu'un navire bien construit est nécessairement accompagné de deux crêtes d'ondulations séparées par un creux : en d'autres termes, d'une ondulation poussée et d'une seconde entraînée. Scott Russell a fondé sur cette base son système de construction des navires. L'ondulation poussée est un soulèvement long et uni : il l'appelle *vague de translation;* l'ondulation entraînée se rapproche par sa forme de la vague de déferlement, sa crête est plus aiguë, ses plans inclinés plus abruptes. (Pl. 4, fig. 2 et 3.)

Si le navire est mal construit, si ses courbes donnent lieu à des pressions variables et alternantes causant des vitesses variables des particules d'eau sur ses parois, il se produit des ondulations supplémentaires divergentes par rapport à la direction du navire et entr'elles, qui amènent la perte des forces qui les ont créées.

Macquorn Rankine cherche ensuite à analyser l'importance

des résistances au mouvement provenant des tourbillons dus à la viscosité de l'eau glissant sur les parois du navire.

C'est toujours la lutte entre le désir de remplacer par une solution scientifique la série des coefficients qui abondent dans la comparaison des résistances avec le travail fourni pour les vaincre. Mais cela manque de clarté.

La seconde partie du mémoire de Macquorn Rankine est l'application de la doctrine de Scott Russell à la construction des navires ou plutôt à l'établissement des lignes d'eau. Il y a à distinguer les dimensions et la forme.

Quant aux dimensions, le système veut que la longueur de l'arrière d'un navire soit égale à la moitié de celle d'une ondulation dont la hauteur serait telle que sa vitesse normale de propagation soit elle-même égale à la plus grande vitesse de marche du navire, et que la longueur de l'avant du navire soit égale à la longueur entière de l'ondulation poussée par le navire et qui est naturellement douée de la même vitesse que lui.

En d'autres termes, la règle spéciale à l'arrière du navire exige que sa longueur soit égale aux deux tiers de la circonférence d'un cercle dont le rayon serait égal à deux fois la hauteur d'ondulation correspondante à la plus grande vitesse du navire. C'est cette dimension qui est égale à la demi-longueur de l'ondulation *entraînée*. Si cette règle est observée, cette ondulation gardera, en eau profonde, la vitesse du navire ; sa crête s'appuyant sur l'arrière du navire, le supportera, le poussera en avant, compensant ainsi la résistance opposée par l'ondulation *poussée*.

Quant à l'avant du navire, la règle est de lui donner une longueur égale à celle de l'ondulation *poussée* dont la hauteur normale correspond à une vitesse de propagation égale, elle-même, au maximum de celle dont le navire est susceptible, c'est-à-dire à la circonférence d'un cercle dont le rayon est deux fois la hauteur correspondante à cette vitesse, ou une fois et demie la longueur de l'arrière.

L'effet de cette disposition est que l'avant du navire s'étend à travers l'ondulation soulevée par lui jusque dans l'eau tranquille, et que chaque particule d'eau est ainsi mise en mouvement d'une manière graduelle et continue.

La seconde partie du *Wave line systèm*, prescrit de donner aux surfaces de glissement de l'eau une forme imitée de celle des ondulations. Les lignes de l'arrière seront donc, dans ce cas, des cycloïdes, puisque c'est la forme extérieure des ondulations entraînées (*Rolling Waves*). Celles de l'avant seront celles décrites par les sinus verses dont la forme approche le plus sensiblement de l'ondulation poussée (*Waves of translation*).

L'observation a démontré que les particules d'eau glissent sur l'avant d'un navire par couches sensiblement horizontales, qui deviennent verticales au maître-couple et convergentes à l'arrière ; ce qui explique l'emploi des courbes suivant les sinus verses pour les directions horizontales, et les cycloïdes pour les directions verticales et convergentes.

Ces deux genres de lignes ne peuvent provoquer que des glissements gradués.

Macquorn Rankine termine en exprimant l'opinion que rien n'est absolu dans ces idées et que l'emploi de courbes très-variées peut conduire au même résultat.

Telle n'est pas l'opinion de Scott Russell ; il est plus absolu.

Une étude attentive de sa doctrine en démontre, suivant lui, la logique :

« La moindre résistance ne peut s'obtenir que par la moindre agitation.

« La loi de la pesanteur qui détermine la vitesse de chute des graves, détermine la courbe de graduation de toutes les vitesses qui, entre deux intervalles de repos, se rapportent à une certaine quantité de mouvement résultant d'une certaine hauteur de chute, et la courbe affectée par la graduation de cette vitesse est l'expression de cette loi.

« La vitesse de propagation des ondulations en est également l'expression.

« Les lignes des navires doivent donc être semblables à celles de l'ondulation, à peine de créer un trouble, une agitation inutile. »

On le voit; la doctrine de Scott Russell qui trace les lignes d'eau en fonction des vitesses dont les ondulations sont animées et de la forme qui en résulte, et celle de Bourne qui fait du pendule l'instrument du tracé de ces courbes, ont le même point de départ théorique.

Ces deux constructeurs et leurs contemporains, Ditchburn, Fincham et autres, ont adopté les mêmes règles sans en réclamer nominativement l'invention, par la raison bien simple, sans doute, que les exigences de vitesse et l'expérience journalière conduisaient à la fois les ingénieurs, les constructeurs et les marins dans la même voie, et les portaient à demander à la science la sanction sans laquelle l'empirisme reste indéterminé.

Mais Scott Russell a cru devoir aller beaucoup plus loin. D'accord avec Bourne que les formes d'avant doivent se concilier avec la loi qui régit le mouvement des corps, et, par conséquent, avec la forme de l'ondulation due à la vitesse de propagation qui est elle-même fonction de la hauteur, il s'est écarté en ce qui concerne les formes de l'arrière, des constructeurs qui l'avaient suivi jusque-là.

Laissons-le parler :

« La résistance qu'éprouve l'avant d'un navire doit pouvoir être mesurée par la puissance nécessaire pour élever à une certaine hauteur le poids d'eau que ce navire déplace. Cette hauteur est due à la vitesse du navire et elle est égale à celle d'où un poids doit tomber pour acquérir cette vitesse.

Les chiffres suivants sont l'application de cette loi :

| VITESSE DU NAVIRE | HAUTEUR CORRESPONDANTE A CETTE VITESSE | RÉSISTANCE PAR PIED CARRÉ DE SECTION |
|---|---|---|
| Pieds | Pieds | Livres |
| 8 | 1 | 62 ½ |
| 16 | 4 | 250 |
| 24 | 9 | 262 ½ |
| 32 | 16 | 1000 |

De ce point de vue, la forme de moindre résistance doit limiter son action à ouvrir le passage à l'eau sans aller au-delà; trouvant l'eau en repos, lui rendre le repos après lui avoir donné le mouvement, et accomplir ce travail d'une manière continue et régulière.

Il se mit, en conséquence, à la recherche d'une courbe continue ayant la propriété de faire passer une molécule d'eau du repos au mouvement et du mouvement au repos, en la déplaçant à angle droit de la direction du navire.

Après plusieurs essais infructueux, il reconnut que l'effet dynamique qu'il cherchait était celui du pendule, dont la lentille passe à chaque oscillation du repos au repos par une courbe exprimant des quantités de mouvement croissantes et décroissantes dont la loi est gouvernée par la pesanteur. Il étudia les circonstances géométriques du phénomène et trouva que les espaces parcourus par la molécule d'eau décrivant des arcs de cercle dans des temps égaux, correspondaient aux sinus verses de ces arcs de cercle. (Pl. 4, fig. 5.)

Il employa le moyen graphique suivant : la longueur de l'avant du navire étant donnée, par la règle qui détermine la longueur d'une ondulation en fonction de sa vitesse de propagation, il la divise en un certain nombre de parties égales perpendiculaires à l'axe. Il décrit un cercle correspondant à la moitié de la largeur du navire et il en partage la circonférence par le même nombre de parties égales. Des points ainsi posés sur le demi-cercle il tire des parallèles à l'axe du navire. (Pl. 4, fig. 4.)

La courbe ainsi trouvée est celle du sinus verse.

Le tracé qui est donné ici suppose que le tirant d'eau du navire est égal à sa demi-largeur. Les projections du cercle formeraient une courbe différente s'il en était autrement, mais l'espèce de la courbe décrite par la rencontre des parallèles avec les perpendiculaires n'en serait pas changée.

Cette courbe a les propriétés suivantes :

« Ses abscisses sont dans le rapport des longueurs des arcs de cercle dont les ordonnées sont comme les sinus verses. Les deux extrémités de la courbe sont des tangentes parallèles à l'axe. La section pleine décrite par la courbe est la moitié du produit de la demi-largeur par la longueur, et la plus grande largeur est à demi-distance des deux extrémités à l'axe.

« J'ai, ajoute Scott Russell, lu tout ce qu'ont écrit sur les relations mathématiques des forces dans le mouvement ondulatoire Newton, Laplace, Bernouilly, Lagrange, Cauchy, Poisson, Young, Whewell et Lubbock. J'en ai recueilli le principe que, dans une eau d'une profondeur indéfinie, l'ondulation pouvait se propager librement avec une vitesse égale à celle de la chute d'un corps tombant d'une hauteur égale à la moitié de la profondeur de la dépression formée par cette ondulation ;

« Que la réaction agitant verticalement le fluide sur une faible hauteur, donnait lieu à une forme de la surface affectant la courbe du sinus verse ;

« Que la loi des faibles oscillations du fluide était identique, dans la forme, à la loi des courtes oscillations du pendule isochrone, c'est-à-dire que les forces tendant à ôter le repos et à le rendre aux particules d'eau sont proportionnelles à la distance du point où elles sont en repos ; et cette loi de libre mouvement d'une particule d'eau située à la surface du fluide dans une ondulation, doit être identique à celle du mouvement des particules mises en mouvement par la surface courbe de l'avant d'un navire. »

Il n'est pas besoin de dire que cet exposé de Scott Russell, n'étant appuyé d'aucun travail analytique, n'aurait de valeur que comme simple assertion, s'il n'avait pas l'appui de l'adhésion formelle ou tacite des savants en présence desquels il a, dans plusieurs épreuves, développé ses idées. Si l'on dégage ce qui lui est propre de ce qui était connu avant lui, à savoir : l'application du principe de la chute des graves aux mouvements de l'ondulation, ainsi que l'analogie entre la courbe décrite par le pendule, celle décrite par un corps passant par la seule loi de la gravité, dans des temps égaux, de l'état de mouvement à l'état de repos, il lui reste cette assertion que la courbe de l'ondulation *poussée* affecte la même forme, et cela abstraction faite de la viscosité de l'eau et du point d'origine du soulèvement, et que la courbe de l'ondulation *traînée* affecte une autre forme. Non-seulement Scott Russell affirme ces formes de ces ondes, mais de plus il croit les obtenir à volonté expérimentalement, ainsi qu'on va le voir.

Fixé sur le principe qui dicte la forme de moindre résistance, c'est-à-dire la forme susceptible de la plus grande vitesse exigeant la moindre puissance motrice, Scott Russell entre dans la voie empirique pour déterminer *la nature du mouvement produit dans une masse d'eau agitée par l'impulsion d'un navire.*

Dans cette seconde partie de son étude, cet ingénieur s'expose à rencontrer des résultats bien opposés aux principes qui l'ont amené aux méthodes suivies par ses confrères. Il fait ses expériences dans un canal de faible profondeur en négligeant l'influence de celle-ci sur la forme de l'ondulation provoquée par l'impulsion donnée au corps flottant.

A l'ondulation solitaire qui précède le corps flottant, il donne le nom de vague de translation. (Pl. 4, fig. 2 et 3.) C'est cette ondulation dont Mac-neil et John Russell avaient reconnu l'existence bien des années avant lui (1834). Il en détermine la vitesse et la longueur en fonction de la profondeur du canal seulement, quelle que soit la relation de la section du bateau avec celle du canal. La hauteur de l'ondulation déterminée par ce rapport et par la force d'impulsion cesse d'être un des éléments de la vitesse de propagation.

Cette ondulation solitaire trouve le fluide à l'état de repos. Ici Scott Russell découvre avec une surprise très-significative que cette ondulation n'est pas un transport, un déplacement horizontal du fluide, mais un mouvement sur place. Il a cité Poisson et Cauchy qui ont donné *in extenso* la loi du mouvement vertical, et cependant ce mouvement lui cause un étonnement dont la sincérité n'est pas contestable.

Il considère la courbe de l'ondulation provoquée par l'impulsion d'un corps flottant comme celle des sinus verses, sans expliquer comment il a déterminé l'identité.

Quant à l'ondulation provoquée à l'arrière du navire, il lui attribue une autre forme. Celle-là est provoquée par la dépression qui suit l'ondulation d'avant. Elle a pour effet de remplir cette dépression pour rétablir le niveau. Scott Russell en calcule la longueur, la période et la vitesse de propagation : « Celle-là, dit-il, ne se meut qu'à la vitesse du corps flottant, elle n'a aucune relation avec la profondeur de l'eau ; sa forme est une cycloïde (1).

« En résumé, la doctrine générale est que la forme de moindre résistance à l'avant est la courbe des sinus verses et à l'arrière la cycloïde ; et que l'on peut adopter ces courbes à la fois verticalement ou horizontalement suivant la profondeur de l'eau dans laquelle le navire doit habituellement naviguer.

« Quant aux effets de la profondeur du fluide, l'auteur explique que lorsqu'elle est faible, la hauteur de l'ondulation est apparente ; que, lorsqu'elle est forte, l'ondulation est invisible parce que l'eau soulevée par elle se répand immédiatement sur une distance d'autant plus grande que la vitesse de propagation y peut être plus considérable. Dans ce cas, la hauteur de l'ondulation est en raison inverse de l'espace dans lequel se propage sa vitesse. »

C'est en partant de ces principes et de ces essais que Scott Russell a conclu que l'avant du navire devait avoir la longueur totale qu'aurait une ondulation douée de la vitesse à atteindre ;

(1) On peut être, à bon droit, surpris que Scott Russell ait cru utile de refaire, sur des modèles de très-faibles dimensions, les expériences que John Russell a entreprises en grand et menées à si bonne fin sur les canaux d'Edimbourg à Glasgow, au moyen de bateaux rapides. Ces expériences ont été décrites dans un mémoire traduit et publié, en entier, par MM. Emmery et Mary, ingénieurs en chef des ponts et chaussées, et inséré dans les annales de ce corps, 1837, t. 2. Reprises plusieurs années plus tard, par M. A. Morin, elles ont été l'objet des études scientifiques de cet ingénieur. Les faits et jusqu'aux dessins produits par Scott Russell sont identiques avec ceux de J. Russell.

que l'arrière devait avoir la moitié de la longueur d'une ondulation, douée de la vitesse nécessaire pour le suivre, et il fournit les tables des dimensions pour des vitesses diverses. Il construit d'après ces règles, et il cite à l'appui de la certitude des résultats qu'on en tire, le tracé des lignes du Great-Eastern, qui, suivant lui, a obtenu exactement la vitesse que ses constructeurs avaient en vue.

Dans les discussions qui suivirent l'exposé de la doctrine de Scott Russell, Ditchburn fit remarquer que les constructeurs ne l'avaient pas attendue pour donner à l'avant des navires les formes aiguës et les lignes d'eau propres à faire disparaître l'ondulation qui s'élève à l'avant des lignes pleines et saillantes. Ce sont ces coupes qui ont permis de donner aux navires à vapeur sur la Tamise, des vitesses qui, jusque-là, avaient été interdites à cause de l'agitation considérable qui résultait des formes pleines, et des accidents qui en étaient la suite.

Du reste, Scott-Russell n'hésita pas à convenir que sa méthode n'avait rien d'absolu. Il fit cependant remarquer qu'en permettant une ligne d'eau concave à l'avant, elle reportait les poids vers le milieu et soulageait les extrémités, donnant ainsi au navire d'excellentes qualités nautiques.

En permettant une ligne d'eau convexe à l'arrière, les formes inférieures sont évidées, elles laissent le gouvernail dans un milieu plus en repos et donnent au navire plus de tenue dans sa direction.

Ce système permet encore un avant aussi long que l'arrière et même plus long, ce qui permet une répartition du poids plus en rapport avec le tirant d'eau que l'on veut obtenir.

Le maître-couple peut être placé plus près de l'arrière que de l'avant.

La comparaison des qualités des navires ayant l'avant construit suivant la méthode de Scott-Russell, *Wave line*, et des navires à lignes paraboliques, ou à lignes convexes, ou à lignes droites, a un grand intérêt.

Le centre de gravité de poids est dans le système, *Wave line*, du milieu de l'avant, à. . . . . . . . . . . . . . . . 0,29

Dans le système à lignes paraboliques. . . . . . . . 0,37

d°. à lignes droites. . . . . . . . . . 0,33

Les avantages et les inconvénients des trois espèces d'avant sont résumés dans le tableau suivant :

Quant à la longueur relative de l'arrière, l'auteur du *wave line system* oublie, en la réduisant à la demi-longueur de l'avant, l'une des règles sur lesquelles, d'accord avec les savants, ses collègues, il a toujours le plus insisté, à savoir que le navire ne doit pas déplacer à l'arrière une quantité d'eau sensiblement différente de celle qu'il déplace à l'avant. La courbe du sinus verse à l'avant engendre-t-elle donc un volume égal à celle qu'engendre la cycloïde dans une longueur de carène moitié moindre? Si la hauteur de l'onde ou de la vague *entraînée* est fonction de la vitesse du navire et de la différence du déplacement entre l'avant et l'arrière, que devient, dans le cas d'une insuffisance de déplacement à l'arrière, l'état de repos où l'identité de déplacement doit laisser l'eau? Et, en cas de déplacement exagéré à l'arrière, comment concilier l'existence de la vague *entraînée* avec le sillage creux qui résulte de cette exagération?

| AVANT CONVEXE A COURBES PARABOLIQUES | AVANT EN LIGNES DROITES | AVANT A COURBES DESSINÉES DANS LE WAVE LINE SYSTEM |
|---|---|---|
| Plus grande capacité, 0,66. | Capacité moindre, 0,55. | Capacité moindre, 0,55. |
| Plus grande résistance à la marche. | Résistance moindre à la marche. | Résistance moindre à la marche. |
| Plus grande stabilité. | Moindre stabilité. | Stabilité moyenne. |
| Fortes oscillations de tangage. | Moindre oscillation de tangage. | Beaucoup moindre oscillation de tangage. |
| Mauvaise situation du poids. | Situation moyenne. | Situation préférable du poids. |
| Moins de solidité. | Solidité moyenne. | Plus grande solidité. |
| Exposé aux avaries dans les gros temps. | Moins exposé. | Le plus sûr à la mer. |
| Moindre vitesse. | Vitesse moyenne. | Plus grande vitesse. |
| Exigeant une grande puissance motrice. | Puissance motrice moyenne. | Moindre puissance motrice. |

Ainsi, et suivant Scott-Russell, les lignes de l'avant, *Wave line*, ont un caractère géométrique simple, de forme et d'apparence invariables, parfaitement défini et précis, donnant pour une largeur et une longueur fixées, pour un tirant d'eau déterminé et une vitesse prévue, une mesure invariable de convexité et de concavité.

Quant aux lignes d'arrière, elles sont moins définies et permettent plus de liberté de choix.

L'un et l'autre sont en effet dans des conditions très-différentes quant à l'action de l'avant sur le fluide et quant à la réaction du fluide sur l'arrière. L'avant a trouvé le fluide à l'état de repos, il l'a déplacé et agité ; l'arrière trouve le fluide en mouvement. Mais quel mouvement? Une dépression a été formée, quelle est sa forme? comment la remplir ou la diminuer?

Scott-Russell applique au tracé des courbes d'arrière le même procédé qu'il a suivi pour l'avant. Ces courbes sont des cycloïdes, dit-il, et bien que différentes de celles de l'avant, appartiennent à la même famille. Elles ont la forme d'une ondulation roulant sur le rivage, c'est-à-dire affectée dans sa forme par le manque de profondeur. Tandis qu'une partie de l'avant est nécessairement concave, l'arrière peut être en entier convexe.

« Les avantages de ce genre d'arrière se résument en une plus grande capacité, des lignes plus dégagées sous l'eau, plus de surface à la ligne de flottaison, plus de stabilité et moins de résistance à la marche.

« L'échec des anciennes formes, en ce qui concerne la vitesse, peut être attribué à la trop faible longueur de l'avant et à la trop forte longueur de l'arrière. Le maître-couple était placé à un tiers de la longueur du navire à partir de l'avant. La nécessité d'accroître la vitesse a, depuis l'application de la vapeur, reporté le maître-couple vers le milieu du navire. Dans le système de

Scott Russell, l'arrière peut être plus court que l'avant dans la proportion de 2 à 3. La longueur du navire étant 5, l'avant sera 3 et l'arrière 2.

« Il y a un rapport fixe entre la vitesse qu'un navire doit atteindre et les longueurs d'avant et d'arrière qui correspondent à cette vitesse. Ainsi, étant donnée la vitesse de propagation d'une ondulation égale à celle à donner au navire, on en conclut la largeur de cette ondulation. Ce sera la longueur de l'avant.

« De la dépression résultant de l'impulsion donnée au navire on conclura la hauteur de l'ondulation nécessaire pour engendrer une vitesse propre à faire disparaître cette dépression à mesure qu'elle se produit. Cette hauteur correspond à une longueur d'ondulation dont la moitié sera celle de l'arrière du navire. » Ceci est le point le plus aventuré du système.

« Entre l'avant et l'arrière le maître-couple régnera sur une certaine longueur.

« Dans ces conditions, on aura les proportions suivantes entre la vitesse du navire et les longueurs de l'avant et de l'arrière.

| Vitesses à l'heure. | Longueur de l'avant. | Longueur de l'arrière. |
|---|---|---|
| 16020$^{m}$ | 10$^{m}$,70 | 6$^{m}$,10 |
| 24000 | 29 | 20 80 |
| 32040 | 51 50 | 36 65 |

Nous avons donné quelques développements à l'exposition des doctrines et des méthodes de Bourne et de Scott Russell, parce que ce sont, à peu près les seuls ingénieurs ayant une grande expérience de la construction, qui aient professé leur système et qui l'aient soumis à la discussion publique dans des réunions où la science nautique et l'architecture navale étaient représentées par des notabilités.

Ces vues, ces procédés, ces méthodes, y ont été plutôt disputés à leurs auteurs, qu'ils n'ont été contestés en principe et dans l'application. Enfin ils semblent acceptés en Angleterre, puisque Macquorn Rankine les a rapportés devant la même assemblée, l'année dernière, en leur empruntant certaines bases des calculs des rapports de la puissance motrice aux résistances éprouvées par les navires en mouvement.

Il les reproduit d'ailleurs dans son récent traité.

Constatons cependant que si ces opinions n'ont pu ramener ni tous les ingénieurs, ni tous les constructeurs, elles servent de point de départ à des comparaisons et à des calculs d'un haut intérêt, surtout lorsque la même formule de puissance mécanique est appliquée à la résistance des navires de formes différentes, comme dans la comparaison du *fairy* avec le *warrior* dont les avants ont des acuités différentes.

Le résumé des calculs de résistance au mouvement, trouve sa place à la suite de l'exposé des théories sur l'influence de la forme des lignes de construction du navire.

Nous avons dit que, dès l'année 1857, Macquorn Rankine avait exposé une théorie des résistances à la propulsion des navires, et que l'attention publique s'était portée avec sympathie sur ses procédés analytiques considérés comme le développement ou le groupement de formules acceptées. Il réveillait ce sentiment qui nous fait rechercher avec ardeur l'application scientifique des lois de la mécanique au travail des moteurs. Ce savant, dont le mérite particulier est d'exposer ses idées avec beaucoup de méthode et de lucidité, a reproduit sa doctrine dans un récent traité, avec des développements qui nous permettent de la résumer plus clairement que ne l'eussent permis ses publications antérieures.

« La résistance au mouvement d'un corps solide dans l'eau est temporaire ou permanente. Cette dernière est à considérer en première ligne, puisque, seule, elle s'oppose au mouvement uniforme.

« L'action directe des particules d'eau est due aux forces directes qui résultent de leur pression, de leur tenacité et de leur rigidité (*stiffness*). »

Il est assez délicat de traduire la signification que l'auteur attache aux mots *tenacity* et *stiffness*. S'il s'agit d'un fluide, le mot viscosité semble l'expression de tenacité et de rigidité; il eût donc été préférable de rattacher les lois de la résistance aux trois conditions naturelles de densité, de viscosité et d'inélasticité propres aux fluides.

« La pression du fluide s'exerce à angle droit de la surface comprimée.

« La tenacité d'un fluide est la force qui résiste à la séparation de ses molécules.

« La rigidité (*stiffness*) d'un fluide diffère de celle d'un corps solide en ce que la force résiste dans celui-ci à la déformation et au déplacement moléculaire, aussi bien à l'état de repos qu'à l'état de mouvement, tandis que la rigidité du fluide en repos est insensible; et en ce que cette force consiste, dans un fluide en mouvement, en une résistance au mouvement relatif et différentiel de deux particules animées de vitesses variables, et est directement proportionnel à la différence de leur vitesse, et inversement à la distance qui les sépare. »

Cherchant « l'action indirecte de l'eau sur un navire, et l'application de la loi des moments, » l'auteur considère que « le mode immédiat d'action de la résistance étant un accroissement de pression sur l'avant, comparativement à la pression sur l'arrière, n'a pas d'autre origine que la tenacité ou rigidité de l'eau, équivalent à un déplacement des particules d'eau. »

« La forme de la résistance de l'eau doit, en conséquence, être attribuée :

1° à la distorsion des molécules d'eau;

2° à la production de courants;

3° à la production d'ondulations;

4° à la production de tourbillons de frottement (*frictionnal eddies*).

« La première de ces résistances est indifférente, parce qu'elle est inappréciable; l'auteur fonde cette assertion sur le fait que nous considérons comme très-contestable, que des ondulations traversent à la surface de l'Océan 4,000 kilomètres, sans réduction dans leurs dimensions.

« La résistance due au courant a pour expression un facteur constant × l'aire du navire × la pesanteur du fluide × le carré de la vitesse, et le produit divisé par la gravité 32,2.

Soit un facteur constant × l'aire × la pesanteur × 2 × la hauteur due à la vitesse.

L'expérience a indiqué le facteur constant. Il s'exprime par 0,627, ce qui signifie qu'une aire solide = 1, imprime au fluide qu'elle pousse la vitesse dont elle-même est animée, et que cette vitesse intéresse un courant d'eau dont la section est 0,627.

La résistance due à l'ondulation produite par le navire lui-même, est l'objet d'une discussion dont nous avons indiqué tous les éléments, et dont le but est de démontrer la relation qui existe entre les lignes d'eau du navire et le moindre déplacement du fluide, aux vitesses correspondantes à ces lignes.

La résistance se montre par la création d'un nombre plus ou moins considérable d'ondulations plus ou moins hautes, à un angle plus ou moins aigu, avec la direction du navire affectant des formes semblables à celles d'ondulations roulant sur de faibles profondeurs.

L'auteur en conclut qu'il y a pour chaque navire une vitesse qu'il ne doit pas excéder sans que la résistance due aux ondulations ne s'accroisse avec une grande intensité. Cette partie de sa doctrine est empruntée à Scott Russell.

« Quant à la résistance due à la création, autour de la coque, de tourbillons, de frottements, elle est le produit des facteurs suivants : 1° la surface du périmètre mouillé; 2° le cube du rapport de la vitesse des molécules en frottement, à celle du navire; 3° la hauteur de chute d'un corps grave, correspondant à la vitesse du navire; 4° le poids de l'eau; et enfin, 5° un coefficient de frottement dépendant du degré de propreté et de poli de la carène; « ce coefficient sera 20,000 pour les carènes propres.

« La somme des produits des facteurs 1 et 2 est appelée *augmented surface*, et la résistance due aux tourbillons, s'exprime par le produit de cette *surface*, multipliée par les facteurs 3, 4 et 5.

L'auteur fait ensuite l'application de sa formule aux vitesses obtenues aux essais par *le varrior* et *le fairy*, et les résultats de ses calculs coïncident presque absolument avec les vitesses qui ont été réalisées.

En résumé, la formule suivante, de Macquorn Rankine, s'applique au périmètre mouillé. Il y met pour condition : 1° que les lignes d'avant sont des courbes de l'espèce des sinus verses; 2° que celles de l'arrière sont des trochoïdes; 3° que la longueur des lignes sera conforme aux indications de Scott Russell; 4° que la surface mouillée du navire soit propre; 5° que les pales des roues soient articulées; 6° que l'hélice et les roues soient en proportion convenable avec le navire.

Dans ces conditions, la formule suivante indiquera la puissance motrice en chevaux de Watt.

| | |
|---|---|
| $L$ | Longueur du navire, à la ligne d'eau, en pieds. |
| $G$ | Contour vertical, moyen sous l'eau. |
| $V$ | Vitesse en pieds par seconde. |
| $l'$ | Somme des longueurs, d'arrière et d'avant, en pieds. |

B Plus grande longueur du navire.
IHP Puissance en chevaux vapeur d'après les diagrammes.
On a :

$$IHP = \frac{LG V^3}{95,500} \left\{ 1 + \frac{9.87 B^2}{l^2} \right.$$

Nous aurions donné une application numérique de la formule de Macquorn Rankine, si la partie de la notice des travaux scientifiques de Dupuy de Lôme, récemment publiée à l'occasion de sa candidature à l'Institut, n'était venue combler avec éclat une lacune regrettable, celle de la part prise par la France dans ces belles discussions.

L'insuffisance des bases était patente, puisque le seul moyen de calcul était dans des comparaisons entre navires semblables ou à peu près semblables, en considérant la maîtresse section comme l'élément principal de la résistance, et en faisant, pour ainsi dire, abstraction de l'influence en fonction de la vitesse, de la surface du périmètre mouillé, des angles d'acuité à l'avant, des formes de l'arrière, de la profondeur du sillage laissé à l'arrière, etc.

La formule de Dupuy de Lôme donne aux éléments qui semblent devoir intervenir dans la résistance, une part basée à la fois, en ce qui concerne la carène, sur l'influence de ses formes géométriques, de ses dimensions et du périmètre mouillé ; et, en ce qui concerne le mouvement, sur les lois dérivant de la chute des graves et des densités des milieux.

Nous reproduisons cette notice en son entier.

« *Mesure du travail utile des machines marines et de la résistance opposée par l'eau aux navires en marche.*

« A ma sortie de l'École d'application du génie maritime, en novembre 1839, j'ai été chargé, au port de Toulon, de diriger, en second d'abord et en chef ensuite, les réparations des navires à vapeur de l'État. Peu de temps après mon arrivée en ce port, je profitai du grand nombre d'essais des navires qui m'incombaient par la nature de mon service, pour entreprendre une série d'expériences que j'ai continuées pendant quinze années.

« Elles avaient pour but :

« 1° De suppléer à l'impossibilité d'appliquer le frein de Prony à la mesure de l'effet utile des grandes machines marines ;

« 2° De connaître l'effort de traction nécessaire pour imprimer une vitesse déterminée à tels ou tels navires variant par les formes, la grandeur et le poli des surfaces immergées.

« A cet effet, j'organisai un système d'essai des machines avec le navire retenu à un point fixe par un appareil dynamométrique, disposé de manière à mesurer la résultante horizontale longitudinale de toutes les réactions produites sur le navire par le propulseur (roues ou hélice).

« Je traçai ainsi, pour chaque machine essayée au point fixe, deux lieux géométriques donnant, l'un les tractions mesurées au dynamomètre, l'autre, le nombre de coups de piston par minute en fonction des pressions exercées sur les pistons moteurs.

« D'autre part, pendant les essais de ces mêmes machines à la mer, je constatai, tantôt par calme et par mer unie, tantôt par mer agitée avec le vent favorable ou contraire, les vitesses de sillage et l'allure des machines, en même temps que les pressions correspondantes sur les pistons moteurs.

« Je traçai ensuite deux nouveaux lieux géométriques donnant, l'un la vitesse des navires par calme, et l'autre le nombre de tours de la machine en fonction des pressions sur les pistons.

« Enfin j'avais constaté, par une expérience directe, que, pour une même pression sur les pistons moteurs, la composante longitudinale du propulseur sur l'eau restait sensiblement la même, soit que le navire fût retenu au point fixe, soit qu'il fût en marche.

« Une fois ce principe établi, je pouvais relier les résultats des expériences dynamométriques au point fixe à ceux des essais à la mer. J'en ai déduit les forces de poussée exercées sur les navires par les machines pour produire les vitesses constatées, en même temps que j'avais en regard les éléments de la mesure du travail sur les pistons moteurs.

« Quant au travail utile des machines (celles-ci étant considérées dans leur ensemble : machine et propulseur), j'en obtenais la mesure en multipliant la force de poussée exercée sur le navire par la vitesse du sillage.

« J'ai fait moi-même une longue série de ces expériences au port de Toulon et en mer, depuis l'année 1841 jusqu'à 1856, avec les carènes propres ou rugueuses, mues par des aubes fixes ou articulées, des hélices à pas constant ou à pas variable, des machines à mouvement direct ou à engrenages multiplicateurs.

« Les conséquences à tirer de ces expériences sont nombreuses, et les résultats principaux ont été consignés dans la plupart des rapports officiels des essais de machines faits, à Toulon, depuis 1841.

« Pensant que l'Académie pourra trouver de l'intérêt à connaître quelques-uns de ces résultats, je citerai les chiffres relatifs à la résistance à la marche par calme, ainsi qu'à l'effet utile obtenu par les machines des sept navires de divers modèles et de diverses grandeurs ci-après désignés :

« *L'Ajaccio*, en bois doublé de cuivre, carène propre, machine à roues articulées, de la force nominale de 120 chevaux ;

« *Le Narval*, en tôle peinte au minium, carène propre, machine à aubes fixes, de la force nominale de 160 chevaux ;

« *Le Narval*, avec la carène couverte de rugosités, petits coquillages et herbes marines ;

« *Le Sphinx*, en bois doublé en cuivre, carène propre, machine à aubes fixes, de la force nominale de 160 chevaux ;

« *Le Labrador*, en bois doublé en cuivre, carène propre, machine à aubes fixes, de la force nominale de 450 chevaux;

« *Le Charlemagne*, en bois doublé en cuivre, carène propre, machine à hélice à mouvement direct, hélice à deux ailes, pas constant, de la force nominale de 450 chevaux;

« *Le Napoléon*, en bois doublé en cuivre, carène propre, machine à hélice à engrenage multiplicateur du nombre de tours, hélice à quatre ailes, à pas variable, de la force nominale de 900 chevaux.

« Des deux tableaux ci-après, le premier donne la résistance des carènes et les éléments principaux de cette résistance, et le second le travail utilisé comparé au travail moteur sur les pistons.

TABLEAU N° I.

| | S | S' | V | V' | R |
|---|---|---|---|---|---|
| | mètres carrés | | mètres | nœuds | kilogrammes |
| *Ajaccio* ............... | 13 40 | 362 | 5 037 | 9 80 | 1975 |
| *Narval* (propre) ..... | 21 »» | 458 | 4 626 | 9 »» | 2450 |
| *Narval* (sale) ........ | 21 »» | 498 | 3 598 | 7 »» | 2450 |
| Type *Sphinx* .......... | 23 | 4 7 | 4 523 | 8 80 | 2560 |
| *Labrador* ............ | 53 | 1034 | 5 243 | 10 20 | 6990 |
| *Charlemagne* ......... | 89 «« | 1398 | 4 903 | 9 54 | 9420 |
| *Napoléon* ............. | 99 »» | 1585 | 6 760 | 13 15 | 19000 |
| *Napoléon* ............. | 100 | 1610 | 5 104 | 9 93 | 10000 |

TABLEAU N° II.

| | V | R | $\frac{RV}{75}$ | T | Rapport de $\frac{RV}{75}$ à T |
|---|---|---|---|---|---|
| | mètres | kilogrammes | chevaux | chevaux | |
| *Ajaccio*.............. | 5 037 | 1975 | 132 | 221 | 0 597 |
| *Narval* (propre)..... | 4 626 | 2150 | 151 | 271 | 0 557 |
| *Narval* (sale)........ | 3 598 | 2150 | 117 | 228 | 0 513 |
| Type *Sphinx*......... | 4 523 | 2560 | 154 | 285 | 0 540 |
| *Labrador*............. | 5 243 | 6990 | 488 | 741 | 0 655 |
| *Charlemagne*......... | 4 903 | 9120 | 575 | 921 | 0 624 |
| *Napoléon*............ | 6 670 | 19000 | 1712 | 2602 | 0 658 |
| *Napoléon*............. | 5 101 | 10000 | 680 | 1030 | 0 660 |

« Dans ce tableau, j'ai désigné par :

S, la surface de la maîtresse section transversale de la carène exprimée en mètres carrés;

S', le produit de la moyenne des contours des sections transversales de la carène multiplié par la longueur de cette carène;

V, la vitesse des navires par calme et mer unie, exprimée en mètres par seconde;

V', cette même vitesse exprimée en nœuds;

R, la résistance opposée par l'eau à la marche du navire, exprimée en kilogrammes;

T, le travail moteur développé sur les pistons de la machine, exprimé en chevaux de 75 kilogrammètres.

« Des tableaux de ce genre, dressés pour un grand nombre de navires, en mettant en regard tout ce qui caractérise la carène, les machines ou les propulseurs, ont immédiatement par eux-mêmes un usage pratique. Étant donné un plan de navire, on peut, à l'aide des tableaux du modèle n° I, le classer parmi ceux dont il se rapproche par les dimensions et les formes; puis en conclure, par interpolation, quelle sera la résistance de sa carène à la vitesse qu'on en a vue. Les tableaux du modèle n° II permettent de calculer ensuite la quotité du nombre de chevaux de 75 kilogrammètres qu'il faudra développer sur les pistons moteurs pour obtenir les vitesses voulues, en employant tels ou tels propulseurs, tel ou tel système de machine.

« En rapprochant les vitesses et les résistances, constatées sur un grand nombre de navires, des causes qui pouvaient influencer ces résultats, c'est-à-dire les dimensions de ces navires de leurs angles d'attaque à l'avant, des rayons de courbure des formes que le courant d'eau devait contourner, enfin du poli des surfaces immergées, je ne pouvais manquer d'élucider la théorie de la résistance des carènes.

«En effet, plusieurs vérités fondamentales en découlent. Quelques-unes ont été aussi entrevues par les expérimentateurs qui ont constaté les vitesses de navires, puis qui ont comparé le travail moteur sur les pistons avec le produit des surfaces des maîtresses sections par le carré de la vitesse. Mais, par cette manière d'opérer, on englobait dans un même coefficient, qu'on appelait *utilisation de la machine*, ce qui tenait souvent autant ou plus à l'influence des formes ou aux différentes vitesses d'épreuve qu'à l'utilisation de la machine proprement dite. Dans ce coefficient sommaire disparaissait l'influence particulière des formes; celle-ci ne pouvait être mise en lumière qu'au moyen de la mesure même des résistances de carènes faites sur un grand nombre de navires différents. C'est ce qu'a signalé M. le général Morin dans son rapport à l'Académie des sciences, du 13 mai 1850, au nom de la commission composée de MM. Arago, Ch. Dupin, Poncelet, Duperrey et Morin, sur les expériences, si intéressantes d'ailleurs et si méthodiques, de MM. Bourgois et

Moll, faites en 1847 et 48, sur le navire à hélice de 120 chevaux, *le Pélican*. Dans les conditions où elles ont pu être faites, ces expériences n'ont fait ressortir que l'influence des proportions de diverses hélices placées, sur *le Pélican*, dans une même position, ainsi que les variations du recul d'une même hélice en fonction de la vitesse.

«Les expériences faites, en 1861, par MM. les ingénieurs de la marine, Guède et Jay, à Brest, au moyen d'un dynamomètre de poussée, de M. Taurines, appliqué sur le bateau à hélice *l'Elorn*, ont donné les résistances de *l'Elorn* à diverses vitesses, ainsi que des résultats très-intéressants au point de vue des proportions des hélices et de l'influence des vitesses; mais elles ne pouvaient rien dire sur l'influence des formes, à moins de les répéter sur un grand nombre de navires différents. Or les exigences du service rendent très-difficile l'application du dynamomètre de poussée sur l'arbre des hélices pour beaucoup de bâtiments; puis ce procédé est inapplicable aux bâtiments à roues. Quoi qu'il en soit, les variations de la résistance de *l'Elorn* avec la vitesse, constatées par les expériences de MM. Guède et Jay, n'ont pas suivi la loi du carré, mais bien d'une puissance intermédiaire entre le carré et le cube.

« M. le général Morin, dans le même rapport précité, insistait sur l'importance de nouvelles études à faire sur la loi de la résistance opposée par les fluides au mouvement des corps flottants. Il rappelait les expériences nombreuses de traction de bateaux, faites sur le canal de l'Ourcq, sur le canal Saint-Denis, expériences qui ne confirmèrent pas celles qui avaient été faites antérieurement sur le canal de Paisley, en ce qui avait trait à la propagation de l'onde satellite, mais qui démontrèrent que l'expression algébrique de la résistance devait contenir un terme ne dépendant que peu ou point de la vitesse, et proportionnel aux surfaces mouillées; tandis que l'autre terme, trèsinfluencé au contraire par la vitesse, dépendait de la surface de la maîtresse section, ainsi que des formes des carènes. C'était, à bon droit, dénoncer l'ancienne formule, simple sans doute, mais malheureusement inexacte, qui présentait la résistance des navires à la marche comme proportionnelle aux surfaces des maîtresses sections transversales de la carène multipliées par le carré de la vitesse. Romme, dans son mémoire à l'Académie des sciences, en 1784, rendant compte des essais qu'il avait faits, à Rochefort, sur des modèles de navires dont un représentait le vaisseau de 74; ensuite, dans son ouvrage sur l'*Art de la marine*, publié en 1787, avait formulé nettement que cette résistance des carènes était indépendante des formes : « Pourvu, disait-il, que les lignes d'eau aient une courbure régulière, uniforme comme dans les bâtiments modernes, la forme plus ou moins renflée de la proue ou de la poupe ne rend pas plus ou moins grande la résistance que l'eau oppose à ces corps en mouvement. »

« Contrairement à cette règle trop sommaire, *qui a arrête longtemps le progrès des constructions navales*, il ressort de mes expériences précitées cinq principes que je formule ainsi qu'il suit :

1° Entre navires de formes géométriquement semblables, de diverses grandeurs, présentant également des surfaces immergées bien lisses, et mis en mouvement à la même vitesse, la force de traction nécessaire pour imprimer cette vitesse croît moins vite que la surface de la maîtresse section transversale. On est près de la vérité en disant que, pour des carènes semblables, la résistance par mètre carré de la maîtresse section, à une même vitesse, décroît quand le navire grandit proportionnellement aux racines carrées des rayons de courbure des formes. Ces rayons étant eux-mêmes proportionnels, pour des carènes semblables, aux dimensions des navires, c'est donc à tort qu'on a compare les résistances de navires de diverses formes en mesurant celles que présentaient des modèles exécutés à dimensions réduites (1).

« 2° Si l'on fait marcher un même navire à des vitesses différentes, la force de traction nécessaire pour lui imprimer ces différentes vitesses croît moins vite que le carré de la vitesse quand celle-ci est petite. Cette force croît comme le carré de la vitesse pour les allures moyennes de 3 à 5 mètres par seconde, suivant le plus ou moins de poli des surfaces. Au delà, elle croît plus vite que le carré de la vitesse (2).

« 3° La diminution des angles d'attaque à l'avant, ainsi que l'allongement des rayons de courbure des formes que le courant doit contourner, surtout pour le remplacement à l'arrière de l'eau venant du fond, sont les principaux moyens de diminuer la résistance à la marche. Leur influence est d'autant plus grande qu'on applique au navire une force plus considérable. Pour de petits efforts de traction, l'influence des formes s'affaiblit et celle du frottement de la carène sur l'eau prédomine.

« 4° L'acuité des proues, tant au-dessus de la flottaison qu'audessous, qui a, par mer calme, l'influence signalée au paragraphe précédent, présente un avantage encore plus prononcé quand il s'agit de marcher contre la grosse mer debout.

« 5° Le poli des surfaces immergées joue dans la résistance des carènes un rôle considérable, et cette part de résistance, due au frottement, varie peu avec la vitesse.

« J'ajoute que la résistance des carènes s'accroît sensiblement

« (1) M. Reech, directeur de l'école d'application du génie maritime, a depuis longtemps signalé dans son cours l'erreur que l'on a faite en comparant les résistances des carènes de diverses formes après avoir opéré sur de petits modèles mus à des vitesses identiques à celles des navires eux-mêmes.

« (2) Il n'est ici question que des navires ayant une portion de leur volume hors de l'eau, et non de corps entièrement immergés.

dans des passes étroites et surtout dans les parages où la quille du navire s'approche du fond; de sorte qu'il faut faire les expériences dans des eaux profondes.

« Enfin, les faits nombreux que j'ai observés sur la résistance des carènes, par mer calme et au large, concordent presque rigoureusement avec la formule suivante, que j'ai adoptée par suite pour la mesure de cette résistance :

$$R = KS(V^2 + 0,145\ V^3) + K' S' \sqrt[3]{V}$$

« Dans cette formule, j'appelle :

S, la surface de la maîtresse section (exprimée en mètres carrés);

S', le produit de la multiplication de la moyenne des contours des sections transversales de la carène par la longueur de cette carène (produit exprimé en mètres carrés);

V, la vitesse du navire exprimée en mètres par seconde;

K, un coefficient variable avec les formes; il diminue en raison inverse des racines carrées des rayons de courbure des sections longitudinales de la carène; il diminue encore avec la moyenne des angles d'attaque à l'avant. Cette seconde réduction est d'environ 15 pour 100 quand la moyenne des angles descend de 45 à 15 degrés, soit 1/2 pour 100 par degré;

K', un coefficient indépendant des formes, ne variant qu'avec le poli des surfaces immergées; ce coefficient K' peut croître du simple au décuple, depuis 0,300 pour les carènes doublées en cuivre bien laminé, bien appliqué avec les têtes de clous à doublage bien affleurées, jusqu'à 3000 pour des carènes chargées d'incrustations et d'herbes marines:

R, est la résistance exprimée en kilogrammes et correspondant à la vitesse V.

« Pour chaque navire expérimenté, deux essais à deux vitesses différentes suffisent pour déterminer K et K'.

« Pour le vaisseau *le Napoléon,* avec sa carène propre, cuivre oxydé, non graissé, j'ai trouvé :

$$K = 1,96,$$
$$K' = 0,44;$$

d'où il résulte, pour l'expression générale de la résistance opposée par l'eau à la marche du vaisseau :

$$R = 1,96\ S\ (V^2 + 0,145\ V^3) + 0,440\ S' \sqrt[3]{V}$$

« On a vu au tableau précédent que, pendant les essais du *Napoléon,* on avait :

S = de 99 à 100 mètres carrés,
S' = de 1580 à 1610 — —

« Étant donné tout plan de navire nouveau, on peut calculer pour lui les coefficients K et K', en modifiant ceux du *Napoléon* d'après les règles indiquées ci-dessus; puis, au moyen de la formule générale précitée, on obtiendra, avec une approximation suffisante, la traction en kilogrammes qu'il faudra exercer sur le nouveau navire pour lui imprimer la vitesse que l'on veut obtenir.

« Le travail utile à réaliser découle de ce premier calcul, en multipliant la force précitée par la vitesse; puis les tableaux modèle n° II donnent, suivant le système de machine ou de propulseur employé, le travail moteur à produire sur les pistons pour réaliser le travail utile voulu. »

L'importance du progrès théorique réalisé récemment dans les méthodes d'apprécier les résistances que rencontrent les carènes au mouvement dans l'eau, est mise en lumière par cette notice, dans laquelle se trouve, pour ainsi dire, condensé le travail analytique des ingénieurs de la marine française.

Il est, cependant, un élément de la résistance qui n'y est pas abordé : c'est celui de la nature des courbes qui conviennent le mieux pour l'avant et l'arrière, suivant les vitesses à obtenir, et c'est sur ce point que les ingénieurs anglais semblent insister le plus. Mais, sauf la forme de l'acuité, l'acuité elle-même y devient un des éléments relatifs dans la composition des résistances. On peut aussi regretter le vague de l'exposé des conditions du coefficient qui exprime la fonction de l'acuité. « Il est variable; il diminue en raison inverse des racines carrées des rayons de courbure des sections longitudinales de la carène; il diminue encore de 1/2 pour 100 par degré des angles d'attaque à l'avant, quand la moyenne des angles descend de 45 à 15 degrés. »

La démonstration de ces règles manque à l'exposé, et si la première semble rationnelle, on n'aperçoit pas aussi facilement les bases géométriques de la seconde.

Ainsi qu'on l'a vu en suivant notre exposé des méthodes scientifiques appliquées aux études dont il s'agit, celle-ci apparaît comme une doctrine nouvelle.

Aujourd'hui même, elle n'est pas employée officiellement par les ingénieurs de la marine chargés des réceptions de navires; mais il n'est pas à douter qu'elle ne prenne bientôt sa place sous le couvert d'une aussi haute autorité. Elle confirme ce que nous avons dit du travail latent que révèleraient les cartons de nos ingénieurs s'ils pouvaient être mis au jour.

Du reste, les points par lesquels la nouvelle formule se rapproche de celle de Macquorn Rankine, considérée elle-même comme le résumé des études des ingénieurs anglais, font présumer que le stimulant à sortir des errements incomplets et insuffisants où semblaient être restés jusqu'à ce jour nos ingénieurs, est venu de ce côté. C'est aussi une raison de croire que la science n'en restera pas là, et que sous peu nous verrons surgir, par l'élaboration d'une puissante analyse, l'ensemble des formules susceptibles de déterminer *à priori* toutes les conditions de navigabilité au point de vue de la vitesse de marche, comme cela est obtenu quant à la stabilité.

Ces lignes étaient imprimées lorsque nous avons eu connaissance de la notice sur les travaux scientifiques de Bourgois, que ce savant ingénieur vient de publier à l'occasion de sa candidature à l'Institut. Nous en reproduisons les quelques lignes consacrées à ses recherches sur les résistances des corps flottants au mouvement dans l'eau.

« Je crois avoir démontré que la dénivellation à l'avant et la dépression à l'arrière des corps flottants sont les causes qui modifient, mais seulement en apparence, les lois anciennement admises de la proportionalité de la résistance à l'étendue des surfaces résistantes et au carré de la vitesse, lois dont les expériences de Beaufoy montrent l'exactitude pour les corps plongés.

« Ces causes suffisent pour expliquer certaines anomalies observées dans ces derniers temps, telles, par exemple, que l'accroissement de la résistance des corps flottants, dans une proportion plus rapide que le carré de la vitesse et d'autant plus élevée que le corps est plus petit par rapport à la vitesse; telles aussi que l'infériorité de valeur du coëfficient de résistance des bâtiments de grandes dimensions, par rapport à celui des petits navires semblables, à vitesses égales. »

Nous sommes aujourd'hui séparés de l'époque de la publication du mémoire de Bourgois par un intervalle de huit années. Depuis ce moment, la vitesse des navires s'est singulièrement accrue, la relation de la longueur à la largeur et au creux des carènes a été considérablement modifiée; les formes d'avant et d'arrière sont changées; le choix des courbes des lignes d'eau a cessé d'être considéré comme un arcane dont l'empirisme était seul en possession, et il a été demandé à la science. La comparaison de certains types pris pour unique base de la mesure des résistances n'a plus satisfait les ingénieurs; l'analyse a cherché des causes plus directes; elle réussit à les trouver; c'est dans cette voie qu'il faut persévérer.

# CHAPITRE X

## LE NAVIRE (SUITE). FORCE MOTRICE

*Sommaire :*

Procédé suivi pour la détermination de la force motrice, par Dupuy de Lôme. Comparaison des éléments analogues des navires entre eux. Formule du calcul de la puissance des machines. Éléments de cette puissance, faculté de production de vapeur; rendement des appareils générateurs. La surface de chauffe considérée dans les appareils semblables comme mesure de la puissance des machines Vapeur produite aux essais et en service régulier. Mesure de la production de la vapeur sensible. Foyers et combustible. Causes qui vicient la combustion et expliquent la faiblesse du rendement des appareils moteurs en puissance mécanique.

Nous avons exposé les méthodes par lesquelles les ingénieurs français et anglais calculent les résistances au mouvement des navires dans l'eau.

Les premiers n'avaient pas, comme leurs voisins, cherché un point de départ absolu dans les formes géométriques du corps flottant. Ils partaient des types qui se rapprochent le plus, quant aux dimensions et à la vitesse, du type à construire, et ils lui appliquaient la formule habituelle indiquée par Bourgois.

Rien de plus intéressant, sous ce rapport, dans l'histoire de l'art, que l'étude qui a commencé la transformation de la marine militaire française, par la construction du navire rapide *le Napoléon*, due à Dupuy de Lôme. C'est cette étude que nous allons suivre et citer; elle remonte à 1847, mais c'était alors le summum de la science appliquée. La courbe ascendante du progrès accompli depuis, et que révèle la récente notice scientifique de Dupuy de Lôme, sera facile à reconnaître.

Après avoir indiqué le but à atteindre, son influence sur les aménagements et sur les dimensions du navire, l'ingénieur se trouve en face de la grave question de la vitesse à lui imprimer, c'est-à-dire de la puissance mécanique correspondante à cette vitesse.

Il désire une vitesse de 11 nœuds, et il trouve l'art fixé sur le travail à effectuer pour vaincre les résistances proportionnelles au mouvement.

Ces résistances sont comme le carré de la vitesse, multipliée par la section, au maître couple, et le produit, par un certain coefficient variable, mais établi empiriquement. Le travail est le produit des résistances multipliées par la vitesse du mouvement à la troisième puissance. Il n'y a donc d'autre différence entre la résistance et le travail, sinon que pour la première, la vitesse est comptée au carré, tandis que pour le travail elle est comptée au cube.

L'ingénieur cherche alors l'expression de la puissance nécessaire dans la détermination de l'élément F de la formule suivante :

$$V = K \sqrt[3]{\frac{F}{S}}$$

« Dans cette formule V est le nombre de nœuds filés par le navire (30 mètres 85 par seconde, et par minute, 1851 m. 85). S est la surface plongée du maître couple, exprimée en mètres carrés. F est la force effective de la machine exprimée en chevaux de Watt. Et enfin K est un *coefficient numérique, sensiblement constant pour des navires analogues, sur lesquels on fait varier la force de la machine, mais qui varie lui-même avec la grandeur du bâtiment, sa forme plus ou moins avantageuse et les proportions de l'hélice.* »

Faisons remarquer la différence qui existe entre le vague de cet énoncé et les méthodes proposées par Bourne, Scott Russell, Macquorn Rankine, et récemment Dupuy de Lôme, qui établissent le lien mathématiquement rigoureux qui existerait entre la forme du navire et la vitesse à lui imprimer.

« La formule dont la contexture est indiquée par la théorie de la résistance des carènes, se trouve vérifiée par la pratique pour les navires à hélice que j'ai pu expérimenter, et pour lesquels j'ai trouvé le coefficient K, ne variant que de 4,7 à 4,9. » (1)

Revenons sur les éléments résumés dans la formule qui précède.

« La résistance R que les carènes éprouvent au mouvement, dans une eau calme, est proportionnelle à la surface plongée du maître couple S, et au carré de la vitesse V. Mais un coefficient K accroît cette résistance, et le calcul s'exprime par

$$R = KS\,V^2$$

Le travail qui est le produit de la résistance par la vitesse s'écrira $KSV^2 \times V$ ou $KSV^3$, qui est égal au travail utile.

A ce travail utile il faut ajouter toutes les forces perdues par le moteur. Mais quand il s'agit de comparer entre elles des machines de même espèce, ces pertes étant constantes pour cha-

« (1) Lors des essais, ce coefficient s'est trouvé égal à 5,52 pour la vitesse de 13n,50.

« Bourgois l'a trouvé de 3 kilogrammes pour la vitesse de 11 nœuds.

cune, sont négligeables, et, dans ce cas, le travail moteur $F = KSV^3$, dans lequel la vitesse V aura pour expression

$$V = K\sqrt[3]{\frac{F}{S}}$$

« J'ai pris, pour calculer la vitesse du vaisseau que je propose, $K = 4,8$. J'ai, d'autre part; la section $S = 98^{m2}$ pour la pleine charge, et pour la puissance F 1,200 chevaux effectifs de 200 K. m. à réaliser au moyen de 900 chevaux nominaux. On peut donc écrire que la vitesse $V = 4,8\sqrt[3]{\frac{1200}{98}} = 11$ nœuds 05. »

Cette méthode de calcul a donné pour *le Napoléon* une vitesse aux essais de 13 nœuds 5, et une marche normale de 11 nœuds, considérée depuis comme insuffisante pour les vaisseaux rapides, et qui a été dépassée par les frégates cuirassées.

Le navire *le Napoléon* a une longueur de 71 m. 23 à la ligne de flottaison en charge, et 16,80 de largeur. Son tirant d'eau, à partir du dessous de la fausse quille, est de 7,72. Mais la profondeur de la carène, mesurée du trait inférieur de la rablure de la quille à la flottaison en charge, est de 7 m. 24 seulement. Le produit des trois dimensions 71,23, 16,80 et 7,24 donnerait au volume du parallélipipède circonscrit $8465^{m3}$, tandis que le déplacement réel est

par l'avant 2598,54 mètres cubes,
par l'arrière 2304,76
4903,30

Le rapport de 8465 à 4903 est celui est celui de 100 à 57 (1).

(1) M. de Fréminville donne, pour le rapport du volume de la carène au parallélipipède circonscrit, 584 à 1000. Cela tient à de légères différences avec le rapport de réception, sur les dimensions.
Nous citons le rapport même.

La doctrine de Scott Russell, rigoureusement appliquée, donne pour le rapport ci-dessus 100 à 50 ; mais comme il ne fait pas entrer dans le calcul la longueur de la portion pleine du maître couple, il en résulte une analogie à peu près complète dans les constructions des deux pays, du rapport donné par les lignes d'eau entre le volume de la carène et le parallélipipède circonscrit.

C'est ce que nous résumons dans le tableau suivant, qui comprend les trois dimensions du parallélipipède : longueur, largeur et hauteur ; le volume produit par ces trois dimensions, le volume de la carène, c'est-à-dire le déplacement, le rapport de ces deux volumes, le premier étant 100. Nous y avons ajouté la vitesse de service pour laquelle le navire a été construit et qu'il a réalisée. Ces moyennes varient chaque année suivant le nombre de trajets d'hiver ou d'été qu'accomplissent les navires. En 1863, la moyenne de 9 traversées du *Scotia* a été de 11$^{n}$·74. Le trajet le plus rapide de 14$^{n}$·18, et le plus lent de 8$^{n}$·34. En 1864, la vitesse moyenne a été de 12$^{n}$·57 (13 traversées). Dans la même année, la vitesse moyenne du *Persia* (13 traversées), a été de 11$^{n}$·19. Maximum, 12$^{n}$·85 ; minimum, 9$^{n}$·13. En 1864, la vitesse moyenne a été de 11$^{n}$·72 (12 traversées). La vitesse moyenne du *China* a été, en 1863, de 11$^{n}$·11 (11 trajets). Maximum, 13$^{n}$·29 ; minimum, 8$^{n}$·19. En 1864, 11$^{n}$·56 (9 traversées). Ces chiffres sont extraits, pour 1863, des documents parlementaires.

Le *Pereire*, qui a réalisé 15$^{n}$·30 aux essais, a atteint dans ses deux premières traversées la vitesse de 12$^{n}$·56 et 13$^{n}$. Enfin, la vitesse du *Connaught* (type du *Leinster* et de l'*Ulster*), a été de 18$^{n}$·08 aux essais, et le service entre Holyhead et Kingston se maintient régulièrement à 16 nœuds.

| NOMS DES NAVIRES | LONGUEUR de la carène à la flottaison moyenne hors bordé | LARGEUR du maître-couple hors bordé | HA[illegible] trait[illegible] de la[illegible] à la f[illegible] en[illegible] |
|---|---|---|---|
| NAVIRES A ROUES | mètres | mètres | m[illegible] |
| *Descartes* (marine militaire française)..... | 70 14 | 12 65 | 5[illegible] |
| *Atrato* (paquebot anglais, Royal-Mail cy.) | 102 50 | 12 50 | 5[illegible] |
| *Shannon* ( — — ).... | 100 55 | 13 40 | 5[illegible] |
| *Paramatta* ( — — ).... | 100 40 | 13 34 | 4[illegible] |
| *Persia* ( — — Cunard cy.).... | 109 70 | 13 72 | 6[illegible] |
| *Scotia* ( — — ).... | 111 78 | 14 50 | 6[illegible] |
| *Great-Eastern* (paquebot anglais) ......... | 207 40 | 25 31 | 8[illegible] |
| *Arago* (paquebot américain) .......... | 86 »» | 12 »» | 4[illegible] |
| *Vanderbilt* ( — — )........... | 98 40 | 15 »» | 8[illegible] |
| *Aigle* (yacht impérial français) ........... | 82 »» | 10 50 | 8[illegible] |
| *Victoria et Albert* (yacht impérial anglais). | 91 50 | 12 30 | 4[illegible] |
| Compagnie transatlantique | | | |
| Type des Antilles (7 paquebots français).. | 105 62 | 13 36 | 5[illegible] |
| Type New-York : *Napoléon III* (paq. franç.) | 110 24 | 14 »» | 5[illegible] |
| *Connaught* (paq. ang., Holyhead à Kingston) | 106 »» | 10 60 | [illegible] |
| NAVIRES A HÉLICE. | | | |
| *Bretagne* (vaisseau 1er rang français) ...... | 81 »» | 18 08 | [illegible] |
| *Napoléon* (vaisseau 2e rang français)...... | 71 23 | 16 20 | [illegible] |
| *Normandie* (frégate cuirassée française) ... | 77 89 | 17 »» | 7[illegible] |
| *Couronne* — — — ... | 80 »» | 16 50 | 7[illegible] |
| *Impératrice-Eugénie* (frégate française) ... | 74 09 | 14 78 | 5[illegible] |
| *Tarn* (transport, écurie militaire)......... | 82 »» | 13 52 | 5[illegible] |
| Compagnie des Messageries impériales | | | |
| *Douai, Impératrice, Cambodge* .................. } Paquebots.... | 92 50 | 11 73 | 5[illegible] |
| *Alphée* (paquebot)....................... | 80 92 | 10 02 | 5[illegible] |
| Compagnie transatlantique | | | |
| *Le Pereire, la Ville-de-Paris* ............. | 105 15 | 13 33 | 6[illegible] |
| *St-Laurent*.............................. | 105 62 | 13 36 | 5[illegible] |
| Compagnie Cunard : *China* ............... | 99 40 | 12 35 | 5[illegible] |

| …TOTAL<br>…ensions | DÉPLACEMENT<br>ou volume<br>de<br>la carène | RAPPORT<br>de<br>ce volume,<br>ce dernier<br>étant 100 | VITESSE<br>en<br>service | SOURCE DES CHIFFRES<br>SERVANT DE BASE |
|---|---|---|---|---|
| …cubes | mètres cubes | 100 | nœuds | |
| …00 | 3024 | 63 | ..... | De Freminville. |
| …60 | 3780 | 54 | 11 5 | Artizan. |
| …00 | 3800 | 51 | 11 5 | — |
| …0 | 3830 | 60 | 11 5 | — |
| …60 | 5360 | 56 | 11 72 | Compagnie Cunard. |
| …00 | 6470 | 62 | 12 57 | — |
| …00 | 28300 | 61 | 13 5 | Artizan |
| …0 | 3236 | 61 | 9 75 | De Fréminville |
| …80 | 5038 | 59 | 11 | — |
| …00 | 1909 | 55 | 12 | — |
| …00 | 2262 | 47 | 12 5 | — |
| …50 | 4983 | 64 | 11 5 | Forquenot. |
| …60 | 5500 | 63 | | — |
| …70 | 1291 | 46 | 16 | Amiral Paris. |
| …50 | 6466 | 56 | 11 | De Fréminville. |
| …65 | 4903 | 57 | 11 | Rapport de réception. |
| …50 | 5755 | 58 | 11 | De Fréminville. |
| …10 | 6004 | 61 | 11 | — |
| …60 | 3796 | 57 | 11 | — |
| …50 | 3466 | 53 | 11 | — |
| …50 | 3299 | 52 | 10 | Rapport de réception. |
| …38 | 2219 | 50 | 10 | De Fréminville. |
| …00 | 5090 | 54 2 | 12 68 | Napier. |
| …00 | 4725[2] | 64 6 | | |
| …30 | 3775 | 59 | 11 56 | Napier. |

En général, aux essais, les vitesses indiquées dans ce tableau ont été dépassées de 2 nœuds à 2 nœuds 5.

Le silence sur le degré de finesse des lignes d'eau du *Napoléon*, sur la nature des courbes de l'avant et de l'arrière, s'explique par ce fait que l'art de l'ingénieur ne semblait alors avoir, en France, rien d'arrêté sur l'existence d'un rapport théorique entre le degré d'acuité et le caractère géométrique des courbes au moyen desquelles cette acuité doit être obtenue pour une vitesse donnée.

L'ingénieur imite les lignes des navires qui ont réalisé, avec la moindre puissance motrice, la vitesse qu'il veut obtenir. Ce navire est un type dont il connaît les coefficients. Aucun des procédés proposés par Bourne, Scott Russell et Macquorn Rankine, ne semble encore avoir pénétré chez nous. Le seul principe professé d'ailleurs aujourd'hui, dans nos cours d'architecture navale, est « d'atténuer, par un affinement convenable des extrémités, les résistances directes de la carène, pour obtenir de belles marches, soit à la voile, soit à la vapeur (*de Fréminville*).

Étant donné, le volume du parallélipipède circonscrit produit par les trois dimensions, et le déplacement, c'est le rapport de ces deux termes qui sert de point de départ à la comparaison. On compare encore le parallélogramme circonscrit, donné par la largeur de la carène, au maître couple, multipliée par sa hauteur, à la section immergée.

Enfin, on compare le parallélogramme circonscrit que donne à la ligne de flottaison le produit de la longueur de la carène par sa largeur, à l'aire réelle de la carène à ce plan de flottaison.

Le premier de ces rapports, celui du parallélipipède circonscrit au volume de la carène, était pour les navires de la marine militaire :

Comme 100 à 62 pour les vaisseaux ;
100 à 50 pour les frégates ;
100 à 49, et même 42 pour les corvettes.

Dans ces conditions, l'angle total formé par les lignes d'acuité des formes de l'avant, était, pour les vaisseaux et frégates, à la flottaison, de 70°.

Il était à la cinquième ligne d'eau, pour les vaisseaux, de 43 à 45°.

Pour les frégates, de 35°.

Pour les corvettes ayant une acuité plus grande, l'angle, à la flottaison, variait de 56 à 50° et, à la cinquième ligne d'eau, de 27 à 19°.

Les formes d'arrière étant plus évidées que celles de l'avant, le déplacement de la moitié-avant de la carène était plus considérable que celui de la moitié-arrière; le maître couple et le centre de carène se trouvaient ainsi en avant du milieu.

Dans ces navires, le rapport de la longueur à la largeur varie entre 3,70 et 3,89 pour les plus lents et les plus rapides. Pour les transports il varie de 1 à 4, et dans ce cas, les angles de la flottaison et de la 5e ligne d'eau sont de 66 à 48°.

Pour les grands *cotton ships* américains, le rapport de la longueur à la largeur était de 4,66 ; le maître couple offrait une section de 0,90, celle du parallélogramme circonscrit étant 100 ; mais ils avaient de la finesse à l'avant, l'angle de flottaison étant de 38°, et à celui de la 5e ligne d'eau de 23°.

Dans les clippers américains, le rapport de la longueur à la largeur s'est élevé jusqu'à 5,20. Le rapport du volume du déplacement au parallélipipède circonscrit varie entre 47 et 54 à 100.

Celui de la surface de flottaison au rectangle circonscrit, varie entre 71 et 54 à 100.

Celui de la surface du maître couple au rectangle circonscrit, varie entre 70 et 82 à 100.

L'angle des lignes d'eau avec l'axe longitudinal à la flottaison varie entre 14 et 22° ; soit 28 et 44° pour la somme des angles.

L'angle de la 5ᵉ ligne varie de 14 4 à 17° à l'axe.

La vitesse moyenne de ces clippers est de 7ⁿ à 7ⁿ 5; mais par des circonstances très-favorables de vent, ils obtiennent 14 à 15 nœuds. Leur construction oppose une grande résistance à la dérive.

*Le Red Packet*, l'un des plus grands clippers, déplace 3148$^{m3}$.

Ces navires, construits en bois, ont dû leur solidité à leurs murailles verticales et à la finesse de l'avant, mais ils fatiguent rapidement à la mer.

Les angles d'acuité indiqués dans les lignes qui précèdent, se rapportent les uns à la section de la carène, les autres ne se rapportent à la demi-section, c'est-à-dire à l'axe longitudinal de la carène.

Le degré d'acuité est indiqué au tableau suivant pour quelques paquebots transocéaniens, par rapport à l'axe longitudinal.

| NAVIRES A ROUES | ANGLE DE LA FLOTTAISON AVEC L'AXE LONGITUDINAL | | ANGLE DE LA 5ᵉ LIGNE D'EAU AVEC L'AXE LONGITUDINAL | |
|---|---|---|---|---|
| | avant | arrière | avant | arrière |
| *Arago* | 12° | .. | 10° | .. |
| *Vanderbilt* | 15 | .. | 10 | .. |
| *Scotia* et *Persia* | 11 | 19° | 10 | 15° |
| *Great-Eastern* | 10,5 | 20 | 8,5 | 15 |
| Compagnie Transatlantique, type Antilles | 16 | 32 | 10 | 11 |
| Compagnie Transatlantique, type New-York | 16 | 32 | 10 | 11 |

Tel est, à grands traits, l'état des faits et des doctrines sur les formes des navires, au point de vue de la marche.

On peut éprouver quelque surprise, que les ingénieurs français ne se soient pas mêlés publiquement à ces discussions qui semblent exciter de si vives préoccupations chez nos voisins; on peut regretter qu'ils ne soient pas entrés encore dans la voie théorique des applications, ou même des essais de calcul par des méthodes tant préconisées.

Il reste, en effet, des points encore incertains, auxquels la discussion n'a pas touché.

Est-il bien logique de donner à l'avant d'un navire les courbes qui correspondent à la forme d'ondulation qu'il provoquerait à une vitesse fixée d'avance; de lui donner à l'arrière les courbes correspondantes à la forme d'ondulation résultant du creux provoqué par la vitesse et la forme d'avant du navire; de présenter le rapport des longueurs de l'avant à celles de l'arrière comme fixe; sait-on les conditions que de pareilles formes donneront à un navire, quant à la situation de l'axe vertical, autour duquel s'accompliront les mouvements de tangage et de roulis? Il ne suffit pas que cette forme permette de placer sur la même ligne verticale le métacentre, le centre de gravité et le centre de carène, mais comment le rayon des poids distants à l'avant et à l'arrière de cet axe, donnera lieu à des moments égaux dans les mouvements de tangage.

On chercherait vainement, en effet, dans ces discussions comme dans un traité quelconque, les règles d'après lesquelles se dirigent les ingénieurs en ce qui concerne l'influence des formes sur les conditions du tangage, c'est-à-dire sur son amplitude, sa violence ou sa douceur. En général, la finesse de l'arrière dans les fonds aide l'avant à s'élever sur la lame, et le renflement dans les hauts de l'arrière limite l'élévation de l'avant par la progression rapide du déplacement qui s'opère quand l'arrière s'enfonce au-delà de la ligne de charge.

On comprend la régularité du mouvement de tangage lorsque les conditions d'équilibre des moments sont d'accord avec celles de la résistance que les formes éprouvent à sortir de l'eau et à y entrer. On peut considérer que c'est là un des problèmes les plus difficiles et les plus intéressants de la construction.

On a remarqué que depuis l'établissement des bateaux à vapeur à roues, les mouvements de tangage avaient pris une douceur et une régularité remarquables. Cela a tenu à un ensemble de circonstances concourant au même résultat. Les poids des machines, des chaudières et du charbon ont dû être ramenés vers le centre et distribués convenablement de chaque côté du centre de gravité de carène.

Les formes de l'avant sont devenues plus identiques avec celles de l'arrière que dans les bateaux à voiles, parce que la finesse des formes d'avant nécessitait une diminution de résistance verticale à l'arrière.

L'allongement des coques et le poids des roues ont accru la somme des moments des poids distants du centre d'oscillation.

Si la longueur de l'avant est une bonne condition de marche à cause de l'acuité qu'elle permet de donner aux formes du navire, la longueur de l'arrière est intéressante au point de vue des aménagements que réclame le trafic, et la conciliation de ces deux intérêts a produit des navires dont les deux parties avant et arrière doivent se rapprocher de l'équilibre statique et dynamique par les formes, les poids et la distance de ces poids par rapport au centre de carène.

C'est ainsi que l'on tend à se rapprocher de la loi de ce double équilibre des formes et des moments dont l'axe doit correspondre à une ligne verticale passant par les trois centres, à savoir : le métacentre longitudinal et latitudinal, le centre de gravité de poids et le centre de volume de carène.

Lorsque l'axe des moments du tangage diffère de l'axe des moments du roulis, le navire subit des embardées (*lurch*), qui, affectent sérieusement l'action du gouvernail, fatiguent la coque, et exposent le pont à des coups de mer très-violents.

La position du centre de carène est fixe, en ce sens qu'elle est, dans le sens horizontal, l'axe de partage des volumes immergés. Dans le sens vertical, ce centre partage la distance de l'axe horizontal des volumes d'avant et d'arrière. Les volumes de l'arrière sont plus hauts que ceux de l'avant, les fonds étant plus évidés, surtout dans les navires à hélice, et les hauts plus évasés.

Mais dans le cours d'un voyage la position du centre de gravité varie dans les bateaux à vapeur suivant la situation du charbon dans les soutes. Le navire baisse ou relève de l'avant si le combustible est inégalement réparti.

L'axe des moments change inévitablement dans ce cas. Le métacentre ayant, comme le centre de carène, une situation déterminée géométriquement, ne peut pas plus varier que lui, et alors on peut juger de l'importance des perturbations qui peuvent se produire lorsque les situations du centre de gravité et des axes des moments viennent à s'écarter de la ligne droite, qui a le métacentre et le centre de carène pour points extrêmes. Cet écart ne peut pas être complétement évité, mais il importe qu'il soit réduit autant que possible.

Dans l'exposé des formes générales à donner à un navire, nous n'avons pas parlé de celles qui ont pour conséquences de l'empêcher de dériver, c'est-à-dire de dévier de sa direction, sous l'influence des vents de travers, ou des courants, ou de l'agitation de la mer. La hauteur de la quille, la finesse des formes, la verticalité des murailles du navire influent sur cette condition essentielle. Elle est d'autant plus intéressante que l'usage des voiles est plus nécessaire. Dans les steamers à roues qui ont un maître-couple aussi plein que possible pour donner de la place aux machines, le centre vélique est placé bas. La superficie de la voilure est moindre, de manière à compenser la moindre résistance qu'offre le centre du navire à l'action des forces qui peuvent tendre à le faire dériver.

Mais dans un steamer à hélice, de finesse égale au précédent à l'avant et à l'arrière, le maître-couple est moins plein, parce que les machines sont disposées différemment. La résistance totale du navire aux forces de déviation en est accrue et l'on peut alors recueillir, au profit de la vitesse, les avantages qu'offrent ces navires, soit pour la hauteur du centre vélique, soit pour la surperficie de voiles qu'il convient de porter au maximum compatible avec les qualités du navire.

Du reste, un capitaine expérimenté reconnaît bien vite les qualités ou les défauts de son navire à cet égard. Il les mesure à la facilité avec laquelle le navire se défend de lui-même autant qu'à la facilité avec laquelle il obéit au gouvernail.

Lorsque la direction du navire est identique à celle du creux des lames, il ne convient pas de rester dans cette position. La route est alors déviée de manière à affecter un certain angle avec la marche de l'ondulation. Il importe alors que cette déviation soit la plus faible possible pour ne pas perdre de route. Il faut qu'elle soit suffisante pour que le navire ne soit pas à chaque instant ramené dans le creux des lames, et comme la docilité du navire au gouvernail est en raison de la vitesse de marche, on reconnait bien vite la sensibilité du navire, par la vitesse qu'il convient de lui donner pour maintenir sa direction normale.

Nous revenons au programme que nous nous sommes donné en suivant, pas à pas, le rapport de Dupuy de Lôme sur le navire qui a ouvert la voie aux grandes améliorations qui ont récemment transformé la marine de l'État.

Nous avons vu que d'après la formule française empruntée à celle de Watt, la force motrice doit être en raison de la section immergée au maître-couple, multipliée par le cube de la vitesse cherchée et le produit multiplié lui-même par un coefficient que l'expérience a donné pour des navires de formes analogues. Pour obtenir onze nœuds au *Napoléon* dont la section au maître-couple était de 98 mètres carrés, l'emploi du coefficient 4, 8, indiquait une force de douze cents chevaux effectifs de 200 k. m. à réaliser au moyen de neuf cents chevaux nominaux.

La dénomination de la force motrice marine a subi des transformations considérables et elle en subit tous les jours.

C'était d'abord la mesure de Watt 33,000 livres élevés à un pied par minute soit 76 kil. à un mètre par seconde. On a adopté en France l'expression 75 kilogrammètres pour un cheval vapeur. Pour obtenir la puissance utile, on faisait aux frottements et aux autres causes de déperdition de force une part en diminution de la pression d'emploi de la vapeur. Les machines à basse pression étaient alors exclusivement employées. On s'aperçut plus tard que la température de l'eau de mer pouvait sans inconvénient être portée de 100° à 110° et la pression de 0 m. 76 de mercure à 1 m. 33, soit une atmosphère 3/4 effective au lieu d'une atmosphère. La transition dura plusieurs années pendant lesquelles rien ne fut changé aux autres éléments de la puissance motrice, c'est-à-dire à la surface de chauffe, à la dimension des cylindres et à la vitesse du piston, par rapport à la force nominale. Mais l'adoption des chaudières tubulaires réduisit le prix du mètre carré de surface de chauffe et permit d'élever la pression sans inconvénients; une partie de l'économie du prix put alors être reportée sur la machine, dont les pièces durent être renforcées puisque son travail accroissait, sa vitesse restant la même. La puissance nominale alla toujours en augmentant. C'est ainsi que cette puissance d'abord de 75 kil. élevés à un mètre par seconde, s'est élevée progressivement jusqu'à l'énorme chiffre de 400 kilogrammètres où nous la trouverons dans les essais de quelques navires.

Dès l'origine, cependant, le coefficient d'utilisation des machines marines fut autre que celui des machines fixes, parce que le travail dut être mesuré sur le piston au lieu de l'être sur l'arbre des roues ou de l'hélice.

Si donc on mesure la puissance, *quant aux dimensions de la machine* pour fixer la valeur vénale, la formule de Watt prévaut en ce sens que l'on n'y tient pas compte de la pression au delà de 7 livres par pouce carré et de la vitesse du piston au delà de celle déterminée par Watt suivant la longueur des courses.

Si on veut mesurer la puissance effective, on multiplie l'aire du piston par sa vitesse par seconde, et le produit par la pression que révèle l'indicateur ; le produit est divisé par 200 si on veut avoir l'expression du travail en chevaux de 200 k. m. ou par 75 k. m. s'il s'agit de chevaux de Watt.

« Les chaudières du *Napoléon* fonctionnent à basse pression et la force effective en chevaux a été calculée par la formule de Watt.

$$\frac{2\ D^2\ CN}{0{,}59} \times \frac{P}{63}$$

C'est-à-dire, au moyen de l'expression de Watt multipliée par le rapport entre l'effort moyen à l'allure considérée et celui de la basse pression qui est de 63 cm. Elle s'est élevée jusqu'à 1,540 chevaux, soit plus des deux tiers de la puissance nominale »

« Le travail par seconde pour une pression moyenne en centimètres est donné par la formule.

$$1/4 \pi A D^2 C \frac{N}{60} \frac{P^{cm}}{76^{cm}} \times 10330 \text{ kil.}$$

ou par :

$$7,117, D^2 C N P^{cm}.$$

Il a atteint la valeur excessive de 205 350 kilogrammètres ou 2,702 chevaux de 76 kilogrammètres »

Ainsi le cheval nominal a été dans les essais de 208 kilogrammètres et s'est élevé jusqu'à 225 kilog.

Cette proportion a été bien dépassée en Angleterre.

Les paquebots destinés aux services publics sont soumis à des essais de réception. La puissance nominale est calculée en chevaux par la formule.

$$F' = A \frac{D^2 CN}{0,59}$$

dans laquelle le pression entre à 0 kil. 492 par cent. carré.

Elle est ensuite calculée par les courbes de l'indicateur (diagrammes) données par les pressions moyennes sur les pistons, et le vide moyen sous les pistons en centimètres de mercure. Ces pressions ajoutées donnent la valeur de P, ou si elles sont calculées en hauteur de mercure, la valeur de H.

Enfin, on cherche la valeur de M dans la formule.

$$V = M \sqrt[3]{\frac{F'}{B^2}} (P - 6)$$

Si la valeur du coefficient d'utilisation M est cherchée en faisant intervenir la puissance F en chevaux de 200 kilogrammètres, la formule devient

$$V = M \sqrt[3]{\frac{N}{B^2}}$$

(P-6) indique que dans le calcul des pressions on a déduit de celles-ci 6 centimètres de hauteur de mercure, représentant les frottements de la machine.

Dans la première de ces formules, A est le nombre des cylindres, D leur diamètre, C la course, N le nombre de tours de la machine; 0,59 est le résultat des transformations suivantes;

Etant donné la puissance en chevaux en mesures anglaises

$$F = 1/4 \frac{\pi D^2 \times 2 CN \times 7 \text{ liv.}}{33,000}$$

ou en mesures françaises

$$F = \frac{D^2 CN \times \frac{2}{60''} \times 0,4918 \times 0,785}{76}$$

$$\text{ou} \qquad F = D^2 CN \times \frac{0,03860}{228}$$

$$\text{ou enfin} \quad F = \frac{D^2 CN}{0,59}$$

Il serait bien facile d'exprimer d'une manière plus lucide un résultat qui n'est, en définitive, qu'une accumulation d'éléments numériques.

Dans la formule où l'on cherche la valeur de M, nous rappellerons ce qui a été dit du coefficient K qui s'attache à la forme même du navire. A ce coefficient il faut ajouter celui des pertes de travail de la machine. Ce sont ces deux coefficients réunis qui sont M.

Cela s'obtient par les quatre transformations suivantes, dans lesquelles interviennent :

R, résistance ;

$B^2$, surface plongée du maître couple ;

V, vitesse ;

A, coefficient de réduction du travail produit dans les cylindres sur le travail transmis ;

F, la puissance en kilogrammètres ;

K, coefficient constant pour un même navire, mais variable d'un navire à l'autre ;

M, le facteur $\sqrt[3]{\frac{K}{a}}$

$$(1) \qquad R = K\ B^2\ V^2$$

$$(2) \qquad K\ B^2\ V^2 \times N = K\ B^2\ V^3 \quad \text{(travail)}$$

$$(3) \qquad F = K\ B^2\ V^3 \quad \text{d'où } N = \sqrt[3]{\frac{K \times}{a}}\ \sqrt[3]{\frac{F}{B^2}}$$

$$(4) \qquad V = M \sqrt[3]{\frac{F}{B^2}}$$

Pour en finir sur la signification de ces formules dont les termes embarrassent toujours ceux qui n'ont pas conservé le souvenir de l'origine de leur transformation, expliquons celle qui est employée pour trouver la puissance utile d'une machine composée de deux cylindres en chevaux de 75 kilogr.

Dans la formule originelle le travail utile :

$$Tu = \frac{1/4\ \pi\ D^2\ \frac{2CN}{60}\ (E - e)}{75}$$

dont nous avons eu la signification à l'exception de E qui est la pression exprimée en livres anglaises et de $e$ qui est la pression exprimant la perte de force de la machine. Si on veut, comme nous l'avons dit, représenter les pressions par les hauteurs de mercure, E et $e$ seront égaux aux hauteurs H et $h$ correspondantes à ces pressions multipliées par la densité du mercure 13,592. L'expression deviendra alors pour les machines à deux cylindres.

$$Tu = \pi D^2 C \frac{N}{60} (H-h)$$

en effectuant on a :

$$Tu = 7{,}117\ D^2 CN (H-h)$$

$$F = \frac{7{,}117\ D^2 CN (H-h)}{75} \text{ (1)}$$

Le diviseur est 200, lorsque la puissance de la machine est exprimée en chevaux de 200 kilogrammètres.

Ces explications étaient nécessaires; elles feront éprouver quelque surprise que des calculs aussi simples se soient transmis dans l'usage sous la forme de notations au moins compliquées.

Toute formule, pour être simple dans son énonciation, doit être dépouillée des numérations inutiles. Chaque terme doit représenter un fait simple. Une aire, une vitesse par seconde, une pression sont ici les trois termes intéressés et directs. Pourquoi les compliquer d'un nombre composé de termes dont l'un entre dans le rapport du carré à la surface du cercle, dont l'autre est la densité du mercure, et le troisième, la division du temps; puis laisser encore la formule encombrée du carré du diamètre, qui est ici un terme inexact? Pourquoi exposer le lecteur, qui a perdu le souvenir de tant de transformations successives, à en chercher la clé ou à faire un calcul machinal?

(1) Voir, pour la série de ces formules, le *Cours pratique des machines à vapeur marines*, par de Fréminville, où elles sont exposées avec une grande clarté, pages 35 à 54.

Quant à la valeur des coefficients d'utilisation, fondée sur des éléments si insuffisants de la résistance totale, le récent travail de Dupuy de Lôme en fait, tacitement, justice.

La détermination du travail des machines marines au moyen de courbes tracées par l'indicateur des pressions sur les pistons, est un des procédés les plus ingénieux et les plus sûrs pour se rendre compte de tous les faits intéressant la marche des appareils, leur puissance effective et la relation de cette puissance avec la vitesse du navire.

Le diagramme indique la pression initiale à l'entrée dans les cylindres, pression qui peut être comparée, à chaque instant, avec celle de la chaudière. La figure qu'il trace donne géométriquement le travail effectué par chaque cylindrée de vapeur. Une perturbation ne peut avoir lieu dans la distribution de vapeur ou dans le vide du condenseur sans qu'il la signale. Le mélange, à l'excès, de l'eau dans la vapeur s'y lit également. Le mécanicien y voit, en comparant les figures données par des pressions et des détentes variables, le moyen le plus économique de produire une puissance donnée. Comme tout se réduit pour lui à produire le plus grand travail avec le plus faible poids de vapeur, il importe d'élever la pression pour utiliser la détente. L'élévation de la pression étant obtenue au moyen d'un très-faible accroissement de la température, plus il élèvera la pression, moins il emploiera de combustible pour une même quantité de travail.

Cette indication, qui semble d'une simplicité élémentaire, est cependant si peu comprise qu'il n'est presque pas un appareil où la pression soit, de la part des mécaniciens, l'objet principal de leur attention. Les notions les plus fausses subsistent encore à cet égard parmi eux. Ils craignent la déformation des parties des chaudières en contact avec le feu, et semblent ignorer que cette déformation ne se produit que lorsque l'épaisseur des incrustations élève hors de toute proportion la température des parois. De ce que la pression est quelquefois difficile à soutenir, ils supposent qu'il est plus facile de produire beaucoup de vapeur à une basse pression, que la quantité qui suffirait pour la même puissance à une pression plus élevée. Ces erreurs regrettables ont les plus fâcheux résultats. La quantité d'eau qui traverse ainsi la chaudière et y dépose le sulfate de chaux, est ainsi portée au delà de toute mesure. Il semble que le générateur soit considéré plutôt comme un appareil fait pour extraire les matières minérales que contient l'eau de mer, que pour produire de la vapeur.

Le principal usage des diagrammes est donc d'instruire le mécanicien du meilleur emploi de la vapeur. Pour rendre plus sensible ce moyen, nous avons superposé sur la même figure la marche à plusieurs détentes (voir pl. 6).

Ces diagrammes sont extraits du journal d'une traversée d'un paquebot de la Compagnie transatlantique ; type des Antilles.

La figure 1 représente la pleine introduction qui n'équivaut, par suite du recouvrement du tiroir, qu'à 0,75 d'introduction ; l'introduction aux 0,45 de la course et l'introduction à 0,35.

Dans la fig. 2, l'introduction à 0,55, et l'introduction à 0,45, l'une à 12 tours, l'autre à 13 tours 5.

La fig. 3 fait ressortir l'égalité de travail à des pressions inégales.

Il est relevé sur la machine de l'Europe dans les deux circonstances suivantes :

1° Pression dans les chaudières, 120 cent.; introduction de la vapeur dans les cylindres, 0,55 de la course ;

2° Presssion, 130 centim.; introduction, 0,35.

Dans les deux cas, les vitesses des roues et du navire étaient les mêmes, ainsi que l'immersion.

La moyenne des pressions dans les cylindres, constatée par les diagrammes, ressort comme suit :

| UTILISATION DE LA VAPEUR | 1<br>Pression 120<br>Intro. 0.55 | 2<br>Pression 130<br>Intro. 0,35 |
|---|---|---|
| | kil. | kil. |
| Pression effective moyenne en atmosphères. | 0,857 | 0,744 |
| Vide dans le condenseur en atmosphères. | 0,754 | 0,882 |
| Pression totale. . . . . . . . . . | 1,611 | 1,626 |

Il y avait donc égalité sensible de travail.

Pour déterminer l'économie de vapeur, il faudrait comparer le poids de la vapeur introduite dans les cylindres, d'après l'une des trois hypothèses suivantes :

1° L'introduction de vapeur étant celle qui est indiquée par la came de détente;

2° Ou bien, d'après la période d'introduction indiquée par les diagrammes;

3° Ou, enfin, d'après le poids de vapeur correspondant au volume entier du cylindre à la pression moyenne indiquée par les diagrammes.

Ces trois hypothèses donnent les produits comparatifs consignés au tableau suivant :

| | VOLUME DE VAPEUR INTRODUITE | PRESSION EN HAUTEUR DE MERCURE | POIDS DE 1m³ DE VAPEUR A CETTE PRESSION | POIDS D'UNE CYLINDRÉE DE VAPEUR EN KILOG. |
|---|---|---|---|---|
| 1° | | | | |
| D'après les cames de détente. | | | | |
| Introduction à 0,55 | 6m³ 58 | 120 cm | 0k 905 | 5k 98 |
| — 0,35 | 4 18 | 130 | 0 970 | 4 05 |
| 2° | | | Différence..... | 1 93 |
| D'après les diagrammes. | | | | |
| Int. 0,55 devient 0,425 | 5 08 | 120 | 0 905 | 4k 60 |
| Int. 0,35 devient 0,288 | 3 34 | 130 | 0 970 | 3 34 |
| 3° | | | Différence..... | 1 26 |
| D'après les pressions moyennes. | | | | |
| Introduction à 0,54 | 11 96 | 120 | 0 492 | 5 86 |
| Introduction à 0,35 | 11 96 | 130 | 0 426 | 5 09 |
| | | | Différence..... | 0 77 |

L'économie de vapeur résultant de la pression la plus élevée, avec une admission moindre, se présente dans tous les cas, comme suit, pour la même quantité de travail :

D'après les cames de détente, elle est de 32 pour 100.

D'après les diagrammes, de 27 pour 100.

D'après les pressions moyennes, de 13 pour 100.

Entre les trois hypothèses, la mieux fondée est certainement la seconde, qui indique les introductions de vapeur déduites des diagrammes. La régularité des dessins montre les bonnes conditions de la distribution. Ils prouvent, du reste, qu'il ne faut pas s'en rapporter aux cames de détentes pour la durée de l'admission. Cette durée varie, en effet, pour chacune des quatre cylindrées : à la came de 0,55, elle varie de 0,54 à 0,425 ; à la came de 0,45, elle varie de 0,388 à 0,339 ; à la came de 0,35, elle varie de 0,288 à 0,273. Ces variations se montrent plus ou moins dans tous les appareils.

Ce n'est donc que par une étude attentive des diagrammes que le mécanicien peut se convaincre des relations exactes entre la pression et la durée d'admission de vapeur par rapport à une même puissance à obtenir.

Il nous a suffi de démontrer, par un exemple pratique, l'intérêt qui s'attache à conserver dans les chaudières la pression pour laquelle elles ont été construites.

L'économie en combustible qui résulte de cette allure n'est pas strictement aussi considérable que celle de la vapeur, parce qu'il y a une somme de pertes constantes de calorique dans les foyers activement poussés; mais, ne fût-elle que de 10 pour 100, cela suffirait soit pour augmenter du dixième la distance que le navire pourrait parcourir à la même vitesse avec la même quantité de charbon; soit pour réduire du dixième la quantité de combustible nécessaire pour un même trajet.

Les faits qui servent à la détermination de la puissance des machines sont de deux ordres : ceux qui se produisent aux essais officiels où le navire est, à mi-charge, poussé au maximum de vitesse, et ceux qui se produisent en service.

La différence dans les résultats est due à plusieurs causes; dans le service, l'immersion au départ accroît les résistances et, pour les navires à roues, cette immersion réduit notablement l'allure des machines; puis les vents contraires, l'agitation de la mer, circonstances que l'on évite de rencontrer dans les essais.

C'est ainsi que tel navire qui, dans huit essais successifs, a fait de 16 à 16,75 tours de roues, en moyenne 16 t. 43 pour réaliser une vitesse de 11 nœuds 80 à 15 n. 32, en moyenne 13 n. 80, ne fait en service au départ que 11 t. 5; à mi-route 14 t. 5, et à l'arrivée 16 tours.

A l'arrivée, l'émersion est à son maximum; à mi-route, le navire est à peu près dans les conditions de tirant d'eau qu'il avait aux essais.

La conservation des appareils et l'emploi raisonnable du combustible exigent, en service, cette modération d'allure.

Le résultat des diagrammes comparatifs est indiqué dans les tableaux suivants. Le premier représente les éléments de la puissance développée dans les essais officiels; le second représente les mêmes éléments en cours de service. Tous deux se rapportent à la machine du navire de la Compagnie transatlantique *l'Europe*, type des Antilles.

Nombre de cylindres, $A = 2$;

Diamètre des cylindres, $D = 2,40$;

Course des pistons, $C = 2,64$;

Nombre de tours pour la force nominale de la machine, $N = 16,49$. A ce nombre et à la basse pression de 63 centimètres de mercure, la formule de Watt donne :

$$A\,\frac{D^2CN}{0,59} = 850 \text{ ch.}$$ Force nominale de la machine.

Nombre total de foyers en 4 corps, 24 ;

Surface de grille totale, $47^{m2}88$;

Surface de chauffe totale, $1395^{m2}$;

Charge des soupapes en centimètres en sus de la pression atmosphérique, 133;

Roues à aubes fixes. — Diamètre au bord extérieur $11^{m},00$ ;

Nombre des aubes par roue, 28;

Longueur, $3^{m},40$;

Largeur, $0^{m},60$;

Immersion du bord inférieur de la pale verticale, au tirant d'eau de $5^{m},77$, $2^{m},17$.

F, force en chevaux de 200 kilogrammètres sur chaque piston;

K, nombre de kilogrammètres ;

P, pression moyenne de vapeur en centimètres,

V, vide moyen en centimètres;

H, pression totale.

Il résulte du premier tableau que la machine *l'Europe* n'ayant fait aux essais que $16^{t},43$ au lieu de $16^{t},49$, sa force nominale n'a été que de 846 chevaux ; mais que la pression moyenne dans la chaudière ayant été de $1^{m},472$, au lieu de $0^{m},63$ sur les pistons, la puissance réelle a été de 3,490 chevaux de 75 kilogrammètres ou de 1,309 chevaux de 200 kilogrammètres.

Le second tableau montre qu'en service cette puissance ne s'est pas élevée au-delà de 1,086 chevaux de 200 kilogrammètres.

| | | | | | | | | | |
|---|---|---|---|---|---|---|---|---|---|
| Consommation de charbon. | Pendant les essais de consommation de charbon, la force moyenne développée a été de **2770** chevaux de 75 kilogrammètres avec **45** tours par minute, et on a brûlé **1** kil. **05** de charbon par cheval de **75** kil. | | | | | | | | |
| Valeur de M dans la formule $V = M\sqrt[3]{\frac{F}{B^2}}(P-6$ | | | | | | | | | 113 |
| Puissance moyenne développée pendant le parcours. — En chevaux de 75 kilogrammètres sur les pistons. | 3305 | 3360 | 3430 | 3560 | 3505 | 3480 | 3650 | 3640 | 3490 |
| Puissance moyenne développée pendant le parcours. — En chevaux nominaux par la formule $F = A\frac{D^2CN}{0,59}$ | 824 | 836 | 850 | 850 | 850 | 836 | 862 | 860 | 846 |
| COURBES D'INDICATEURS. — Vide moyen sous les pistons en centimètres de mercure. | 51 2 | 56 3 | 58 8 | 53 9 | 53 0 | 54 5 | 53 4 | 55 5 | 55 1 |
| COURBES D'INDICATEURS. — Pression moyenne effectuée sur les pistons en centimètres de mercure P. | 143 25 | 143 75 | 143 25 | 148 25 | 147 50 | 148 12 | 151 62 | 151 25 | 147 42 |
| Vide moyen au baromètre des condenseurs. | 67 5 | 67 » | 65 5 | 66 » | 66 » | 67 » | 67 » | 66 5 | 66 8 |
| Pression moyenne au manomètre des chaudières en centimètres de mercure. | 123 | 131 | 131 | 129 | 129 | 128 | 134 | 132 | 129 6 |
| Introduction de la vapeur dans les cylindres en 100ᵉ de la course. | 75 | | | | | | | | |
| Coefficient de recul. | | | | | | | | | 0 250 |
| Nombres de tours moyens de la machine par minute. N | 16 »» | 16 25 | 16 50 | 16 50 | 16 50 | 16 25 | 16 75 | 16 70 | 16 43 |
| Vitesse en nœuds par les relèvements. V | 11 10 | 15 43 | 12 25 | 15 32 | 12 85 | 14 87 | 13 32 | 14 43 | 13 80 |
| Durée du parcours. | 5 50 | 4 28 5 | 5 38 75 | 4 31 | 5 23 | 4 39 | 5 11 5 | 4 47 5 | |
| Longueur du parcours en milles marins. | 2315 | | | | | | | | |
| Tirant d'eau corrigé au commencement de chaque expérience. | 5 78 | | | | | | | | |

| DATES. | Nombre de tours. | Valeur de $7,417 \frac{D^2CN}{2}$ | DIAGRAMMES. BABORD. P moyenne | V | H totale | K | F | TRIBORD. P moyenne | V | H totale | K | F | Force totale. F |
|---|---|---|---|---|---|---|---|---|---|---|---|---|---|
| 1865 28 août. | 12 2 | 660 05 | 75 90 | 60 »» | 135 90 | 89.700 | 448 50 | 85 60 | 61 85 | 147 45 | 97.291 | 486 45 | 134 95 |
| 31 — | 14 5 | 784 49 | 82 95 | 58 35 | 141 30 | 110 849 | 554 24 | 82 25 | 59 65 | 141 90 | 111 399 | 556 99 | 1111 23 |
| 4 sept. | 15 5 | 838 59 | 75 95 | 61 95 | 137 90 | 115.642 | 578 21 | 74 45 | 57 80 | 132 15 | 110.821 | 554 10 | 1132 31 |
| 18 — | 13 75 | 743 9162 | 78 55 | 58 »» | 136 55 | 101 581 | 507 90 | 84 20 | 64 65 | 148 85 | 110.692 | 553 46 | 1061 36 |
| 21 — | 14 | 757 442 | 73 65 | 58 20 | 131 85 | 99.825 | 499 12 | 79 50 | 60 75 | 140 25 | 108.459 | 542 29 | 1041 41 |
| 25 — | 15 75 | 852 1222 | 70 35 | 57 30 | 127 65 | 108.72[illegible] | 543 64 | 78 65 | 65 15 | 143 80 | 122.531 | 612 65 | 11[illegible]6 29 |
| | | | 76 22 | | | | | 80 77 | 61 64 | | | | 1086 35 |
| Pression dans les cylindres..... | | | 115 25 | | | | | 121 | | | | | |
| — dans les chaudières... | | | 126 33 | | | | | 126 33 | | | | | |
| Rapport des deux pressions.... | | | 0 92 | | | | | 0 96 | | | | | |
| 1865 23 octobre | 11 7 | 639 97 | 79 50 | 58 »» | 137 50 | 87.137 | 435 »» | 91 60 | 60 »» | 151 60 | 95.583 | 477 »» | 912 »» |
| 29 — | 13 3 | 719 53 | 84 85 | 62 »» | 146 8 | 105.622 | 528 »» | 88 35 | 53 10 | 141 45 | 101.379 | 506 »» | 1034 »» |
| 1er nov. | 15 3 | 827 77 | 71 05 | 60 80 | 131 85 | 109.141 | 545 7 | 64 20 | 59 »» | 123 20 | 101.721 | 503 »» | 1048 »» |
| 12 — | 13 2 | 714 12 | 88 80 | 57 »» | 145 80 | 104.244 | 521 »» | 85 40 | 57 20 | 142 6 | 101.388 | 506 »» | 1027 »» |
| 14 — | 14 5 | 784 45 | 75 05 | 62 »» | 137 05 | 107.408 | 537 »» | 63 30 | 59 60 | 142 9 | 112.112 | 560 »» | 1097 »» |
| 17 — | 14 4 | 779 04 | 77 75 | 61 »» | 138 75 | 108.281 | 541 »» | 76 45 | 57 50 | 133 95 | 104 386 | 521 »» | 1062 »» |
| 19 — | 15 1 | 816 91 | 82 75 | 55 »» | 137 75 | 112.746 | 563 »» | 68 15 | 57 2 | 135 35 | 110.295 | 551 »» | 1114 »» |
| Moyennes........................ | | | 79 96 | | ...... | ........ | ...... | 76 78 | | | | | 1042 »» |
| Pression moyenne dans les cylindres.. | | | 117 | | ...... | ........ | ...... | 101 99 | | | | | |
| — dans les chaudières. | | | 128 7 | | ...... | ........ | ...... | 110 57 | | | | | |
| Rapport des deux pressions.......... | | | 0 909 | | ...... | ........ | ...... | 0 91 | | | | | |

Un navire du même type que *l'Europe*, ayant obtenu dans ses essais officiels une vitesse analogue et réalisé une puissance égale, mais ne cherchant pas à dépasser la marche réglementaire qui est, sur les Antilles, de 10ⁿ 5 (au lieu de 11ⁿ5 sur New-York), indique, par les diagrammes de sa machine, une pression totale (P. V) de $1^m,14$ de mercure. L'admission a varié entre 0,55 et 0,35 et la puissance a été de 776 chevaux. A 0,45 d'admission, elle a été de 745 chevaux ; enfin, à 0,35 d'admission, elle a été de 775 chevaux. Le nombre de tours a été de 12.52 ; de 12.85 ; et de 13.50. Les faibles admissions ont mieux utilisé la vapeur en relevant la pression.

L'impossibilité de juger les machines marines d'après la force nominale anglaise ressort de la comparaison suivante : L'*Europe*, navire à roues de 850 chevaux, force nominale anglaise, a fait, aux essais, 1309 chevaux de 200 kilogrammètres ou 3490 chevaux de Watt (75 km.), et en service, d'après les diagrammes, 1060 chevaux de 200 kilog. Ce navire a $47^{m2}80$ de grille, $1395^{m2}$ de surface de chauffe, la pression totale est de 133 centim. de mercure. La machine a fait faire à ses roues 215831 tours entre Brest et New-York (moyenne de traversées), et sa vitesse a été de $11^n 13$.

Le volume fourni par les pistons a été de $10,314,000^{m3}$, remplis de vapeur détendue produite par 1140 tonnes de combustible brûlées en 268 heures. Le déplacement moyen est de $4983^{Tx}$.

Le second transatlantique est le *Péreire*, de 518 chevaux de force nominale anglaise, ayant fait aux essais 1274 chevaux de 200 km. ou 3398 chevaux de Watt (75 km.), d'après les diagrammes. Ce navire fait en service, 1020 chevaux de 200 kilogrammètres ; il a $50^{m2}53$ de grille et $1525^{m2}$ de surface de chauffe, la pression est de 114 centim. de mercure. La machine a fait faire à son hélice, dans ses deux premières traversées accomplies à la vitesse moyenne de 13 nœuds, 679,462 révolutions, qui correspondent à un volume de 11,802,000$^{m3}$, remplis de vapeur plus ou moins détendue, produite par 753 tonnes de houille brûlées en 230 heures. Le déplacement moyen est sensiblement le même que celui du navire précédent.

L'effet produit est, on le voit, bien différent.

| | | | | |
|---|---|---|---|---|
| La vitesse du *Pereire* étant.... | 100 | celle de l'*Europe* est de | | 97 |
| La consommation............ | 100 | ....... | Id. ...... | 152 |
| La pression.................. | 100 | ....... | Id. ...... | 117 |
| La surface de chauffe........ | 100 | ....... | Id. ...... | 91,5 |
| Le volume débité par les pistons | 100 | ....... | Id. ...... | 87,5 |

Si le travail suit la loi du cube des vitesses, il est pour le *Pereire*, 100; pour l'*Europe*, 62. Et cependant, la force nominale de l'*Europe* est comptée, par les constructeurs anglais, dans le rapport inverse, l'*Europe* étant de 850 chevaux et le *Pereire* de 518.

Dans cette détermination de la puissance nominale, qui réduit à 518 chevaux la force de la machine du *Péreire,* la formule employée par le constructeur est

$$\frac{D^2 \; C \; N}{6000} \; 2$$

dans laquelle la pression entre pour 7 livres par pouce carré, et la vitesse N est celle de Watt. (1$^{m}$ par seconde.)

Mais la formule française pour déterminer la puissance nominale, dans laquelle N représente la vitesse réelle qui est ici de 2$^{m}$ par seconde, la pression restant à 0,492 par centimètre carré, donne 1,032 chevaux. Nous avons adopté le chiffre de 750 chevaux pour le *Péreire* d'après la surface de chauffe.

Du reste, l'indication de la puissance nominale dépend du caprice des constructeurs, puisqu'elle n'est soumise à aucun contrôle, et ils sont disposés à en affaiblir l'expression pour grandir, en apparence, les effets obtenus.

Nous aurons l'occasion de revenir sur ce point dans la comparaison de l'hélice avec les roues.

De ce que la puissance des machines est mesurée par les courbes de l'indicateur des pressions sur le piston, multipliées par le parcours de celui-ci, on distingue de suite deux éléments de cette puissance, à savoir : la faculté de vaporisation de la chaudière, et le volume fourni à la vapeur dans les cylindres, pour utiliser, soit sa pression initiale sans détente, soit sa pression initiale et sa détente.

Si les générateurs sont assez puissants pour que la faculté d'évaporation soit *ad libitum*, et que le volume débité par les pistons puisse être rempli de vapeur à la pression initiale, le travail qui pourra être fourni par la détente sera perdu, et le condenseur exigera une quantité d'eau considérable pour recueillir l'excès de chaleur transmis avec la vapeur. Cette allure sera excessivement dispendieuse. Aussi, aucune machine marine n'est-elle, en général, établie dans ces conditions.

Les ingénieurs et les constructeurs français ont adopté, pour leurs générateurs, une puissance d'évaporation susceptible de remplir de vapeur, à la pression pour laquelle ils sont construits, la moitié, environ, du volume débité par les pistons à la vitesse normale du moteur, qui, d'après le recul maximum prévu, correspond à un tiers en sus de celle du navire. Dans ces conditions, la détente est utilisée pendant la moitié environ de la course des pistons.

Les ingénieurs et les constructeurs anglais vont au delà, et ils y ont été conduits par la nécessité de maintenir la vitesse des navires contre les vents contraires et dans les gros temps. C'était autrefois, en effet, l'habitude des capitaines de ralentir la marche des machines et du navire pendant le mauvais temps, afin d'éviter d'embarquer à l'avant des masses d'eau dont le choc pouvait causer des avaries sur le pont, et pour éviter aussi les accidents habituels résultant des vitesses que prenaient les machines quand les roues ou l'hélice émergeaient.

Aujourd'hui, ce n'est plus que dans les très-gros temps que la marche de la machine est ralentie. Alors sa pression est réduite dans les chaudières, et on marche à pleine introduction de vapeur pendant toute la course du piston, moins la détente fixe.

Une concurrence existait, à l'origine des trajets transatlantiques, entre les capitaines du midi de l'Angleterre et ceux du nord. Au fond, elle était suscitée par les constructeurs de la Clyde contre leurs rivaux de Liverpool, Londres et Hull.

Les ponts furent généralement rasés, c'est-à-dire que les habitacles y furent couverte par un spardeck. Le pont de ceux qui restèrent en partie couverts d'habitacles fut soigneusement défendu par des pavois élevés et solides. L'émersion du moteur fut diminuée par les grandes dimensions des navires et par la finesse des formes, qui réduisirent aussi l'action de la mer. Mais comme, dans les gros temps, le travail moyen est augmenté par l'inertie des lames; comme l'emploi de la détente est gênant, à cause des émersions; qu'il faut, en conséquence, travailler avec une introduction continue, l'augmentation de la surface de chauffe était nécessaire.

Les ingénieurs français ont cherché à relever le niveau de la puissance de leurs machines, en élevant la pression dans les chaudières de 1$^{m}$10 de mercure à 1$^{m}$33; mais quand ils sont suivis dans cette voie, par les constructeurs anglais, la différence comparative dans la puissance de production de vapeur reste la même. L'augmentation de pression n'a d'ailleurs pas d'effet dans les très-gros temps, parce que l'habitude, dans ce cas, est, comme nous l'avons dit, de réduire la pression dans la chaudière.

Les chiffres suivants donnent la comparaison de la surface de chauffe, par cheval nominal, en France et en Angleterre :

| NAVIRES A ROUES. | Puissance nominale en chevaux. | Surface de chauffe en mètres carrés. | Surface de chauffe par force de cheval. | Vitesse habituelle ou règlementaire en service. |
|---|---|---|---|---|
| | | | mètres. | nœuds. |
| *Atrato* (paq. anglais) Royal mail.. | 800 | 1569 | 1 96 | 10 5 |
| *La Plata* — — — . | 876 | 1574 | 1 80 | 10 » |
| *Shannon* — — — .. | 775 | 1714 | 2 21 | 10 5 |
| *Persia* (¹) — — Cunard.... | 850 | 2052 | 2 41 | 12 » |
| *Scotia* — — — .... | 1000 | 2267 | 2 26 | 12 5 |
| *Adriatic* (paquebot américain) ..... | 1200 | 2267 | 2 36 | 12 » |
| Type des Antilles, paq. fr., Cie tr... | 850 | 1395 | 1 64 | 10 5 |
| Type de New-York, — — | 1000 | 1860 | 1 86 | 11 5 |
| NAVIRES A HÉLICE. | | | | |
| *Napoléon* (vaiss. de guerre franç.). | 900 | 1377 | 1 496 | 11 » |
| *La Gloire* (frégate cuirassée franç.).. | 900 | .... | .... | 12 » |
| *Warrior* (vaiss. de guerre anglais)... | 1200 | .... | .... | 12 » |
| *Solferino* (vaisseau cuirassé franç.). | 1000 | 1674 | 1 67 | 12 » |
| *China* (paquebot anglais, Cunard).. | 550 | 1125 | 2 05 | 12 » |
| *Cuba* — — ... | 600 | 1200 | 2 » | 11 5 |
| *Saint-Laurent* (paquebot français, Compagnie transatlantique) (²)... | 850 | 1395 | 1 64 | 11 5 |
| *Pereire*, *Ville-de-Paris* (paq. franç. Comp. transatlantique).......... | 750 | 1524 | 2 05 | 12 5 |
| *Louisiane Floride*, paq. fr., Cie tr. | 500 | 856 | 1 70 | 10 5 |
| *Hansa* (paquebot, Comp. de Brême) | 550 | 955 | 1 75 | 10 5 |
| *Impératrice*, *Donnai*, *Cambodge*, paquebots, Messag. Impériales...... | 700 | 1050(³) | 1 50 | 10 » |
| *Douro* (paquebot, Royal Mail)...... | 500 | 701 | 1 40 | 10 5 |

(¹) A été enregistré pour 900 chevaux.

(²) = 3000 chevaux de 75 kilogr.

(³) Surchauffeur compris pour 195 mètres.

On voit que, pour les navires rapides, les constructeurs anglais affectent une puissance de production de vapeur plus grande que les ingénieurs français, à ce qu'ils appellent le *cheval nominal*.

Les générateurs sont d'une construction à peu près identique. La production de vapeur est d'ailleurs diversement appréciée. Dupuy de Lôme admet que 35 litres d'eau convertis en vapeur, mesurée dans les cylindres, sont produits par force nominale d'un cheval, et que $1377^{m2}$ suffiront pour 900 chevaux de 200 kilogrammètres; c'est donc $1^{m2}496$ par cheval, et $23^{k}40$ de vapeur par mètre carré de surface de chauffe. Ces appréciations ont été confirmées par les essais; la production de vapeur sensible constatée dans les cylindres a été de 31,560 kil. par heure, soit $22^{k}8$ par mètre carré de surface de chauffe; la vitesse étant $12^{n}21$. La production s'est élevée à $24^{k}6$, la vitesse étant $13^{n}86$. Elle a même atteint 36,303 kil., soit $26^{k}4$ par mètre de surface de chauffe.

La constatation a été faite en multipliant le volume de vapeur introduit dans les cylindres, à la pression moyenne donnée par l'indicateur, par le poids d'un mètre cube de vapeur à cette pression. Nous ignorons pourquoi ce produit a été ensuite multiplié par 0,90 durée de l'introduction de la vapeur, puisque c'est la pression moyenne donnée par l'indicateur qui a été prise pour mesure de la densité. Il est à craindre que, par suite de cet élément introduit dans le calcul de la constatation de la vapeur sensible, le résultat réel n'ait été réduit d'un dixième.

Cette évaluation de la vapeur sensible constatée dans les cylindres, néglige naturellement l'eau entraînée avec la vapeur qu'un surchauffeur peut utiliser, ainsi que la condensation dans les conduits, dans la boîte à tiroirs et sur les parois des cylindres, l'extraction, etc.

En résumé, les essais du *Napoléon* ont constaté une production de vapeur sensible équivalente à 26 litres d'eau par mètre carré de surface de chauffe, à 534 litres par mètre carré de surface de grille, et de 5 lit. 39 à 6 lit. 53 par kilogr. de houille.

Les résultats des essais du *Solferino* ont différé beaucoup des chiffres qui précèdent. La machine est d'une force nominale de 1,000 chevaux. Ses deux cylindres, d'un diamètre de 2m10 et de 1m30 de course, offrent à la vapeur, par révolution, un volume de 18m³008. L'introduction étant coupée à moitié, c'est sur 9m³004 qu'il faut compter le poids de vapeur sensible. La pression sur les pistons étant de 114 centimètres, le poids correspondant d'un mètre cube de vapeur 0k861, le nombre de tours par minute 50, c'était par minute 388 kilogr. de vapeur, et par heure 23,280 kilogr. On a consommé, par heure, 6,083 kilogr. de houille, ce qui a donné un produit de 3k74 de vapeur sensible par kilogr. de houille, La surface de chauffe étant de 1,674 m², on a produit 13k92 de vapeur par mètre carré.

Cette question mérite des développements, car les progrès de la navigation transocéanienne sont intimement liés aux procédés de production de vapeur, et au bon emploi du combustible.

Il faut convenir, cependant, qu'il règne autant d'incertitude que de contradiction dans ce qui a été écrit au sujet des facultés de production de vapeur des chaudières marines.

La puissance de production de vapeur dans les chaudières marines peut être déterminée de deux manières : soit en mesurant directement la quantité d'eau vaporisée, soit en l'inférant de la quantité de vapeur envoyée dans les cylindres.

Des essais, basés sur la mesure directe des quantités d'eau vaporisée, ont donné les résultats suivants :

Combustible brûlé par mètre carré de surface de grille . . . . . . . . . . . . . . 172 kil. »

Eau vaporisée par heure et par mètre carré de

| surface de chauffe . . . . . . . . . . | 27 | 56 |
|---|---|---|
| Eau vaporisée par kilogr. de houille. . . . | 7 | 12 |

Ces essais, faits à terre, dans des ateliers de construction, et auxquels nous avons assisté, avaient pour but de comparer divers types de chaudières tubulaires; les chiffres qui précèdent se rapportent au type qui est généralement adopté aujourd'hui; mais ils ne sont pas applicables aux circonstances ordinaires, c'est-à-dire à l'installation d'une chaudière dans un navire et à l'emploi du combustible sous forme de menu en grande proportion, etc. Le tirage est gêné, dans les foyers des machines marines, par la difficulté d'arrivée de l'air dans les chambres de chauffe situées à fond de cale. Il dépend encore de la direction et de la pression du vent à l'orifice des manches à vent placées sur le pont; il dépend aussi de la température générale. En mer, dans les régions tropicales, et par suite de l'état embrasé de l'atmosphère, la consommation de charbon, par mètre carré de grille et par heure, descend jusqu'à 60 kilogrammes; tandis qu'elle s'élève, dans les meilleures conditions de tirage, à 95 kilogrammes.

La quantité d'eau vaporisée par kilogramme de houille qui, dans les chaudières de machines fixes, munies de foyers à combustion lente, varie entre 8k45 e 9k56 de vapeur sèche, et qui est encore, dans les foyers à combustion vive des machines locomotives, de 7k5 à 9k2, descend entre 4 et 6 kilogrammes dans les appareils de marine en service ordinaire.

Il est vrai que, faute de mesure directe des quantités d'eau vaporisée, on ne peut avoir recours, dans la marine, pour constater la puissance de production des chaudières, qu'à un calcul basé sur la vapeur sensible envoyée dans les cylindres.

Nous donnerons plusieurs exemples de ce calcul. Nous choisirons d'abord un voyage transatlantique accompli dans des circonstances favorables.

*L'Europe* opère son retour de New-York au Havre, du 26 mai au 6 juin, en 255 heures.

La distance est de 3,172 milles.

La vitesse a donc été de 12"43.

Le tirant d'eau étant, au départ, de $6^m405$, le navire fit, en commençant, 12 tours de roue par minute.

A l'arrivée, ce tirant d'eau était de $5^m24$, et le nombre de tours de roue de 16 40.

Le nombre total des tours de roue constaté par le compteur a été de 225,665, soit 14'5 par minute.

Les pistons ont débité quatre fois 222,065 cylindrées.

Le volume d'une cylindrée est de $11^{m3}94$. Mais comme l'introduction n'a été ouverte qu'à 0,55 de la course, le volume rempli de vapeur, pendant la traversée, n'a été que de $5,852,000^{m3}$.

La pression a été maintenue, dans les chaudières, à 125 centimètres de mercure.

Nous ferons, sur ces données, les calculs suivants, dans la double hypothèse que la vapeur a été introduite dans les cylindres à la pression de 125 centimètres ou à celle de 114 centimètres de mercure, nous donnant ainsi un maximum et un minimum.

A 125 centimètres de mercure, le poids du mètre cube de vapeur est de $0^k940$; le poids de vapeur introduit dans les cylindres aura donc été de 5,393,800 kilogrammes.

La consommation du combustible ayant été de 1,089,000 kil., ce serait $4^k95$ de vapeur sensible produite par un kilogramme de houille.

Le poids de vapeur sensible a été de 21149 kil. par heure. La surface de chauffe étant de $1395^{m2}$, cela fait $15^k10$ par mètre carré de surface de chauffe.

La puissance nominale, basée sur la formule ordinaire, ayant été trouvée, aux essais, de 846 chevaux pour 16$^{tours}$43, doit être réduite pour 14$^{tours}$5, à 746 chevaux.

Dans ces conditions, le poids de vapeur sensible par cheval nominal, serait de 28$^{k}$95.

Si on suppose que la pression de la vapeur sensible, ait été réduite dans les cylindres de 125 à 114$^{cm}$ de mercure, on aura les données suivantes :

Poids du mètre cube de vapeur à 114 cent. . . . 0$^{k}$859
Poids de vapeur sensible dans la traversée. . . 5,015,000$^{k}$
Produit de vapeur par kilogramme de combustible. . 4$^{k}$,60
— — par heure. . . . . . . . 19600$^{k}$ »
— — par mètre carré de surface de chauffe. . . . . . . . 14$^{k}$,20
— — par force de cheval nominal. . . 26$^{k}$,60

C'est entre ces deux résultats qu'oscille la valeur efficace d'un appareil moteur de grande puissance construit dans les règles les plus rigoureuses comme proportion des parties et habileté d'exécution.

On doit en conclure que l'eau entraînée avec la vapeur, celle qui est perdue par la condensation dans les conduits, et sur les parois des cylindres, enfin la chaleur perdue par les extractions contribuent pour une forte part à la faiblesse du rendement.

Prenons un second exemple dans une traversée entre le Havre et New-York, opérée en 267 heures, à la vitesse de 11 nœuds 88 par le même navire de la Compagnie Transatlantique, type de 850 chevaux.

Rappelons que le diamètre des cylindres est de 2$^{m}$40; la course 2$^{m}$64; le volume 11$^{m. cube}$94; que, dans une révolution, le volume offert à la vapeur par 4 cylindrées, est de 47$^{m}$76; mais que ce volume pris aux 55/100 d'introduction se réduit à 26$^{m}$20; qu'une révolution de la manivelle ou un tour de roue offre donc à la vapeur un volume à remplir de 26$^{m3}$20. Pour que ce volume fût rempli de vapeur à la pression de la chaudière, il faudrait admettre que celle-ci n'éprouvât aucune réduction de pression par la perte de température dans les conduits, et par sa vitesse d'écoulement, ce qui n'est pas. C'est donc d'après les courbes prises aux diagrammes donnant la pression exacte dans les cylindres pendant la durée de l'introduction qu'il faut calculer le poids de vapeur introduit. Or, dans les machines marines marchant avec lenteur (1 m. à 1$^{m}$45 de vitesse de piston par seconde), ayant des conduits de vapeur d'un fort diamètre, ouverts en grand, et de très-grands orifices de tiroirs, la pression indiquée par les diagrammes est sensiblement égale à celle de la chaudière. C'est le cas ici. On peut donc calculer approximativement le poids de vapeur sensible, par le volume offert à cette vapeur dans les cylindres pendant la durée de l'introduction, la faible réduction indiquée par les diagrammes devant être plutôt attribuée au refroidissement de la vapeur contre les parois du cylindre qu'à l'étranglement du passage par les tiroirs.

Il résulte, en effet, de la comparaison d'une longue série de diagrammes pris chaque jour, dans plusieurs traversées, que, pendant la période d'introduction à 0,55, le travail normal représenté par la pression est réduit d'environ 4 à 7 p. 0/0, et que cette réduction est la même, quelle que soit la vitesse du piston. C'est de là que nous inférons que le refroidissement seul agit en cette circonstance et que le poids de vapeur condensée sur les parois des cylindres équivaut au moins à la réduction de pression.

Le nombre de tours a été dans la traversée de 230,492 qui font 6,038,800$^{m3}$ de vapeur injectée dans les cylindres.

La pression moyenne a été de 123 cent. de mercure. Le poids d'un mètre cube de vapeur à cette pression est de 0$^{k}$930.

Le volume 6,038,800$^{m3}$ de vapeur équivaut donc à un poids de 5,616,167$^k$ de vapeur sensible dans les cylindres. La durée du trajet ayant été de 267 heures, la production par heure a été de 21000$^k$ de vapeur, et la surface de chauffe étant de 1395$^{m^2}$, on a obtenu 15$^k$04 d'eau vaporisée par mètre carré de surface de chauffe.

Mais il faut y ajouter :

1° les extractions; 2° l'eau entraînée; 3° l'eau provenant de la condensation de la vapeur sur le piston et les parois des cylindres.

Il a été brûlé dans la traversée 1,138,000 kilog. de houille, soit par heure 4235 kilog.; le kilogramme de combustible a produit en vapeur sensible 4$^k$96 de vapeur.

Si on suppose, d'après les résultats habituels des foyers des chaudières tubulaires à combustion analogue, une production de 6$^k$60 de vapeur par kil. de houille, cela donnerait 27900 kil. d'eau vaporisée par heure, soit, par mètre carré de surface de chauffe, 20 kilog. au lieu de 16. Ce seraient 20 sur 100 de perte dans l'utilisation du combustible. Il est présumable que la perte est beaucoup plus élevée.

Ces résultats moyens oscillent entre un minimum de 13430 tours par 24 heures, soit 11$^{tours}$2 par minute, et un maximum de 23636 tours par 24 heures, ou 16$^{tours}$4 par minute.

On a, dans les deux cas, les chiffres suivants :

Poids de vapeur sensible obtenu par mètre carré de surface de chauffe ; maximum . . . . . . . . . . . . 17$^k$20

Poids de vapeur ; minimum . . . . . . . . . 9$^k$16

Poids de vapeur sensible obtenu par kilogramme de combustible ; maximum . . . . . . . . . . . . . . 5,65

Poids de vapeur ; minimum. . . . . . . . . . 4.27

La production de vapeur sensible pendant les huit premières traversées du transatlantique l'*Europe* entre la France et New-York, accomplies à la vitesse moyenne de 11$^n$54, peut être calculée d'après des bases sensiblement analogues aux précédentes.

Le volume débité par les pistons est de $47^{m3}80$. L'introduction de vapeur étant fermée aux 0,55 de la course, le volume rempli de vapeur pendant l'ouverture des tiroirs de distribution se réduit à $26^{m3}20$; la pression moyenne, pendant les huit traversées, a été égale à $124^{cm}5$ de hauteur de mercure dans les chaudières. On peut, d'après les diagrammes, la supposer supérieure à $112^{cm}$ dans les cylindres pendant l'introduction. Le poids d'un mètre cube de vapeur à cette pression est de $0^{k}860$, ce qui donne par révolution $22^{k}532$ de vapeur. Le nombre de tours de roues a été de 1,740,350, ce qui donne en poids de vapeur sensible 39,213,566 kilog. La consommation de charbon ayant été de 9,147,000 kilog., la production de vapeur sensible a été de $4^{k}287$ par kilogramme de houille. La durée du travail des machines ayant été de 2431 heures, et la consommation du combustible, par heure, de 3760 kilog. cela a donné lieu à une production de $11^{k}59$ de vapeur par mètre carré de surface de chauffe de la chaudière.

Les 14 premières traversées du *Lafayette* ont été accomplies à la vitesse moyenne de $10^{m}62$. La pression de la vapeur a été en moyenne de $112^{cm}$ dans les chaudières. Nous la supposerons à 102 dans les cylindres.

Le poids d'un mètre cube de vapeur à cette pression est de $0^{k}837$ grammes ce qui donne par révolution $21^{k}93$. Le nombre de tours ayant été de 3,151,016, le poids de vapeur sensible a été de 69,239 $060^{ks}$ de vapeur. La consommation du combustible a été de 16,882,000 kilog. La production de vapeur sensible a été de $4^{k}12$ par kilog. de houille. La durée du travail des machines ayant été de 4,198 heures, et la consommation de 4,020 kilog. par heure, elle a donné lieu à une production de vapeur de $11^{k}82$ par mètre carré de surface de chauffe.

Le calcul du poids de vapeur sensible produit pendant une traversée transatlantique, peut encore être fait en prenant pour base la pression moyenne indiquée par les diagrammes.

Le tableau suivant présente les résultats de ces calculs.

| | Saint Nazaire à St. Thomas 3567 milles | BREST A NEW-YORK 2992 milles. | |
|---|---|---|---|
| | FRANCE | EUROPE | PÉREIRE |
| Volume de 4 cylindrées, en mèt. cub. | 47 76 | 47 76 | 17 37 |
| Nombre de révolutions. | 250 000 | 220 000 | 661 780 |
| Nombre de mètres cubes. | 11 940 000 | 10 502 000 | 11 802 000 |
| Pression effective dans les cylindres en cm. de mercure. | 69 cm. | 77 cm. 20 | 44 cm. |
| Poids du mètre cube de vapeur à la pression ci-dessus. | 0 k 537 | 0 k 600 | 0 k 361 |
| Poids total de vapeur, en kilog. | 6 400 000 k | 6 188 400 k | 4 260 000 |
| Combustible consommé, en tonnes. | 1247 t. | 1141 t | 753 t. |
| Poids de vapeur produit par un kil. de houille. | 5 k | 5 k 40 | 5 k 65 |

Le résultat est ici très-supérieur à celui que donnent les calculs précédents, ce qui doit être attribué à l'élévation générale des indications des diagrammes. Il est, en effet, d'habitude pour les mécaniciens de lever les diagrammes dans les moments de la meilleure allure, quand la pression est atteinte dans les chaudières, qu'il y a peu d'eau entraînée, etc.

Les tableaux suivants indiquent les résultats de quinze traversées, entre St-Nazaire et la Martinique, accomplies par la *Louisiane*, navire à hélice de la compagnie Transatlantique. Ce navire de 500 chevaux de force nominale a donné aux essais 565 chevaux de 200 kilogrammètres.

La distance parcourue est de 3560 milles par traversée. Le vent est la cause générale des différences dans la durée des voyages.

| N° 1.<br>Résumé de quinze traversées de la Louisiane entre St-Nazaire et la Martinique. | Traversée la plus favorable. | Traversée la moins favorable. | Ensemble de quinze traversées. |
|---|---|---|---|
| Vitesses | 11n 4 | 8n 24 | 10n 08 |
| Consommation du combustible | 626 t | 963 t | 11.991 t |
| Pression | 0k 96 | 0k 85 | 0k 85 |
| Poids d'un mètre cube de vapeur | 0k 728 | 0k 660 | 0k 660 |
| Nombre de révolutions | 894.020 | 1.091.601 | 14.243.219 |
| Introduction en quantum p. 100 de la course | 0 40 | 0 35 | 0 40 |
| Volume de vapeur par révolution | 4m³ 56 | 3m³ 90 | 4m³ 56 |
| Volume total de vapeur produite | 4.075.000m³ | 4.255.000m³ | 65.000.000m³ |
| Poids total de vapeur sensible | 2.970.000 | 2.807.000 | 42.850.000 |
| Production de vapeur par kilogramme de charbon | 4k 475 | 2k 92 | 3k 58 |
| Durée de la traversée | 308 | 432h | 5.282h |
| Consommation de houille par heure | 2.030k | 2.223k | 2.261k |
| Production de vapeur par heure | 9.510k | 6.510k | 8.110k |
| Production de vapeur par mètre carré de surface de chauffe (celle-ci étant de 842 mètres), et par heure | 11k 45 | 7k 74 | 10k 40 |

TABLEAU *des données utiles pour établir approximativement le poids de vapeur sensible produite par les appareils de la* Louisiane *pendant quinze traversées entre St-Nazaire et la Martinique:*

| | | | NOMBRE TOTAL DE TOURS. | VITESSES en nœuds. | DURÉE de la TRAVERSÉE en heures. | CONSOMMATION de CHARBON en tonnes. | PRESSION moyenne de vapeur en centimètres de mercure | INTRODUCTION moyenne en quantum pour 100 de la course |
|---|---|---|---|---|---|---|---|---|
| 3e voyage.... | Aller........ | Décembre.... | 891 020 | 11 4 | 308 | 626 | 95 | 40 |
| 4e — ... | Aller........ | Mars........ | 897 029 | 11 02 | 323 | 811 | 85 | 40 |
| | Retour ....... | Avril........ Mai.......... | 942 417 | 10 6 | 333 | 654 | 100 | 50 |
| 5e — ... | Aller........ | Septembre.... | 901 803 | 10 6 | 335 | 721 | 80 | 45 |
| | Retour ....... | Octobre...... Novembre .... | 923 678 | 10 5 | 336 | 751 | 85 | 45 |
| 6e — ... | Aller........ | Janvier....... | 989 720 | 10 » | 356 | 868 | 85 | 40 |
| | Retour ....... | Février....... Mars......... | 1 009 132 | 9 47 | 388 | 936 | 85 | 50 |
| 7e — ... | Aller........ | Mai.......... | 891 252 | 11 » | 312 | 754 | 80 | 40 |
| | Retour ....... | Juin ....... Juillet ..... | 933 805 | 10 2 | 347 | 857 | 85 | 45 |
| 8e — ... | Aller........ | Octobre. .... | 1 015 630 | 9 2 | 385 | 870 | 80 | 40 |
| | Retour ....... | Décembre .... | 1 007 680 | 9 2 | 386 | 907 | 85 | 35 |
| 9e — ... | Aller........ | Janvier. .... | 1 091 631 | 8 21 | 432 | 903 | 85 | 35 |
| | Retour ....... | Mars ...... | 1 048 750 | 8 96 | 397 | 904 | 85 | 35 |
| 10e — ... | Aller........ | Avril. ..... | 887 141 | 11 11 | 310 | 666 | 85 | 35 |
| | Retour ....... | Mai. ...... Juin ...... | 909 801 | 10 » | 334 | 703 | 85 | 35 |
| | | Totaux. ...... | 14 243 219 | 551 23 | 5 282 | 11 991 | 1285 | 610 |
| | | Moyenne. ..... | 949 547 | 10n 08 | 352 | 799t | 85 6 | 40 6 |

A quelle distance se trouvent ainsi les résultats pratiques en regard des essais de quelques heures et des calculs basés sur des expériences éphémères ! et peut-on s'étonner que devant de pareils mécomptes des armateurs expérimentés comme Cunard aient réclamé des constructeurs une grande augmentation de surface de chauffe, portant ainsi l'expression de la force du cheval nominal bien près de 400 kilogrammètres ?

Il est incontestable que c'est à la combustion et à l'appareil générateur qu'il faut s'en prendre de l'énorme perte de puissance motrice qu'éprouvent, sans exception, les machines marines, et rien ne peut mieux montrer l'importance des questions de détail dans la conduite de ces grands appareils que les résultats des deux premiers navires que nous avons comparés et qui ont été construits sur les mêmes dessins. Les machines et les coques sont absolument semblables ; les navires ne diffèrent que par quelques centimètres de tirant d'eau, et par quelques centimètres sur la hauteur relative de l'arbre des roues.

Cependant *l'Europe* a fait ses huit premières traversées à la vitesse de 11$^{n}$54 en consommant 3760 kil. par heure, et *le Lafayette* n'a atteint dans ses quatorze traversées que 10$^{n}$62 en consommant 4020 kil. par heure. De telles différences pour d'aussi faibles causes semblent démontrer aussi qu'il y a beaucoup à espérer, pour accroître la vitesse d'un navire, de l'observation habile, patiente et active d'hommes aptes à la construction et à la conduite des machines à vapeur.

Le premier voyage de Saint-Nazaire à la Vera-Cruz, et retour, du navire de la Cie transatlantique *le Nouveau-Monde*, s'est accompli dans les circonstances suivantes : du 16 novembre au 12 décembre 1865, distance parcourue 10836 milles. Durée de marche du moteur 1114 heures. La vitesse a été de 9$^{n}$46. Pression moyenne de vapeur dans les chaudières 0,971 $^{m}/_{m}$ de mercure. Nombre de révolutions de la machine 796458. L'introduction moyenne à 0,447 de la course. Consommation du combustible 3,525,000 kilogrammes.

Si on suppose la pression dans les cylindres égale à celle de la chaudière, on obtient les résultats suivants : Poids du mètre cube de vapeur à la pression ci-dessus 0,743. Volume offert à la vapeur par révolution $21^{m3}35$. Volume en mètres cubes offert à la vapeur pendant le voyage $17{,}004{,}378^{m3}$, soit : $3^{k}55$ de vapeur sensible produite par kilog. de houille.

Si on suppose une perte de température de 5° sur 107° dans le passage de la vapeur des chaudières dans les cylindres, la pression s'y réduit à $0^{c}80$ de mercure; le poids du mètre cube de vapeur à $0^{k}610$, et la production de vapeur sensible par kilog. de houille à $2^{k}910$.

Dans le premier cas, la production de vapeur sensible par mètre carré de surface de chauffe, aura été de $8^{k}15$, et dans le second de $6^{k}70$.

La faiblesse de ces résultats, comparativement à ceux que le même navire a obtenus plus tard, s'explique par deux causes : en premier lieu, l'abaissement considérable de la pression (107 au lieu de 135), et en second lieu, un mauvais temps exceptionnel.

Dans un premier voyage, les mécaniciens ont l'habitude de marcher à faible pression. La machine ne donne alors qu'une partie de la puissance dont elle est susceptible. La vitesse est nécessairement réduite. Les résultats sont beaucoup plus avantageux quand la pression pour laquelle la machine a été calculée est atteinte, et la vitesse se ressent du travail normal du moteur.

Voici les résultats d'un voyage semblable accompli par un navire exactement identique, et dans la même saison.

La distance de 10836 milles a été franchie en 1023 heures, soit à la vitesse de $10^{n}60$.

Le nombre de révolutions a été de 774556.

La pression moyenne a été de $1080^{mm}$ de mercure, correspondante à une température de 110°, et à un poids du mètre cube de vapeur de $0^{k}800$.

| L'introduction a été à | 0,55 | de la course pendant | 302006 | révolutions. |
|---|---|---|---|---|
| d° | 0,45 | d° | 386823 | d° |
| d° | 0,35 | d° | 19226 | d° |
| d° | 0,25 | d° | 66501 | d° |

Le volume fourni à la vapeur dans les cylindres a été de $17,367,000^{m^3}$, et le poids de 13,893,600 kil., en supposant que la température, et par conséquent la pression, auraient été les mêmes dans les cylindres que dans la chaudière. La consommation de charbon ayant été de 3,949,000 kilog., la production de vapeur sensible obtenue avec un kilogr. de houille aurait été de $3^{k}80$.

Si on suppose un abaissement de température de 5°, la pression a $906^{mm}$, et la densité du mètre cube de vapeur 0,700; la production de vapeur sensible descend à $3^{k}08$ par kilogramme de houille.

Quelque faibles que soient encore ces résultats comme production de vapeur sensible, ils sont néanmoins supérieurs aux précédents, et la différence ne tient qu'à l'élévation de la pression dans les chaudières.

Enfin *le Panama,* navire semblable aux deux précédents, franchit dès son premier voyage, la même distance de 10,836 milles marins en 959 heures, à la vitesse de $11^{n}4$. Sa machine accomplit le même nombre de révolutions, 775,860; elle brûle la même quantité de charbon, 3,922 tonnes. La production de vapeur sensible a été de $3^{k}75$ par kil. de houille. La pression a été de $117^{cm}$, et l'admission 0,45. Il n'y a de différence qu'une vitesse beaucoup plus considérable et une pression un peu plus forte.

Tous ces faits, sans exception, démontrent l'utilité d'une grande surface de chauffe, ou plutôt d'une génération de vapeur organisée dans les meilleures conditions. La surface de grille, la surface de chauffe, la capacité du réservoir de vapeur, adoptées en France, sont insuffisantes à alimenter la machine en cours de voyage. Les proportions suivies en Angleterre sont mieux entendues.

Les résultats constatés par les commissions de réception officielle des appareils de *l'Algésiras* et du *Napoléon*, sont consignés dans le tableau qui suit.

| Navires de la marine militaire. | Surface de chauffe. | Poids total de vapeur sensible par heure. | | | Charbon consommé par heure |
|---|---|---|---|---|---|
| | | total. | par mètre carré de surface de chauffe et par heure. | par kilogramme de combustible. | |
| | | kilog. | kilog. | kilog. | kilog. |
| Algésiras... | 1260 | 27.777 | 21 98 | 6 70 | 4 146 |
| | | 36.303 | 25 22 | 6 53 | 5 555 |
| Napoléon.... | 1436 | 33.838 | 23 60 | 6 43 | 5 260 |
| | | 31.430 | 21 80 | 5 40 | 5 840 |

Une part de l'énorme différence entre les résultats comparatifs d'essais de quelques heures, et de traversées de 11 jours, peut être encore attribuée à ce que, dans les essais, on tire du foyer le maximum de production de vapeur; on emploie le meilleur charbon et on évite les fortes proportions de menu. Les chauffeurs sont choisis parmi les plus expérimentés. L'extraction est nulle ou très-faible, et les incrustations nulles. Ces données ne peuvent donc être considérées que comme un maximum. Nous répétons que les calculs des poids de vapeur sensible constatée dans les cylindres par les diagrammes, négligent nécessairement les pertes de chaleur résultant des extractions, de l'épaisseur croissante des incrustations, de l'eau entraînée en gouttelettes ou en jets, de celle qui est perdue par les soupapes ou condensée dans les conduits de vapeur et sur les parois des cylindres.

Il reste, dans tous les cas, démontré que le combustible est beaucoup moins utilisé dans les machines marines que dans les machines fixes et locomotives, et que cela doit être attribué à la difficulté de produire régulièrement une combustion efficace avec un combustible ayant une aussi forte proportion de menu, avec l'absence habituelle de tirage et le peu de superficie des foyers. Qu'en outre la proportion d'eau entraînée avec la vapeur est considérable, peut-être plus grande que dans les machines locomotives; ce que du reste indique la grande dépression du manomètre à chaque cylindrée de vapeur.

Ces oscillations seules démontrent l'insuffisance du réservoir de vapeur et la puissance d'entraînement d'eau qui résulte de la vitesse instantanée d'émission.

Devant de pareils faits, l'emploi du surchauffeur pour convertir en vapeur l'eau entraînée, l'emploi du condenseur à surface pour éviter les extractions, sont certainement rationnels, et il est désirable que ces appareils soient amenés à l'état pratique.

Suivant Bourne, un mètre carré de surface de chauffe produirait 33$^{k}$80 de vapeur. 1$^{m2}$22 de surface de chauffe accru de 0$^{m2}$28 par un surchauffeur, soit 1$^{m}$50, suffirait par force de cheval nominal. Le poids de vapeur produit à la pression de 135$^{cm}$ de mercure par un kilog. de houille serait de 7$^{k}$82 ; la force nominale d'un cheval absorberait 42$^{k}$50 de vapeur par heure, et 5$^{k}$43 de combustible.

Cet ingénieur ne dit pas à quelle source il a puisé de pareils chiffres; mais il est certain que les constructeurs anglais ont attribué à la puissance nominale en chevaux une surface presque double (*Scotia*, *Persia*, *Pereire*) de celle qu'il indique. Quant à la production de vapeur, l'expérience ne confirme pas davantage ses indications. On en approche aux essais, parce que dans les essais le charbon est choisi; qu'il ne contient pas de menu; l'air passe alors facilement, à travers la grille, et la combustion s'accomplit dans des conditions régulières.

Dans les traversées, le charbon est de qualité ordinaire, mélangé d'une portion de menu qui varie entre 50 et 70 pour 100. La grille est chargée d'une épaisseur de combustible de 18 à 25 centim., l'air passe difficilement, la combustion est incomplète, inégale.

Cette énorme proportion de menu est due aux nombreuses manutentions auxquelles est soumis le charbon. Embarqué pur de menu, sa chute dans la cale en produit de nouveau; le déchargement, la mise en tas, l'exposition aux intempéries, le rechargement et la chute dans les soutes réduisent de plus en plus les fragments en menu. La proportion en devient telle que le passage de l'air en est empêché, quelque intense que soit le tirage.

Entre la combustion sur les grilles, du charbon en fragments purgé de menu, et du charbon qui en contient une notable partie, la différence est telle que, pendant les essais, la pression a pu être facilement entretenue à 135$^{cm}$ de mercure, et l'introduction de vapeur maintenue aux 75/100 de la course, tandis que dans les traversées, c'est toujours avec difficulté qu'elle est maintenue à 120$^{cm}$ de mercure, avec une introduction réduite à 0,55 de la course des pistons.

On comprend facilement que devant de pareils résultats les constructeurs anglais aient peu à peu augmenté le nombre des foyers, et la surface de chauffe, proportionnellement à la puissance nominale.

Les conditions de la combustion dans les divers foyers servant à la production de la vapeur, laissent, on le sait, beaucoup à désirer.

Des deux phénomènes de la combustion, celui qui produit les gaz et celui qui les brûle, le premier seul s'accomplit par la décomposition du combustible, parce qu'une très-petite quantité d'air lui suffit; mais le second est très-incomplet.

C'est ainsi que dans les appareils à combustion dus à l'observation savante d'Ebelmen, on voit un très-faible foyer suffire à distiller les parties volatiles de la houille et l'oxyde de carbone. Au-delà de ce foyer, se produisent, au contact de l'air chaud, des flammes blanches, vives et ardentes, elles s'étendent avec une abondance et une intensité qui prouvent à quel point la combustion des gaz est complète.

Dans le foyer de la chaudière marine, rien n'est préparé pour le mélange de l'air chaud avec les gaz ; aussi la proportion de gaz non brûlés est-elle énorme.

Entre le foyer à combustion vive que le tirage forcé peut seul entretenir d'air, le foyer à combustion lente qui ne peut, à cause du poids et du volume de l'appareil, être approprié à la marine, et le foyer générateur du gaz dont l'application commence à peine dans l'industrie, quelle sera la voie des améliorations? Il est encore impossible de définir la tendance du progrès. Elle n'est ni dans le choix d'un autre combustible, ni dans l'application de l'appel d'air forcé, ni dans le changement de la forme des chaudières.

Toujours est-il que la chaudière tubulaire marine est, dans les conditions actuelles de la combustion, l'un des appareils les plus défectueux pour la production de la vapeur.

Nous reviendrons plus loin sur ce sujet.

Après la production de vapeur vient son emploi. Les dimensions des cylindres offrent une place considérable à l'expansion de la vapeur; et la condensation s'accomplit dans de bonnes conditions.

Si les cylindres et les conduites de vapeur étaient convenablement préservés contre les abaissements de température par des enveloppes métalliques, entourées elles-mêmes d'enveloppes végétales, de sorte que la vapeur y fût tenue à une température égale ou supérieure à celle de la chaudière; si les récipients de vapeur avaient une capacité suffisante pour diminuer la quantité d'eau transportée avec la vapeur, si les extractions et les incrustations étaient évitées par l'emploi efficace de condenseurs à surface, si enfin une disposition propre à élever la température dans les foyers amenait une combustion plus complète, l'ensemble des conditions pratiques de l'utilisation de la vapeur serait amélioré.

Les dispositions qui, dans la construction des chaudières marines, s'opposent à un combustion régulière et facile ne sont pas le seul obstacle à surmonter. Les chambres des chaufferies sont, au point de vue hygiénique, dans des conditions qui y rendent le travail humain pénible et insuffisant. Si la circulation de l'air n'y est pas abondamment ménagée, le service des foyers impose de telles fatigues que le découragement s'empare des chauffeurs. Un petit nombre de ceux qui pourraient gagner leur vie par d'autres moyens, reste dans cette profession. De là un renouvellement continu du personnel, l'absence de notions, d'expérience, de responsabilité. On ne peut cependant se passer de chauffeurs : bien qu'en apparence rien ne se rapproche plus d'un travail mécanique régulier que l'alimentation des foyers des chaudières, en réalité rien n'en diffère davantage. Cela explique l'échec de tous les procédés mécaniques tentés dans cette voie et la nécessité de s'assurer le service de chauffeurs intelligents.

Ces considérations sur la surface de chauffe et sur la mesure qui est faite de celle-ci, proportionnellement à la puissance nominale des machines, démontrent que le premier et le plus important des éléments qui entrent dans la détermination de cette puissance, à savoir la production de vapeur, varie, suivant les constructeurs, dans le rapport de 1 à 1,44. Cette énorme différence ne doit pas être oubliée dans les comparaisons qui vont suivre entre la puissance nominale et les dimensions des navires transocéaniques.

Une première comparaison doit porter sur les éléments qui ont le plus habituellement servi à la détermination des rapports entre la puissance nominale et la résistance, à savoir, la section immergée au maître couple et le déplacement. D'autres éléments sont venus, depuis, prendre dans les causes de la résistance au mouvement, une part jusqu'alors négligée ou déterminée empiriquement. Aussi avons-nous cherché à les rappeler à l'occasion des descriptions spéciales des divers navires qui ont pris la première place dans la navigation transatlantique.

Le tableau suivant indique :

1° La section immergée du navire au maître couple, en mètres carrés;

2° Le déplacement à mi-charge du navire, en mètres cubes;

3° Le rapport du déplacement au parallélipipède circonscrit de la carène;

4° La puissance nominale de l'appareil moteur du navire, en chevaux marins;

5° Le nombre de chevaux nominaux par mètre carré de section au maître couple;

6° La vitesse normale ou en service, en nœuds.

| NAVIRES | Section immergée du navire au maître couple en mètres carrés. | Déplacement à mi-charge et à charge. | Rapport du dépla. au parallélipipède circonscrit de la carène. | Puissance nominale du navire en chevaux marins | Puissance nominale par mètre carré de section en chevaux marins. | Vitesse de marche normale en nœuds. |
|---|---|---|---|---|---|---|
| NAVIRES A ROUES | $m^2$ | $m^3$ | | ch. m. | ch. m. | nœuds. |
| *Atrato.* | 59 60 | 3780 | 54 » | 800 | 13 40 | 10 5 |
| *Shannon.* | 62 » | 3800 | 54 » | 775 | 12 50 | 10 5 |
| *Persia.* | 72 » | 5360 | 56 » | 850 | 11 80 | 11 78 |
| *Scotia.* | 78 » | 6624 | 62 » | 1000 | 12 80 | 12 32 |
| *Arago.* | 54 » | 3236 | 65 » | 400 | 7 40 | 9 75 |
| *Vanderbilt.* | 78 80 | 5038 | 59 » | 1000 | 12 70 | 12 » |
| *Europe*, Cie Tr. type des Ant. | 64 40 | 4983 | 64 » | 850 | 13 20 | 10 5 |
| *Napoléon III.* | 70 80 | 5575 | 63 » | 1000 | 14 10 | 11 5 |
| *Estramadure*, *Guienne*, *Navarre*, messageries impér. | 47 » | 3056 | 65 » | 460 | 9 8 | 9 5 |
| *Connaught.* | 30 5 | 1921 | 46 » | 700 | 23 » | 16 » |
| NAV. A HÉLICE | | | | | | |
| *Napoléon*.vais. | 100 » | 4903 | 57 » | 900 | 9 » | 11 » |
| *Couronne*, frégate cuirassée | 102 » | 6004 | 61 » | » | » | 12 » |
| Mes. imp. *Cambodge*, *Donnai.* | 55 25 | 3299 | 52 » | 450 | 8 13 | 9 5 |
| *Alphée*, *Erymanthe.* | 42 87 | 2219 | 52 » | » | » | 9 5 |
| Cie Transat. *St-Laurent*, nav. transformé. | 62 34 | 4725 | 64 » | 850 | 13 55 | 11 5 |
| *Péreire*, *Ville de Paris.* | 73 85 | 5217 | 59 7 | 750 | 10 15 | 12 75 |
| *China* (Cunard) | 63 » | 3775 | 59 » | 550 | 8 70 | 11 39 |
| *Cuba.* $d^o$ | 64 » | 4680 | 61 » | 600 | 9 40 | 10 8 |
| *Hansa* (Brême Comp.). | 65 » | 4500 | 64 » | 700 | 11 75 | 10 5 |

Les résultats qu'indique le tableau qui précède sont, comme ceux par lesquels nous avons rapproché l'expression de la puissance nominale de la surface de chauffe, propres à jeter le trouble dans l'esprit des ingénieurs et des constructeurs par les différences considérables qu'ils présentent entre eux.

C'est ainsi que des navires qui marchent régulièrement à $10^{n}5$, semblent avoir, par mètre carré de section au maître couple, une puissance mécanique plus forte que des navires dont la vitesse est habituellement de 12 nœuds; cela vient de ce que, pour les navires qui présentent cette anomalie, *le Persia*, *le Scotia* et *le Pereire*, l'expression de la force nominale en chevaux est fort au-dessous de la vérité. Si, comme nous l'avons dit, la puissance mécanique est plus exactement comparée par la surface de chauffe, toutes autres conditions étant identiques, on trouve que pour *le Persia* et *le Scotia* la surface de chauffe est par mètre carré de section immergée au maître couple de $28^{m^2}45$ et $29^{m^2}10$, tandis que pour *l'Atrato*, *le Shannon* et *l'Europe*, elle est de $26^{m^2}20$, $27^{m^2}6$ et $21^{m^2}8$.

Bien que les données consignées au tableau qui précède ne présentent rien de caractéristique; il est cependant possible d'y démêler la progression des rapports établis entre la puissance et la résistance en vue de la vitesse de marche à obtenir. Ainsi, l'accroissement de puissance mécanique est très-apparent pour les bateaux à roues *le Connaught*, *l'Ulster* et *le Leinster*, qui sont le type le plus remarquable quant à la vitesse de marche. Ces bateaux naviguent entre Holy-head et Kingston; ils ne sont pas, par manque de faculté de port en charbon, susceptibles de faire une navigation transocéanienne; nous ne les citons ici que pour faire ressortir l'énorme accroissement de puissance proportionnelle nécessitée par la vitesse; il n'est aucun exemple d'un service régulier accompli avec autant de rapidité que celui-ci; mais cette vitesse de 28 à 30 kilomètres à l'heure (15 à 16 nœuds) possible sur une mer comme le canal Saint-Georges, le serait-elle sur l'Océan? C'est une question que nous discuterons à propos des améliorations dont la navigation transocéanienne est susceptible.

Les navires à roues qui, dans les traversées transocéaniennes, ont acquis le premier rang, sont *le Persia* et *le Scotia ;* leur vitesse moyenne est de 12ⁿ (22200 mètres); elle est obtenue au prix d'une dépense considérable en combustible. Le *Napoléon III* de la Cie transatlantique, qui a été construit sur des données à peu près identiques, mais avec une surface de chauffe moindre. *L'Atrato*, *le Shannon*, *la Plata*, *la Seine*, navires de la Cie du Royal-Mail, qui font le service postal et le transport des voyageurs entre l'Europe et l'Amérique méridionale. Puis le type de la Cie transatlantique, dit des Antilles. *Washington*, *Lafayette*, *Europe*, *Impératrice-Eugénie*, *France*, *Nouveau-Monde* et *Panama*, également engagés dans le service postal de France avec le Mexique et Aspinwall, sont des navires construits pour des vitesses réglementaires de 10ⁿ5, soit 19500 m. Cette vitesse est habituellement dépassée ; elle atteint, pendant l'été, 12 nœuds.

Après eux viennent *l'Estramadure*, *la Guienne* et *la Navarre,* navires de la Cie des Messageries-Impériales, faisant le service postal du Brésil, que le départ du port de Bordeaux a limités à un faible tirant d'eau. Leur vitesse réglementaire est de 9ⁿ5 ; ils la dépassent.

En tête des navires à hélice viennent se placer les navires de la Cie transatlantique *le Pereire* et *la Ville-de-Paris,* qui ont réalisé, dans leurs essais, des vitesses remarquables, 15ⁿ3 ; les traversées du *Pereire* s'effectuent à la vitesse moyenne de 13ⁿ00.

Après eux *le China*, de la Cie Cunard, moins rapide que les précédents; *le Java* et *le Cuba*, moins rapides que *le China*.

## CHAPITRE XI

### LE NAVIRE (SUITE). APPAREILS MOTEURS

*Sommaire :*

Comparaison des moteurs, roues, hélices. Avantages et inconvénients de chacun. Motifs de la préférence accordée à l'hélice, au point de vue commercial. Progrès des dimensions des navires transocéaniens, motifs. Douceur des mouvements des grands navires à la mer. Régularité et vitesse de leur marche. Raisons d'accroissement prises dans l'état actuel des moteurs. Moyens d'allégement pris dans l'amélioration de ceux-ci. Meilleure combustion, meilleur emploi de la vapeur, surchauffeur, élévation de la pression recherchée par tous les moyens possibles, condenseur à surfaces. Choix du moteur le plus léger, le plus simple et le moins encombrant. Moteurs spéciaux aux roues et aux hélices. Conditions du meilleur emploi des roues et de l'hélice. La coque et le moteur considérés au point de vue du tirant d'eau des ports de commerce. Nécessité d'assurer en tout temps une profondeur de 8 mètres au minimum dans les passes. Importance de cet intérêt.

La combustion dans les foyers des machines marines et la production de vapeur sont la base essentielle de la puissance motrice, et, sous tous les points de vue, la moins en rapport avec le progrès des connaissances techniques. L'utilisation de la vapeur par les appareils moteurs vient ensuite.

En ce moment, la concurrence entre la roue à aubes fixes ou articulées et l'hélice est à l'ordre du jour.

On a considéré, jusqu'à présent, le paquebot à roues comme

le plus confortable et de l'allure la plus régulière pour le transport des voyageurs.

Le paquebot à roues, employé dans les traversées transocéaniennes, et comparé au paquebot à hélice, a cependant les inconvénients suivants :

A puissance égale, le poids du moteur à roues est plus considérable dans la proportion de 17 à 10. Il est également plus encombrant dans le corps du navire.

L'usage de la voile est plus difficile avec le navire à roues qu'avec le navire à hélice. L'hélice a, sous ce rapport, une supériorité incontestable.

Le paquebot à roues offre donc, comparativement, moins de place, ou moins de capacité, pour les voyageurs et pour les marchandises.

Le paquebot à roues souffre dans la marche du moteur, au départ, à cause de la lenteur qui résulte de la trop grande immersion des roues ; à l'arrivée, par les gros temps, sa marche peut être gênée à cause de la trop grande émersion des roues. Dans le premier cas, la vitesse est singulièrement ralentie ; dans le second, la stabilité peut être compromise.

Si on réduit le diamètre des roues motrices, afin d'obtenir, au départ, un nombre de tours suffisant pour employer toute la vapeur, ce nombre de tours s'accroîtra beaucoup dans les derniers jours du trajet, l'emploi de la détente en sera amélioré, mais le recul augmentera fortement.

La marche de l'hélice, c'est-à-dire son rendement, n'est au contraire qu'améliorée par l'immersion. Si on tient le navire droit au départ, l'immersion de l'hélice peut être conservée en marche, en laissant l'arrière plongé par le règlement du chargement.

L'hélice traverse les 3,000 milles marins de l'Océan, menant les plus grands navires, aux plus grandes vitesses réalisées, avec une dépense de charbon de 850 tonnes correspondant à 0$^{m}$.77 d'émersion (Péreire); les roues ne produisent les mêmes résultats qu'avec 1,325 tonnes de charbon et une émersion de 1$^{m}$.10.

La coque du navire à hélice est plus légère que celles des navires à roues, parce que les attaches du moteur exigent des consolidations moindres.

Ainsi, à dimensions égales, plus de légèreté, plus de place, plus de régularité dans le travail du moteur, plus d'aide à tirer du vent; tels sont les avantages de l'hélice.

L'hélice, aidée du vent, réclame un moteur mécanique de force moindre à égalité de dimensions des navires. Elle peut transporter plus de voyageurs dans des aménagements mieux distribués, et aussi plus de marchandises.

Rien n'est plus significatif, à cet égard, que la direction donnée par la Compagnie Cunard à ses constructions. Dans les premières années, on voit augmenter les dimensions des navires à roues. Leur déplacement s'élève de 3,680 à 6, 640 mètres cubes; leur puissance nominale de 600 à 1,000 chevaux. Mais, dès 1860, cette Compagnie commence à construire des navires à hélice de 250 chevaux, à l'aide desquels elle effectue le transport des émigrants et des marchandises; et, en 1862, elle fait entrer à la fois, dans le service postal, les hélices *le China* et *l'Australasian*, de 550 à 700 chevaux, en même temps que *le Scotia*, navire à roues de 1,000 chevaux. Ce dernier navire l'emporte de beaucoup par la rapidité et la régularité de ses trajets, tandis que des accidents graves et fréquents se produisent dans les navires à hélice; *L'Australasian* ne répond pas à ce que l'on en attendait; *Le China* est plus rapide. Enfin, après deux années d'incertitude, les avantages de l'hélice restent démontrés. En 1864, la C$^{ie}$ Cunard met *le Cuba* en service, en 1855, *le Java*, tous deux calqués sur *le China*, mais moins réussis comme vitesse. Enfin, en 1866, effrayée de la concurrence de la Compagnie transatlantique, elle fait construire *le Russia*, dont elle attend une vitesse égale à celle du *Péreire.*

C'est que la Compagnie Cunard voit approcher le moment où le service postal entre l'Angleterre et New-York cessera d'être confié à une compagnie unique, et c'est avec l'hélice qu'elle semble vouloir entrer dans le régime de la concurrence.

L'expérience établit, en effet, qu'à vitesse égale, à port égal, l'hélice est plus économique que la roue, à la fois parce qu'elle est moins pesante et moins encombrante comme moteur, plus économique d'exploitation; parce qu'elle s'aide mieux du vent, et parce qu'elle est moins sensible à l'immersion.

On ne peut rien affirmer au delà. C'est ainsi qu'il n'est pas encore établi que l'hélice appliquée à des navires analogues au *Connaught*, à *l'Ulster* et au *Leinster* atteindrait, avec la même puissance motrice, une vitesse égale à celle que les roues leur donnent. Cependant, les résultats des hélices appliquées aux navires de très-grande vitesse, tels que *le Pereire*, *le Napoléon*, *la Gloire*, *le Warrior*, *le Solferino*, *l'Azincourt,* tendraient à démontrer la supériorité intrinsèque de l'hélice sur les roues, mais à la condition d'une immersion considérable. Cette immersion, qui fait atteindre un tirant d'eau de sept mètres environ aux navires transocéaniens destinés à marcher à la vitesse de douze nœuds ou à la dépasser, s'accorde mal avec la profondeur de nos ports de commerce sur l'Océan, Brest et Cherbourg comportent seuls un pareil tirant d'eau. Il y a, en conséquence, un grand intérêt à savoir si le diamètre de l'hélice ne peut être diminué, son axe relevé et sa vitesse de marche augmentée. C'est cette expérience qui s'accomplit aujourd'hui et dont les résultats auront un grand intérêt.

L'importance que prend l'hélice dans la navigation transocéanienne exige que nous entrions dans quelques détails sur les proportions des navires récemment construits ou en construction pour cette destination.

Les exemples les plus intéressants sont aujourd'hui entre l'Europe et New-York, les trois hélices de Cunard : *le China*, *le Cuba* et *le Java*, et les trois hélices de la Compagnie transatlantique, *le Péreire*, *la Ville-de-Paris* et *le Saint-Laurent*.

Viennent ensuite, sur le même parcours, les hélices construites en Angleterre pour les compagnies allemandes.

Puis entre Southampton et Saint-Thomas, les hélices *le Douro* et *le Rhône*, construites par la Cie Royal-Mail.

Et, dans un ordre inférieur, les hélices destinées au transport des émigrants et des marchandises.

Nous avons dit que les navires à hélice n'étaient encore qu'exceptionnellement employés, par les compagnies postales, dans les relations d'Europe avec l'Amérique méridionale. Sous ce rapport, les plus récentes constructions de bateaux à roues de la compagnie du Royal-Mail, *l'Atrato*, *le Shannon* et *la Seine*, ont été imitées par la Compagnie transatlantique dont le type des Antilles, comprenant *le Washington*, *le Lafayette*, *l'Europe*, *l'Impératrice Eugénie*, *la France*, *le Nouveau-Monde* et *le Panama*, se rapproche beaucoup, pour les dimensions, la forme de la coque, la puissance motrice et les aménagements, des navires du Royal-Mail-Company.

Cependant, cette dernière compagnie, qui était entrée dans la voie des constructions à hélice, en 1858, par *le Tasmanian* et *l'Onéida*, de 550 et 530 chevaux, et qui semblait n'y pas devoir persévérer, a ajouté récemment à son matériel deux hélices rapides de 500 chevaux, *le Douro* et *le Rhône*, destinées aux grandes lignes de ses services postaux.

Elle ne continue le type des bateaux à roues que pour les

annexes dont les atterrages exigent un faible tirant d'eau.

La Compagnie transatlantique, de son côté, affecte aux services postaux d'Aspinwall une hélice de 500 chevaux. *La Louisiane,* avec laquelle elle a exécuté le service postal entre la France et le Mexique, à la vitesse de 10 n. 5.

Les autres services postaux transocéaniques sont ceux de la mer des Indes, qui emploient exclusivement l'hélice, parce que les atterrages permettent un tirant d'eau suffisant.

La préférence que les compagnies de navigation transocéanienne accordent désormais à l'hélice sur les roues, semble donc n'avoir de limite que celle de la profondeur des ports.

En résumé, l'hélice permet, par rapport à la même contenance en voyageurs et en marchandises, et à la même vitesse, des navires de plus faibles dimensions, munis de machines motrices moins puissantes et moins dispendieuses; elle profite du vent, et les deux moteurs, loin de se nuire, s'aident mutuellement. Les installations peuvent être plus confortables pour les passagers.

Ces avantages compensent les inconvénients dont souffrent les passagers qui n'ont pas l'habitude de la mer.

L'hélice imprime quelquefois à l'extrémité arrière du navire des trépidations fatigantes; la hauteur du centre vélique incline généralement le navire sous l'influence de la brise de travers. Les oscillations du roulis d'un navire incliné sous le vent sont plus incommodes aussi. Le centre de gravité du navire est plus bas et le roulis plus vif. S'il est trop relevé par le poids du gréement, l'intensité du moment de celui-ci donne aux oscillations du roulis une forte amplitude. L'action du vent sur les voiles ou le gréement complique, dans les grandes agitations de la mer, les mouvements du navire à hélice, par des coincidences d'action et de situation des points géométriques, qui peuvent ajouter à l'amplitude du roulis et du tangage. Nous verrons , du reste, que ces critiques n'ont d'autre base que des exemples de navires de dimensions plus faibles que celle des grands navires à roues, et qu'elles disparaissent toutes devant les conséquences de l'accroissement des dimensions.

Dès à présent, comme l'intérêt le plus sérieux des voyages transocéaniens est, après la sécurité, la vitesse de la marche, les passagers semblent se résigner à tout ce qui contribue à l'assurer.

Il semble qu'aujourd'hui, pour des vitesses supérieures à 10 nœuds et demi, la limite inférieure de puissance des bateaux à roues employés à la navigation transocéanienne est de 850 chevaux, ; et que celle des bateaux à hélice est de 550. Quant aux dimensions des navires à hélice, elles atteignent, pour la longueur, 105 mètres, pour la largeur, 13 m. 30, et pour le tirant d'eau, 6 à 7 mètres (*Pereire*). Les dimensions des bateaux à roues atteignent 112 mètres en longueur, 14 mètres 50 en largeur et 7 mètres en tirant d'eau. (*Scotia*).

La réunion des trois éléments de produit :

1° La contenance en passagers et en marchandises ; 2° la vitesse régulière ; 3° la quantité de charbon nécessaire à un trajet, sont à leur limite extrême pour les bateaux à roues dans *le Scotia*. 1° Il contient 288 lits de passagers ; une cale susceptible de recevoir 1450 tonnes de marchandises en volume ; 2° sa vitesse est de 12 nœuds ; 3° sa cale à charbon a une contenance de 1,700 tonnes. Un tirant d'eau de 7 m. 30 est la limite du chargement, et l'on préfère, pour assurer la rapidité du trajet, diminuer le poids en marchandises, afin de ne pas excéder, au départ, un tirant d'eau de 6 m. 90. Dans ces conditions, la consommation de charbon varie par traversée entre 1,350 et 1,550 tonnes.

Les rapports qui existent, dans *le Scotia* et *le Persia*, entre le poids du navire avec ses approvisionnements, le volume de la machine, le tirant d'eau, et la contenance en passagers et en marchandises, ne permettent pas d'espérer, dans la voie de ce genre de construction, un accroissement sérieux de la vitesse ou une grande économie de combustible.

Le navire à hélice, *le Péreire*, le plus grand et le plus rapide à ce jour, contient 420 lits; une cale à marchandises de 900 tonnes en volume. Sa vitesse est égale, sinon supérieure, à celle du *Scotia ;* son tirant d'eau maximum est de 6 m. 70, et sa consommation de charbon de 850 tonnes.

A la supériorité commerciale, il faut ajouter un avantage plus important encore, c'est que rien ne s'oppose, au point de vue de la navigabilité, de la régularité et de la rapidité, à l'accroissement des dimensions du navire à hélice, ainsi que le prouvent *le Solférino*, *le Minotaure*, etc., tout en lui conservant, en accroissant même ses avantages commerciaux, tandis que la limite des dimensions semble atteinte pour les navires à roues.

L'accroissement des dimensions des navires est cependant limité par le tirant d'eau que permettent les ports. Les ingénieurs qui croient pouvoir impunément augmenter la longueur et la largeur, sans conserver la proportion avec le tirant d'eau que prescrit l'art de faire des navires se comportant bien à la mer, s'exposent à donner à leurs constructions des roulis violents, secs et rapides comme l'étaient ceux du *Vanderbilt* et ceux du *Great-Eastern* quand le tirant d'eau de ce dernier navire était limité entre 7 et 8 mètres au lieu de 12 mètres pour lequel il a été construit.

La vitesse de 16 nœuds obtenue régulièrement, entre Holyhead et Kingston, par les bateaux à roues *le Connaught, le Munster, l'Ulster* et *le Leinster*, prouverait, sans aucun doute, la possibilité d'atteindre une vitesse semblable dans les traversées transocéaniennes, si le problème ne se compliquait des dimensions et du transport en charbon nécessaire pour une longue traversée.

Ce que peuvent accomplir des navires à roues avec des machines de 750 chevaux, n'ayant à porter que 70 tonnes de combustible, n'est plus possible avec des machines de 1,000 chevaux ayant à porter 1,600 tonnes. La proportion en poids de combustible est, dans le premier cas, par force de cheval, de 93 kilog., et de 1,600 kilogr. dans le second.

Ainsi, d'une part, le tirant d'eau qui limite les dimensions : de l'autre, le poids du combustible qui absorbe les trois quarts du poids utile dans le déplacement total, sont un obstacle à l'accroissement de la vitesse, pour les bateaux à roues, au delà de celle du *Scotia*. En ce qui concerne les aménagements qui pourraient améliorer le rapport de la dimension du navire à sa faculté de transport, c'est-à-dire à son produit commercial, il semble bien difficile d'accroître dans les types du *Persia* et du *Scotia* le logement des passagers.

Du reste, les difficultés qui s'attachent à la rapidité de la navigation transocéanienne ne peuvent être exposées qu'en passant en revue les conditions mêmes des moteurs.

C'est d'abord à cet ordre de faits et d'idées que nous allons nous attacher pour revenir à l'occasion aux conséquences commerciales qui en dérivent.

L'emploi de l'eau de mer, le combustible, l'application de la détente, le choix du moteur, roues ou hélice, comportent pour la marine transocéanienne, un ensemble de règles spéciales, auxquelles il faut faire une part, si on veut comprendre le présent et tâcher de pénétrer l'avenir de cette navigation.

L'emploi de l'eau de mer dans les chaudières marines est et sera longtemps encore l'obstacle le plus sérieux aux progrès qui ont été faits, depuis Watt, dans l'utilisation de la vapeur.

Ces progrès ont eu un seul but, celui de recueillir toutes les forces dues à l'expansion de la vapeur.

Les moyens ont consisté à augmenter le ressort de la vapeur, en accroissant sa pression initiale;

A conserver le plus longtemps possible sa température;

A réduire sa vitesse d'introduction dans les cylindres.

De ces trois moyens, un seul, le dernier, était facilement applicable aux machines marines. Il a été généralement adopté; la dimension des conduits de vapeur et des orifices d'admission dans les cylindres est convenablement entendue.

Le second moyen, qui consiste à conserver à la vapeur sa température en entourant les cylindres d'une enveloppe de vapeur, commence à être appliqué aux machines marines, mais à celles seulement dont la vitesse de marche permet de réduire les dimensions des cylindres. Sous ce rapport, l'emploi de l'hélice mue directement profite, dès aujourd'hui, d'une source spéciale et précieuse d'économie du combustible.

Quant à l'élévation de la pression, elle se produit très-lentement, sans espoir d'atteindre, par les procédés actuels, celle des machines fixes ou locomobiles ou locomotives.

L'obstacle est ici de deux natures :

1° L'énorme proportion de sulfate de chaux contenu dans l'eau de mer. Ce sel, que l'eau abandonne à la température d'ébullition, devient de plus en plus insoluble à mesure que la température s'accroît. Il nuit alors sous ses deux formes : celle d'incrustation au contact du métal dont la température excède celle de l'eau, et sous la forme de boue, quand son mélange avec d'autres sels ou avec l'eau empêche sa solidification. Dans les deux cas, le sulfate de chaux s'amoncelle dans les chaudières;

il réduit, par son adhérence sous forme d'incrustation, la faculté dont jouit le métal de transmettre rapidement la chaleur du foyer ou de la flamme, ou bien il est transporté, en partie, avec la vapeur, dans les tiroirs, les cylindres et le condenseur. Il nuit au poli de toutes les surfaces qu'il touche, il provoque l'usure et nécessite le rodage de toutes celles qui glissent les unes sur les autres (1).

(1) La compositon chimique des dépôts est indiquée dans le procès-verbal d'essai suivant.

Les échantillons sont des dépôts retirés des chaudières du steamer *l'Europe*, après une traversée de 12 jours de New-York au Havre.

N° 1. Partie basse de la boite à feu.

N° 2. Tubes en cuivre.

N° 3. Partie basse de l'enveloppe de la chaudière.

N° 4. Partie haute de l'enveloppe de la chaudière.

Les dépôts No 1. — N° 3. — N °4, contiennent de l'oxyde de fer enlevé aux parois métalliques.

| L'analyse a donné pour 100 parties | N° 1. | | N° 2. | | N° 3. | | N° 4. |
|---|---|---|---|---|---|---|---|
| Résidu argileux | Traces. | | Traces. | | Traces. | | Traces. |
| Peroxyde de fer | 3 00 | — | 1 00 | — | 4 60 | — | 8 00 |
| Chaux | 32 66 | — | 34 00 | — | 35 90 | — | 34 00 |
| Magnésie | 6 66 | — | 8 00 | — | 3 60 | — | 3 84 |
| Soude | 0 60 | — | 0 39 | — | 0 42 | — | 0 66 |
| Acide chlorhydrique | 0 90 | — | 0 60 | — | 0 64 | — | 1 00 |
| Acide sulfurique | 45 66 | — | 46 77 | — | 49 00 | — | 46 77 |
| Acide carbonique et eau | 10 00 | — | 8 00 | — | 5 60 | — | 6 60 |
| | 99 48 | | 98 76 | | 99 76 | | 100 87 |

Si d'après cette composition élémentaire des échantillons, on cherche à faire *une hypothèse* sur la nature des sels qu'ils contiennent, on peut admettre que la chaux est presque en totalité à l'état de sulfate de chaux. La soude à l'état de chlorure de sodium. La magnésie en grande partie à l'état de carbonate. Si nous adoptons pour le sulfate de chaux des chaudières la formule CaO, $SO^3$, $^2HO$, on aurait pour 100 parties :

| | N° 1. | | N° 2. | | N° 3. | | N° 4. |
|---|---|---|---|---|---|---|---|
| Sulfate CaO, $SO^3$, $^2HO$ | 82 56 | — | 84 67 | — | 88 50 | — | 84 67 |
| Chlorure de sodium. Na Cl | 1 33 | — | 0 88 | — | 0 94 | — | 1 47 |

L'Ingénieur des Mines, chargé des essais à l'école,

*Signé :*

2° Le second obstacle est la proportion que contient l'eau de mer en sel marin. Ce sel a, comme le sulfate de chaux, la propriété d'abandonner spontanément l'eau de mer lorsque la température atteint un certain degré ; c'est entre 140 et 150°, c'est-à-dire à une température correspondant à une pression de 4 à 5 atmosphères effectives (2 m. 85 à 3 m. 61 de mercure) que cette séparation se produit. Il y a là un grand écart avec la pression de 1$^{at}$75 (1 m. 33 de mercure) qui est aujourd'hui la limite habituelle ; mais cet écart n'empêche pas la formation du sel ; cela s'explique par l'élévation de la température des parois ; de même que le sulfate de chaux cristallise immédiatement au contact des parois métalliques directement chauffés par la flamme ou les gaz produits par la combustion, de même l'eau salée, située aux environs de ces parois, tend à abandonner le sel. Celui-ci se divise en deux parties : l'une, la plus considérable, se dissout de nouveau dans l'eau de la chaudière dont la température ne dépasse pas 116°, l'autre, négligeable, se mélange avec le sulfate de chaux et compose une boue presque insoluble ou très-lentement soluble, qui s'agglomère sur les points de la chaudière où il n'existe pas de courant actif ; ou bien, liée aux incrustations de sulfate de chaux, elle forme autour des tubes des croûtes qui se détachent et vont remplir les intervalles étroits qui existent entre les tubes et entre les parois des foyers et s'y opposent au renouvellement rapide de l'eau. Ces parois s'échauffent alors, et comme la propriété d'adhérence des incrustations croît en raison de l'élévation de la température, le mal augmente, les parois métalliques s'amollissent, ne résistent plus à la pression ; elles se gondolent et finissent par se fissurer.

Ce sont ces accidents, malheureusement très-fréquents, qui expliquent l'extrême lenteur avec laquelle la pression a été élevée dans les chaudières marines. Dans une période de près de cinquante ans, la pression a été élevée de 18 centimètres de mercure à 133 centimètres.

Les progrès de la chimie et de la physique viennent aussi au secours de la mécanique dans cette grave question. Longtemps le sel marin a été considéré comme le sel le plus dangereux, et, pour éviter la saturation, on extrayait des chaudières une quantité d'eau égale à la moitié de celle qu'on y introduisait.

Le sel était alors maintenu dans l'eau à 2 degrés, ce qui exprime une contenance, en sel, double de la quantité ordinaire.

La perte de chaleur était, dans ce cas, de près de 15 pour cent; mais des ingénieurs ont constaté que l'introduction de grandes quantités d'eau dans la chaudière apportait des quantités proportionnelles équivalentes de sulfate de chaux, et n'ont pas craint d'élever jusqu'à 4 degrés du pèse-sel l'eau de la chaudière. Ils prétendent avoir réduit par ce moyen la perte de chaleur par les extractions, à 7 ou 8 pour 100.

Ces faits expliquent l'intérêt qui s'attache au condenseur à surface. Recueillir l'eau distillée pour alimenter la chaudière, en condensant la vapeur sur des surfaces refroidies par un courant actif d'eau de mer, c'est se procurer le moyen d'appliquer aux machines marines tous les perfectionnements réalisés dans les machines fixes, puisque cela permettra d'élever la pression.

Mais le condenseur à surfaces n'est pas encore susceptible d'un service régulier; il se charge des matières grasses qui ont servi à la lubrifaction des tiroirs, des pistons et des tiges qui glissent dans les stuffen box ; pour décomposer ces matières, on injecte des sels de soude propres à constituer le savon; mais l'eau ainsi saponifiée donne lieu à des ébullitions tumultueuses qui entraînent dans les cylindres un mélange d'eau et de vapeur;

on combat cette projection d'eau par un appareil séparateur et par le surchauffeur ; mais l'efficacité de cet appareil n'est pas complète ; il faut alors revenir partiellement à l'injection directe de l'eau de mer dans le condenseur, à l'alimentation des chaudières par cette eau et alors se reproduisent en partie les inconvénients de l'impureté de l'eau et des minéraux qui composent les incrustations.

Nous reviendrons sur ce grave sujet ; mais en acceptant, quant à présent, la limite des pressions habituelles, il reste à examiner s'il est possible d'obtenir, avec 1,200 ou 1,500 tonnes de charbon, des traversées plus rapides de l'océan Atlantique, et si cela doit être plus facilement obtenu avec le moteur à hélice qu'avec le moteur à roues.

Reprenons le sujet à partir de la combustion même.

Les foyers des générateurs des machines marines sont des plus défectueux par plusieurs causes.

La houille dégage, on le sait, rapidement, dès la première période de la combustion, les matières volatiles qu'elle contient ; tandis que, plus tard, la combustion s'effectue par la transformation régulière du carbone en oxyde de carbone, et de celui-ci en acide carbonique. Les quantités d'air que nécessite, dans ces diverses périodes, la combustion des matières gazeuses et celle de la matière minérale sont très-différentes ; c'est là la cause permanente de son irrégularité dans les foyers alimentés par la houille, et disposés comme ceux des machines marines. Deux méthodes ont prévalu pour éviter les pertes de chaleur provenant de cette irrégularité : l'une est la combustion lente appliquée en Cornouailles aux générateurs des machines d'épuisement, avec le tirage naturel dû à une cheminée élevée ; l'autre est la combustion rapide appliquée aux générateurs des machines locomotives avec tirage forcé.

Dans le système de combustion lente employé en Cornouailles, on brûle, par mètre carré de surface de grille et par heure, de 13 à 23 kilogrammes de charbon.

Dans les foyers des machines de terre, la combustion alimentée par un tirage énergique varie, suivant les conditions de construction, entre 60 et 120 kilogrammes.

Dans le foyer d'une locomotive traînant son maximum de charge à des vitesses de 22 à 27 kilomètres, analogues à celles des navires, on brûle 230 à 300 kilogrammes sur la même surface d'un mètre carré de grille.

Il semble impossible de dépasser 90 kilogrammes dans les foyers des machines marines, et, dans ce cas même, la combustion s'accomplit dans les plus mauvaises conditions.

Le premier des deux systèmes, la combustion lente, est inapplicable dans la marine, à cause des grandes surfaces de grille et de chauffe qu'il exige. Le troisième ne peut être appliqué aux chaudières marines, parce que, pour obtenir un tirage forcé par l'échappement de la vapeur sortant des cylindres, il faut de hautes pressions, par conséquent de hautes températures inconciliables avec l'emploi de l'eau de mer. Il faudrait, en outre, renoncer à la condensation.

De là, l'impossibilité de recourir à l'échappement de la vapeur pour le tirage forcé.

Ce procédé d'appel de l'air dans les foyers est cependant le seul assez énergique pour y élever la température à un degré convenable pour que, dans les diverses périodes de chargement de la grille, la combustion des gaz soit complète. Seul, il permet l'injection de l'air sur le foyer, sans le ralentissement habituel de la combustion qui se produit en pareil cas.

Les avantages que l'on attend de l'emploi du ventilateur ou du souffleur à vapeur dans les cheminées pour rendre la combustion plus active, ne sont pas encore établis par l'expérience.

Le charbon employé dans la marine, brisé par les manutentions auxquelles il est exposé par le chargement, le déchargement, la mise en tas, la reprise et la chute dans les soutes, contient une très-forte proportion de menu; il est rarement à couvert et contient souvent 10 à 12 pour 100 d'eau. Le passage de l'air à travers la masse est toujours gêné, et il serait utile de l'introduire dans le foyer au-dessus du charbon pour compléter et achever la combustion; mais cela ne peut se faire avec avantage que dans les foyers où la température est assez élevée pour permettre la combinaison de l'air chaud avec les gaz combustibles.

Le foyer des chaudières marines est donc un appareil défectueux. Les générateurs sont, il est vrai, établis dans d'excellentes conditions comme appareil de transmission de la chaleur produite par la combustion. Ils exigent, à cause de la fatigue qui résulte des incrustations, un soin minutieux, et on peut regretter, à cet égard, que les méthodes à emprunter aux autres industries, particulièrement à l'entretien des machines locomotives, s'infiltrent bien difficilement dans la marine, où on voit encore des navires d'une valeur de 3 à 4 millions perdre une partie de l'année pour des changements de chaudières; tandis qu'un entretien bien entendu permettrait de limiter à la durée ordinaire de séjour dans les ports le renouvellement partiel des parties hors d'état de service.

L'économie du combustible est d'un intérêt d'autant plus sérieux dans la navigation transocéanienne, que c'est le chapitre de dépenses le plus élevé Le prix du charbon, dont la valeur est de 15 francs la tonne au port d'expédition, s'élève à 50 francs dans le golfe du Mexique (la Havane), à 75 francs dans la mer des Indes.

Nulle étude ne peut avoir un objet plus utile, en fait de navigation transocéanienne, que le choix, l'aménagement et l'emploi du combustible. Peut-être l'emploi des agglomérés éviterat-il l'inconvénient de l'énorme proportion de menu qui fait de la chauffe actuelle un procédé aussi irrationnel ; mais leur friabilité est encore trop grande.

En résumé, la production de vapeur est limitée par les mauvaises conditions de la combustion du charbon et par les extractions.

Dans les longues traversées, elle est encore réduite par l'énorme quantité de sulfate de chaux que contient l'eau de mer, et par les incrustations qui en résultent.

L'emploi de la force mécanique de la vapeur s'accomplit aussi mal.

Projetée dans les cylindres avec une très-grande vitesse, elle y entraîne une quantité d'eau notable. La communication du cylindre avec le condenseur contribue à un abaissement rapide de la température, de telle sorte que, quand la pression baisse, l'utilité d'une détente à moins du tiers du volume des cylindres est fort contestable, surtout lorsque l'on veut obtenir le maximum de puissance avec le minimum de production de vapeur.

C'est en cela particulièrement que se montre l'infériorité des machines de la marine militaire sur celles des navires du commerce : d'immenses diamètres de cylindres et de faibles courses constituent un appareil très-défavorable à l'emploi de la détente, à cause de l'extrême rapidité de l'abaissement qui s'y produit de la température de la vapeur.

On commence à y remédier par des enveloppes qui couvrent les parois, le fond et le dessus des cylindres, et dans lesquelles on introduit, soit la vapeur de la chaudière, soit une vapeur chauffée à une plus haute température dans une chaudière spéciale, ou dans un réchauffeur.

L'enveloppe est, jusqu'à ce jour, le seul perfectionnement sur l'efficacité duquel tout le monde est d'accord.

Lorsque des générateurs sont construits pour une pression donnée, il faut, autant que possible, l'atteindre, s'y maintenir et la conserver en outre dans les cylindres. Pour cela, il faut que les cylindres eux-mêmes soient échauffés à la température de la vapeur dans les chaudières. Les constructeurs ne comprennent pas, tous, l'importance de cette condition.

La température de la vapeur est :

| | | | |
|---|---|---|---|
| de 100° | pour une pression de | 1 | atmosphère; |
| de 107 | id. | 1,277 | |
| de 112 | id. | 1,512 | |
| de 116 | id. | 1,725 | |

Ainsi, 16 degrés perdus sur 116, réduisent la pression de la vapeur dans l'énorme proportion de 100 à 58.

Si la vapeur qui vient occuper le cylindre était isolée de la chaudière pendant que celui-ci se remplit, une machine construite dans les conditions ordinaires, c'est-à-dire sans enveloppe, donnerait de bien pauvres résultats; mais la distribution permet à la vapeur, pendant l'admission, un écoulement continu, qui soutient la température en versant dans le cylindre des quantités qui viennent remplacer celles perdues par la condensation sur les parois, ou refroidies par le contact de surfaces incessamment ramenées par le jeu du condenseur à 38 ou 42 degrés.

On a cherché longtemps, et avec raison, à diminuer les étranglements dans les conduits, parce que la pression s'y réduisait en proportion de la vitesse que la vapeur y devait prendre pour remplir le cylindre. La machine a beaucoup gagné par cet important perfectionnement; mais l'abaissement de la température est un fait du même ordre et plus intéressant encore. Le remède au premier défaut était simplement dans l'élévation de la pression initiale et dans l'agrandissement des conduits; tandis que les inconvénients du second se compliquent d'une triple perte : celle de la vapeur condensée sur les parois, celle de la pression, celle enfin qui résulte de l'affaiblissement prématuré du ressort de la détente dont l'emploi offre théoriquement de si grands avantages.

Un intérêt considérable s'attache au condenseur à surfaces ; s'il réussit, l'emploi d'eau de mer n'aura plus lieu que dans une faible proportion, pour compenser les pertes de vapeur ; la température et la pression pourront être relevées. Les machines auront, proportionnellement à leur puissance, de moindres dimensions de cylindre ; leur vitesse pourra être accrue ; elles gagneront donc en légèreté. Elles seront susceptibles, dans un moment donné, d'un travail très-supérieur à celui qu'elles pourraient soutenir régulièrement. Il est vrai que l'extension donnée à l'emploi de la détente pour vaincre une résistance continue et sensiblement égale, exige l'emploi de trois cylindres, et ce système se répand déjà rapidement. Les machines marines auront alors acquis, comme utilisation de vapeur, les qualités des machines de terre. Lorsque la pression sera plus élevée, l'emploi des souffleurs dans les cheminées, pour créer un tirage forcé, sera disponible au besoin. Une intéressante série d'améliorations s'attache donc au condenseur à surface. On a dit que le contact de l'eau distillée avec le métal des chaudières altérait celui-ci et s'opposait à l'emploi de cet appareil : mais la démonstration manque aussi bien, quant aux causes des réactions chimiques qu'au fait en lui-même. Le condenseur à surface reçoit des matières grasses qui altéreraient promptement l'efficacité de l'appareil si elles n'étaient décomposées par une certaine quantité de carbonate de soude qui les convertit en savon dans les chaudières. L'eau devient donc alcaline, et l'emploi de ce mélange soulève des questions nouvelles. Quels sont, sur l'ébullition, les effets de cette saponification de l'eau des chaudières ? On doit supposer qu'ils sont analogues à ceux qui résultent de l'introduction des matières grasses dans les générateurs. Le tumulte qui s'y produit entraîne un mélange d'eau avec la vapeur. Les constructeurs ajoutent, pour cette raison, au condenseur à surface, un appareil dit séparateur et un surchauffeur. Cette vapeur, ainsi chargée de parties savonneuses, n'a-t-elle pas sur les tiroirs et les pistons une influence lubriiactrice favorable au point de rendre le graissage de leurs surfaces de frottement presque inutile ? Il faut croire aux avantages des condenseurs à surfaces, puisque leur usage se généralise. L'expérience nous apprend qu'ils produisent un vide supérieur à celui du condenseur ordinaire, même quand l'altération partielle des surfaces par le dépôt des matières grasses oblige à aider la condensation par l'injection de l'eau de mer. C'est ainsi que dans le cours de deux traversées comparées, le vide s'est montré plus élevé dans le condenseur à surface du *Péreire* que dans celui de *La Floride* dans la proportion de 100 à 82,5, le vide moyen dans le condenseur du *Péreire* a été de $69^{cm}15$.

L'emploi du surchauffeur est destiné à remédier, dans de certaines limites, aux entraînements d'eau que soulève l'ébullition tumultueuse et la projection instantanée de la vapeur dans les cylindres. Un navire transatlantique ayant des cylindres de 2 m. 40 de diamètre et 2 m. 64 de course dans lequel la vapeur est introduite au 0,55 de la course et dont la machine fait 15 tours 5 par minute envoie par seconde $12^{m^3}30$ de vapeur Ce sont des bouffées de $6^{m}$ 55 chacune qui sortent des chaudières dans l'espace d'une seconde, animées d'une vitesse considérable. L'eau est alors transportée de deux manières : mêlée aux molécules de la vapeur, elle accroît la densité du mélange, ou elle est emportée par gouttes et jets. Les oscillations du manomètre à chaque émission de vapeur montrent les oscillations que la pression subit dans la chaudière.

L'expérience de l'échappement des locomotives permet facilement cette observation. En ouvrant progressivement le régulateur, on voit d'abord la vapeur sèche et se condensant rapidement dans l'air, puis elle prend une densité plus forte; le nuage est plus long à disparaître; bientôt les gouttelettes sortant du cylindre sont projetées au-dessus de la vapeur et une gerbe d'eau leur succède.

Les deux modes dans lesquels l'eau est transportée indiquent la forme à donner au surchauffeur. Pour vaporiser l'eau à l'état de mélange moléculaire avec la vapeur, celle-ci doit être en contact avec une grande superficie chauffée de parois métalliques; tandis que pour vaporiser l'eau entraînée par gouttes ou jets, il faut que le surchauffeur offre des chicanes et des remous où l'eau se sépare de la vapeur par suite des différences de densité.

L'expérience a établi qu'un surchauffeur n'est efficace d'ailleurs qu'autant qu'il n'enlève pas à la vapeur la quantité d'eau qu'elle contient naturellement quand elle est mise en contact avec l'eau qui l'a produite. Il faut aux frottements métalliques des tiroirs et des pistons une certaine lubrifaction sans laquelle les frottements prennent une énergie destructive du poli des surfaces en contact.

Le surchauffeur est donc un appareil délicat, qui demande à être conduit avec la plus grande prudence.

M. Cunard a ajouté aux générateurs un surchauffeur de l'eau d'alimentation des chaudières. Cet appareil a la forme et la disposition d'un condenseur à surfaces.

C'est un cylindre muni de tubes intérieurs. L'eau sortant du condenseur passe à travers les tubes pour se rendre aux chaudières. L'eau d'extraction des chaudières passe à l'extérieur des tubes avant d'être jetée à la mer ; elle transmet une partie de sa température à l'eau d'alimentation.

Quand les surfaces tubulaires sont exemptes d'incrustations, l'accroissement de température est de 16 à 18° centigrades mais cela décroît rapidement à mesure que les tubes se chargent d'incrustations. Les tubes sont d'un faible diamètre afin d'offrir le moindre volume pour la plus grande surface de contact.

Ces appareils paraissent exiger des nettoyages fréquents.

Les types des machines motrices des navires transocéaniens diffèrent suivant qu'elles sont destinées à mouvoir des roues ou une hélice.

L'arbre des roues est placé à la plus grande hauteur que permette le creux du navire, le diamètre de celles-ci est aussi grand que possible, et généralement de quatre fois la course des pistons. Étant donnée la vitesse du navire, la circonférence des roues doit être mue à une vitesse supérieure à celle-ci de l'excédent du recul maximum. Les conséquences sont qu'une très-grande puissance doit être développée en un très-petit nombre de révolutions. De là de très-grands cylindres et de longues courses. Jusqu'à ce jour les plus grandes dimensions atteintes sont celles du *Scotia*. Diamètre du cylindre 2$^m$58, course 3$^m$56, diamètre des roues, 12$^m$25. Pour les autres transatlantiques, le diamètre des roues varie entre 10$^m$ 50 et 11$^m$. Celles du *Great Eastern* ont 17$^m$ 40. La lenteur de marche n'a jusqu'à ce jour, laissé le choix qu'entre les machines à balancier et la machine à cylindres oscillants. L'usage des machines à balancier, très-général à l'origine, continué par Cunard avec un succès remarquable, a été imité par la compagnie Transatlantique. Les inconvénients de ces machines sont leur poids considérable, et leur grand volume. La longueur de la semelle, et la distance verticale qui la sépare de l'entablement multiplient le nombre des points par lesquels ces machines sont en contact avec la coque. Elles sont donc très-sensibles aux changements de forme que subit la coque par le fait des torsions ou des flexions qui se produisent sous l'influence de l'agitation de la mer, ou d'un chargement mal distribué. Mais le système des doubles bielles et des balanciers introduit, entre la ligne d'axe des cylindres et le plan de rotation des manivelles, une élasticité qui permet à un certain degré ces changements de forme On reproche également avec raison à ces machines de gêner les communications, sous le pont, entre l'arrière et l'avant du navire.

Les machines à balancier ont donc le grave inconvénient d'être solidaires par trop de points avec la coque. Déjà, dans les navires en bois, la rupture des semelles, des bâtis verticaux et de l'entablement auquel sont attachés les arbres des roues, avaient donné lieu à des accidents répétés. Pas un bâtis vertical en fonte ne résistait; ils furent remplacés par des colonnettes en fer: les semelles restèrent composées de pièces excessivement massives et pleines; elles résistèrent, mais les entablements, nécessairement découpés, ont toujours éprouvé de graves accidents. Le progrès de la fabrication de l'acier et des pièces forgées permettrait aujourd'hui de les construire en fer ou même de les couler en acier.

L'attache sur le fond du navire est généralement insuffisante pour résister à l'effort de 240,000 kilogr. produit par les deux pistons, qui tend soit à enlever la semelle de la machine, soit à l'appuyer sur le fond du navire. Les boulons de fondation se mattent et leur jeu produit des chocs formidables. Le soulèvement des entablements fatigue l'arbre qui relie les deux machines, il s'altère promptement et se brise. Cet arbre devrait toujours être fabriqué avec le fer aciéreux le plus pur et le plus homogène; les accidents auxquels sa rupture imprévue donne lieu entraînent d'énormes dépenses.

Des constructeurs croient devoir laisser un certain jeu horizontal aux entablements, afin de les rendre moins sensibles aux torsions de la coque; les autres veulent faire de la chambre de la machine et du bâtis de celle-ci un tout solidaire, rigide et inaltérable dans sa forme. Les murailles des navires sont alors consolidées par des varangues rapprochées et larges, des poutres cellulaires horizontales et rattachées par des barrots composés de poutres creuses. Ces consolidations ajoutent à la coque un poids considérable et elles ne sont pas toujours efficaces.

La machine à balancier est donc restée, dans les navires en fer, avec tous les inconvénients de sa complication; l'élasticité prétendue de son mécanisme ne la protége pas. Sous quelque jour qu'on examine le progrès des machines à vapeur, et en général de toutes les machines, ce progrès procède par la simplification du système, et la simplification emporte avec elle la réduction du nombre des pièces. Sous ce rapport, le choix de la machine à balancier est, pour la marine, en sens contraire du progrès.

Il y a dans la navigation transatlantique un très-grand nombre de navires à roues mus par des machines à balancier, mais ils datent d'une époque où le succès de l'hélice n'était pas affirmé, pas même prévu. Ces navires font des trajets dont la régularité est remarquable, exempts d'accidents et d'une construction si bien entendue, qu'après bien des années de service, ils n'accusent aucune vétusté. La durée de ces navires ne peut être précisée; ce sont les progrès des nouvelles constructions et de l'hélice qui les condamneront peut-être, jeunes encore et susceptibles de naviguer dans les conditions de leur origine; mais la conservation de ces navires et de leurs machines ne peut être obtenue qu'au moyen d'une surveillance incessante, d'un entretien vigilant; il faut se résigner à ne pas lutter énergiquement avec la mer, ralentir avec les gros temps, diminuer la pression.

Lorsque l'on compare l'énorme dimension des pièces de ces machines à mouvement lent avec celles des machines directes à hélice dont le nombre des révolutions est trois fois et souvent quatre fois plus grand, on sent que le but est dépassé, que, tirer si peu de puissance mécanique d'un si énorme poids de métal, c'est aller contre les règles de l'art; c'est l'imitation poussée à l'excès. Aussi, lorsque, par des gros temps, une des roues vient à émerger et que cette masse s'emporte dans le vide, les forces centrifuges, développées par la vitesse vertigineuse des pièces du mécanisme de la machine, causent d'énormes efforts; les vibrations de la machine se communiquent à la masse du navire, qui semble trembler convulsivement; il n'y a pas de pièces mécaniques qui puissent résister longtemps à de pareils ébranlements.

On évite ces graves accidents par un régulateur dont nous signalons l'indispensable nécessité.

Les machines oscillantes n'avaient encore été que très-rarement appliquées à de grandes puissances avant l'exemple donné pour les machines à roues du *Great Eastern*. Elle ont, comme toutes les machines directes, l'avantage d'être plus homogènes, moins pesantes et moins volumineuses. On leur reproche de produire un vide moins élevé à cause du défaut d'étanchéité du joint; ce défaut, s'il existe, peut-être facilement combattu.

La machine oscillante de *l'Adriatic*, dont les cylindres ont les dimensions de ceux du *Persia*, est un remarquable type.

Il est d'une importance considérable de ménager le poids des machines puisque le poids économisé se résume en frêt qui se renouvelle incessamment.

Les machines à hélice sont généralement à mouvement direct

et cela semble jusqu'à ce jour sans inconvénient jusqu'aux vitesses de 45 à 55 tours, pour des machines de 6 à 700 chevaux. Au-delà, c'est-à-dire, à des vitesses de 60 à 70 tours et pour une puissance de 8 à 900 chevaux, on hésite encore à adopter le mouvement direct. Quatre introductions de vapeur par tour de manivelle, avec la détente poussée au tiers de la course des pistons, occasionnent toujours une grande irrégularité de travail. Cet inconvénient est évité dans les machines à trois cylindres adoptées par Dupuy de Lôme pour la marine française, à l'exemple des constructions anglaises.

Le but de cet ingénieur est d'obtenir une telle régularité de travail que la machine puisse tourner à vide, comme si l'hélice était émergée, sans vibrations, sans ébranlements, sans fatigue des pièces et du navire. L'équilibre des pièces soumises à un mouvement rotatif et la régularité du travail de la vapeur sont les procédés rationnels qu'il recherche. Dans les premiers spécimens, cela sera acheté par des complications de mécanisme : mais la voie est indiquée et les simplifications viendront ensuite.

Ce qui nuit le plus à l'entier développement de la force des machines dans les navires à roues, c'est l'immersion irrégulière des aubes. Le nombre de tours réduit au départ par le tirant d'eau, n'atteint le nombre de tours normal qu'à l'arrivée, lorsque l'émersion est suffisante pour assurer l'allure de la machine à sa puissance réelle. Nous avons dit que l'immersion n'avait pas une influence semblable sur le nombre de tours de l'hélice, mais elle en a une sensible sur la marche. Dès les premières années du service des dépêches australiennes, la distance de 5285 milles marins entre Sydney et la Pointe de Galle était franchie par des navires à hélice de 500 chevaux et de 2400[t] de jauge, qui chargeaient jusqu'à 1,600 tonnes de combustible et dont la vitesse était, par suite de leur très-forte immersion ralentie, au départ dans la proportion de 11 à 7. A mesure que les dimensions des navires se sont accrues, l'émersion a été moindre et les vitesses du moteur au départ et à l'arrivée du navire à hélice sont à peine sensibles. Le nombre de tours des hélices de la *Louisiane* et de la *Floride*, navires de la Compagnie transatlantique, n'a différé, en moyenne, du départ à l'arrivée, dans quinze traversées de l'Atlantique, que de 2 à 3 tours, pour une émersion de 1 $^{m}$ environ. Ces hélices font 44 à 46 tours suivant les circonstances de mer.

L'ajustement des machines a été amené à une perfection remarquable. L'emploi de l'acier s'y introduit peu à peu, réduit le poids des pièces en mouvement et favorise les machines à mouvement direct.

Les frottements y seraient réduits autant que dans les meilleures machines fixes, si les déformations de la coque, en dérangeant les lignes d'axe du montage ne reportaient la pression d'une manière inégale sur les collerettes des arbres et les côtés des coussinets.

La poussière du navire, celle des escarbilles, les résidus du briquetage du pont, les grains qui se rencontrent dans le fer ou le bronze sont aussi des causes d'accroissement du frottement et d'échauffement des arbres.

Ces causes mêmes indiquent comment elles peuvent être évitées.

L'emploi de la détente est limité dans les machines marines non-seulement par l'abaissement de la température dans les cylindres, mais par l'irrégularité d'impulsion qu'elle imprime au moteur, roues ou hélice. Il faut que cette impulsion soit toujours assez forte pour que la vitesse de rotation des roues ou de l'hélice soit égale à celle du navire, plus le recul. Pour cela il est nécessaire que, par l'effet même de la transmission du maximum de travail, la quantité de mouvement imprimée aux pièces soit mise en voie d'accélération. Si ce résultat n'est pas obtenu, le mouvement rotatif du moteur devient irrégulier. Dans les machines de terre, l'inertie du volant suffit à répartir également le travail d'un seul cylindre. Dans la marine, l'absence de volant exige l'emploi de deux cylindres et si, au nombre de tours donné, l'inertie des pièces en mouvement ne suffit pas pour accomplir la fraction de tour pendant laquelle, par l'effet d'une grande détente, le travail émis par la machine devient inférieur à celui qui est nécessaire à la marche du navire, l'irrégularité du mouvement de rotation se manifeste.

Il y a donc un degré de détente auquel il ne faut pas pousser l'emploi de la vapeur. L'expérience l'indique pour chaque navire.

C'est pour cette même cause que, dans les très-grosses mers, on supprime la détente. On marche alors à pleine introduction en réduisant la pression dans les chaudières. Sans cette précaution, quand la résistance à la rotation s'accroît par l'immersion des roues et du navire au moment où le moteur subit la plus faible impulsion, la machine s'arrête. De même que lorsque la résistance au mouvement rotatif diminue par l'émersion des roues, si le maximum de travail correspond à ce moment, le moteur s'emporte en produisant des chocs qui mettent la machine en très-grand péril.

Sous l'influence de ces chocs, les entablements sont fissurés, quelquefois complétement brisés. Aussi ces pièces de fonte sont-elles dessinées avec des formes propres à faciliter les réparations nécessaires pour leur rendre leur rigidité.

Un régulateur fermant l'introduction de vapeur dans une très-faible fraction de la course est, par de pareils états de la mer, tout à fait indispensable, puisqu'à défaut de cet appareil, le mécanicien doit avoir constamment la main sur le levier de la soupape d'introduction de vapeur pour la fermer et pour l'ouvrir en temps utile.

Aussi l'emploi du régulateur commence-t-il à se répandre. Mais il ne faut pas lui demander encore l'ensemble des conditions qu'il remplit dans les machines de terre; son fonctionnement doit être limité aux gros temps.

Dans la navigation, on emploie habituellement toute la quantité de vapeur qu'il est possible de faire produire à la chaudière, c'est-à-dire le maximum, si la vitesse est le premier besoin; ou, dans le cas contraire, le minimum compatible avec la vitesse que l'on veut donner au navire. Dans ces deux circonstances, la première condition est d'atteindre dans les chaudières la pression pour laquelle elles sont construites, et de mesurer alors la détente sur la possibilité de conserver cette pression.

On remarque généralement que, dans les machines transatlantiques, de récente construction, l'emploi de la détente constaté par les diagrammes donne des résultats plus favorables à mesure que la période d'introduction diminue.

Cela ne peut s'expliquer que par le rapport de l'orifice d'entrée de vapeur au volume à injecter dans le cylindre dans un temps donné. Dans la première période de la course, le mouvement du piston est lent; il s'accroît ensuite, puis diminue de nouveau. Les volumes offerts à la vapeur sont en raison directe de ces vitesses.

Ainsi, pendant que la manivelle parcourt les 180 degrés d'une demi-circonférence, le volume offert à la vapeur par le mouvement du piston dans les cylindres est comme la résultante verticale du mouvement rotatif. Ce rapport fournit les volumes suivants pendant la demi-course du piston.

| CHEMIN PARCOURU PAR LES MANIVELLES DE 10 EN 10 DEGRÉS | RÉSULTANTE VERTICALE OU RAPPORT DU CHEMIN PARCOURU PAR LA MANIVELLE ET PAR LE PISTON | | VOLUMES OFFERTS A LA VAPEUR, L'AIRE DU CYLINDRE ÉTANT $4^{m2}52$ ET SON DEMI-VOLUME $5^{m3}$ 42 | |
|---|---|---|---|---|
| | Par période | Totale | Par période | Totale |
| | | | m3 | mc. |
| 0 à 10 | 1 51 | 1 51 | 0 082 | 0 082 |
| 10 à 20 | 4 50 | 6 01 | 0 244 | 0 326 |
| 20 à 30 | 7 36 | 13 37 | 0 396 | 0 722 |
| 30 à 40 | 10 » | 23 37 | 0 552 | 1 274 |
| 40 à 50 | 12 35 | 35 72 | 0 670 | 1 944 |
| 50 à 60 | 14 33 | 50 05 | 0 726 | 2 670 |
| 60 à 70 | 15 70 | 65 75 | 0 860 | 3 530 |
| 70 à 80 | 16 82 | 82 57 | 0 935 | 4 465 |
| 80 à 90 | 17 42 | 99 99 | 0 955 | 5 420 |
| | 100 » | | 5 42 | |

Ainsi, à la détente produite par l'introduction de la vapeur pendant 0,35 de la course du piston, le volume introduit dans le cylindre, sera de $3^{m3}55$, et si la course est divisée en périodes de 10 en 10°, il y aura eu 7 périodes, dans la dernière desquelles le volume sera $0^{m3}860$, soit près du quart du volume total de la vapeur introduite.

A 0,45 d'introduction, les deux dernières des huit périodes, donneront $1^{m}795$ sur $4^{m}88$, soit plus du tiers; enfin, à 0,55 d'introduction, les trois dernières des 10 périodes donneront $2^{m3}845$ sur $5^{m3}96$, soit près de la moitié.

En regard de cette progression dans les volumes débités,

il faut placer celle de l'ouverture des lumières ou orifices d'introduction, qui, dans les machines marines, sont produites par le mouvement des tiroirs, la détente étant manœuvrée par une soupape d'arrêt due à l'action instantanée d'une came.

Les tiroirs sont mus par des excentriques, et leur chemin parcouru est réparti sur la durée de l'introduction fixe pendant 0,75 de la course totale du piston. Cette durée d'introduction permet de manœuvrer les machines à la main, dans quelque position que soient les pistons, puisque l'un des deux est toujours en prise. Elle permet aussi de donner quelqu'avance à l'introduction, et surtout de faire correspondre les plus grands orifices à la plus forte introduction. Mais on aperçoit cependant qu'à la détente de 0,55, le tiroir ayant parcouru plus de la moitié de la course, la correspondance des plus grands orifices d'introduction au plus grand volume de vapeur à introduire dans le cylindre a cessé, et qu'en conséquence l'étranglement de la vapeur doit être proportionnellement plus grand dans ce cas que dans les introductions à détentes 0,25, 0,35 et 0,45.

C'est ce qui ressort d'ailleurs, légèrement, il est vrai, de la forme d'arrêt à l'admission dans les diagrammes correspondant aux quatre introductions 0,55, 0,45 et 0,35, et 0,25, à la même pression de 133 cent. de mercure, et à la même vitesse de marche des pistons et du navire.

La grande régularité de ces diagrammes tient aux excellentes conditions de la conduite et du mouvement de distribution de la vapeur.

Les résultats comparatifs de ces diagrammes en emploi de vapeur et en combustible correspondant à cet emploi, sont résumés dans le tableau suivant, sans le correctif résultant de l'étranglement de vapeur aux plus grandes introductions.

| Durée de l'introduction en quantième de la course du piston. | Emploi de vapeur correspondant par révolution. | Combustible consommé au taux de 4 k. 95 de vapeur produite par kilog. de combustible. | Tirant d'eau du navire. | Vitesse imprimée au navire. |
|---|---|---|---|---|
| 0 55 | 26 kil. | 5 25 | 6 m. 15 | 10 n. 5 |
| 0 45 | 21 35 | 4 30 | 5 95 | |
| 0 35 | 16 60 | 3 35 | 5 70 | |
| 0 25 | 11 83 | 2 38 | 5 40 | |

Dans la traversée opérée par un navire transatlantique, les conditions de marche s'améliorent avec l'émersion qui résulte de la consommation du combustible. La résistance du navire diminue par le fait du moindre périmètre mouillé, du moindre déplacement, de plus de finesse des formes, d'une moindre section du maître couple, etc. Mais l'accroissement de vitesse que permet l'émersion croissante du navire, est toujours une question de combustible; que la vitesse soit le premier de tous les intérêts, ou bien que ce soit l'économie de combustible, il importe de connaître les conditions de détente, c'est-à-dire d'emploi de vapeur, qui correspondent au maximum et au minimum de vitesse de marche. Le capitaine peut alors prescrire le degré d'impulsion qu'il y a lieu de donner au navire, mais il ne faut pas oublier que la première condition d'économie de combustible, pour la marche la plus rapide comme pour la plus lente, est le maintien de la pression de la vapeur dans les chaudières à leur limite maximum.

L'essentiel pour un mécanicien, chargé de la conduite des machines marines, est de connaître assez les lois du travail mécanique de la vapeur pour en obtenir la plus grande quantité avec la moindre consommation de combustible. Autant cela lui serait difficile par les calculs théoriques, autant cela est facile par l'observation des diagrammes dont il dispose. Il arrive bien souvent que par suite de l'absence de tirage résultant de l'état de l'atmosphère, du défaut de qualité du charbon, de l'inexpérience ou de la fatigue des chauffeurs, la pression est difficile à obtenir; le mécanicien comprend alors l'utilité de réduire l'introduction de la vapeur dans les cylindres, et la pression s'élève dans la chaudière au point que, malgré la réduction de l'introduction, le nombre de révolutions reste le même qu'avant. C'est que, grâce à l'élévation de la pression, on a obtenu la même quantité de travail avec un moindre volume, et aussi avec un moindre poids de vapeur. Le poids de vapeur n'est pas, il est vrai, ici, en raison inverse du volume de vapeur. Si, dans le premier cas, raisonnant sur le même type d'appareils qui a servi à nos observations précédentes, l'introduction est à 0,55 de la course, et la pression de 95 cm. de mercure; le poids de vapeur introduit est de $19^{k}15$ par révolution; si l'introduction est réduite à 0,35 de la course, et que la pression s'élève dans les chaudières à $114^{cm}$ de mercure, le poids de vapeur introduit dans les cylindres est réduit à $14^{kil}861$ : et si la même vitesse de marche, c'est-à-dire les mêmes quantités de travail sont obtenues dans les deux cas, l'économie du poids de vapeur sera 22,5 pour 100. Mais comme la température de la vapeur aura dû être élevée de 106°35 à 111°74, l'économie de combustible ne sera pas en raison directe du poids de vapeur, mais elle en approchera beaucoup. Les chiffres que nous donnons ici sont extraits de la comparaison des diagrammes mêmes : la quantité de travail qu'ils indiquent est la même dans les deux cas, c'est pour cela que le nombre de tours est resté le même, et que l'exemple mérite d'être cité.

Avec un peu d'habitude, le mécanicien superpose des diagrammes calqués, et bientôt il reconnaît la marche la plus avantageuse pour la vitesse donnée. Il trouve dans ses observations le moyen de tirer de la quantité de vapeur disponible le plus grand parti.

L'immersion des aubes des roues motrices des navires de 100 mètres de longueur et au-delà, ne doit pas être moindre de 1m75, afin d'éviter les chocs redoutables qui se produisent lorsque les roues émergent au point que les machines s'emportent.

Les données de l'immersion des roues de divers navires transatlantiques sont résumées dans le tableau suivant.

A l'exception de *l'Atrato*, les navires cités dans ce tableau ont des roues à pales fixes. Les roues à pales mobiles peuvent être plus profondément immergées que les autres, mais leur vitesse est soumise aux mêmes règles. A leur entrée dans l'eau, la résultante horizontale de leur mouvement rotatif doit être au moins égale à la vitesse du navire. Ce genre de roues ne peut être employé avec sécurité que dans les belles mers. La Cie du Royal-Mail en a muni plusieurs de ses navires du service des Indes occidentales, entre Southampton et Saint-Thomas. Les glaces et les gros temps ne permettaient pas leur emploi sur la ligne de New-York, qui est considérée comme une des plus dures entre les passages transocéaniens. Ces roues sont en effet d'une construction délicate; la solidarité du mécanisme qui conduit les pales, étend à toutes la moindre avarie dans l'une des pièces. Aussi leur emploi est-il restreint.

| NOMS DES NAVIRES | Distance de l'axe de l'arbre des roues au dessous de la quille. | Rayon des roues à l'extérieur des aubes. | Tirant d'eau départ. | Tirant d'eau à l'arrivée. | IMMERSION DES ROUES au départ | IMMERSION DES ROUES à l'arrivée | Immersion moyenne | ÉMERSION. |
|---|---|---|---|---|---|---|---|---|
| *Scotia* ............ | 9 90 | 6 096 | 7 25 (1) | 6 25 | 3 45 | 2 45 | 1 95 | 1 » |
| *Persia* ............ | 9 60 | 5 875 | 7 25 | 6 15 | 3 52 | 2 42 | 2 47 | 1 10 |
| *Atrato* ............ | 8 54 | 5 185 | 6 80 | 5 55 | 3 345 | 2 095 | 2 46 | 1 25 |
| *La Plata* ........... | 8 85 | 5 485 | 6 70 | 5 55 | 3 50 | 2 25 | 2 85 | 1 25 |
| *Washington* ........ | 8 910 | 5 30 | 6 60 | 5 41 | 2 99 | 1 80 | 2 39 | 1 19 |
| *Lafayette* .......... | 8 985 | 5 50 | 6 50 | 5 40 | 3 02 | 1 92 | 2 46 | 1 10 |
| *Europe* ............ | 9 06 | 5 50 | 6 40 | 5 31 | 2 84 | 1 75 | 2 29 | 1 19 |
| *Impératrice Eugénie*. | 9 05 | 5 425 | 6 50 | 5 25 | 2 87 | 1 62 | 2 25 | 1 25 |
| *Napoléon III* ....... | 9 70 | 5 85 | 6 62 | 5 42 | 2 77 | 1 57 | 2 17 | 1 20 |

(1) Il est à présumer que ce tirant d'eau est rarement atteint, car le prolongement des roues serait tel dans ce cas que la vitesse du navire serait très-sérieusement ralentie pendant les premiers jours de la traversée.

L'émersion des navires qui, dans une traversée d'Europe en Amérique, est de $1^m$ à $1^m25$ entre le départ et l'arrivée, soit 10 à 12 centimètres par jour, explique la différence qui se produit dans le nombre de tours de roues.

Au départ, les roues plongent et éprouvent une résistance d'autant plus grande, qu'elles agissent sur une eau plus profonde, et que la marche du navire est plus gênée par sa grande immersion. Il est vrai que dans ce cas, le recul, c'est-à-dire la différence entre la vitesse du navire et celle des aubes à la circonférence extérieure des roues, est plus faible, mais la perte de vitesse pour la même quantité de travail n'en est pas moins réelle par suite de l'excès de diamètre des roues et de la lenteur de leur marche.

Le problème qui se pose ici consiste à employer toute la force de la machine, c'est-à-dire le maximum de production de vapeur à la plus haute pression, avec la détente la plus efficace, en conservant, pour obtenir la plus grande vitesse, la moindre différence entre la vitesse des aubes et celle du navire.

La complication du problème résulte de ce que le recul le plus favorable diffère en raison même de l'immersion. S'il est faible à une grande immersion des roues, il devient considérable à la plus faible immersion; il faut donc s'arrêter à un rayon de roues correspondant à l'immersion moyenne la plus efficace.

Les ingénieurs se déterminent par le tâtonnement, en recherchant, pour le même navire, le coefficient d'utilisation tiré d'une formule dans laquelle la vitesse V est égale à un coefficient M, multiplié par la racine cubique de la force motrice indiquée par les diagrammes N, divisée par la section de la carène au maître couple, $B^2$.

$$V = M \sqrt[3]{\frac{N}{B^2}}$$

Le doute qui s'élève aujourd'hui sur l'influence de la section de la carène dans la résistance que le navire éprouve au mouvement, explique pourquoi cette formule n'est considérée que comme applicable aux mêmes navires. Or, dans ce cas, l'expérience viendra plus sûrement encore indiquer la situation des aubes, au moyen de laquelle la plus grande vitesse aura été obtenue avec la moindre consommation de charbon. Le problème se complique ici d'un grand nombre de données qui exigent, qu'avant de fixer le diamètre des roues, l'ingénieur soit fixé d'abord sur l'immersion de la coque au départ et à l'arrivée. Il peut alors déterminer l'immersion minimum, celle qui est nécessaire pour que les aubes ne découvrent pas, soit des deux côtés du navire sous l'influence d'une ondulation profonde, soit séparément par un roulis violent. Cela fixé, il détermine le rayon en se basant sur l'angle le plus favorable à l'entrée des pales dans l'eau, et sur le creux du navire qui limite la situation de l'arbre des roues.

L'angle d'entrée le plus favorable est celui où la résultante horizontale décrite par les pales est au moins égale à la vitesse du navire. Pour connaître cet angle, il faut supposer le recul probable, c'est-à-dire l'excès de vitesse des aubes à la circonférence des roues sur la vitesse du navire, puisque la fonction de la roue se résout en une impulsion donnée suivant une résultante horizontale. Cette impulsion est à son maximum de vitesse là où le rayon est perpendiculaire à l'horizon, parce qu'en ce point la résultante horizontale est comme le chemin parcouru par la circonférence de la roue. Mais de chaque côté de la verticale, la résultante horizontale devient plus courte que le chemin parcouru par la circonférence de la roue; et elle diminue au point qu'elle devient zéro, au point où le rayon est horizontal.

Ainsi, quand le rayon de la roue passe de la verticale à l'horizontale, l'aube qu'il porte agit avec d'autant plus de puissance que la résultante horizontale qu'elle décrit se rapproche plus de la vitesse décrite par la circonférence de la roue.

La décroissance des chemins parcourus par la circonférence et par la résultante horizontale de cette circonférence est, de 10 en 10 degrés, comme les chiffres suivants :

| Nombre de degrés | 90° (1) | 80° | 70° | 60° | 50° | 40° | 30° | 20° | 10° | 0 |
|---|---|---|---|---|---|---|---|---|---|---|
| Résultante horizontale | 100 | » | » | » | » | » | » | « | » | 0 |
| Résultante moyenne | | 95 5 | 92 5 | 86 8 | 78 5 | 67 4 | 54 9 | 40 5 | 24 8 | 8 3 |

Lorsque la vitesse des roues à la circonférence est 100, et que la vitesse du navire est 67,7, il devient inutile de faire entrer la roue dans l'eau de façon que l'aube l'atteigne sous un angle de moins de 40 degrés, puisque ce n'est qu'à partir de 40 degrés que la résultante horizontale devient égale à la vitesse du bateau. Cela semble fixer aux 0,44 du rayon l'immersion utile des roues; mais cette limite est, la plupart du temps, dépassée dans les navires transocéaniens. Si, en effet, l'immersion nécessitée par les mouvements que l'agitation de la mer imprime à des navires dont la longueur dépasse 100 mètres, la largeur 12 mètres, et le tirant d'eau $5^m26$, est au minimum de $1^m60$, l'émersion du navire pouvant être, entre le départ et l'arrivée, de $1^m20$, il s'en suit que l'immersion des roues sera dans ce cas de $2^m80$, et que le rayon obligé des roues serait de $6^m36$. Il n'en est pas ainsi. Le creux du navire et la hauteur correspondante de l'arbre au-dessus de la quille ne permettent pas un tel diamètre.

Voici, en effet, le diamètre des roues des transatlantiques aujourd'hui engagés dans les services postaux.

| | | | | (2) |
|---|---|---|---|---|
| *Atrato.* | Royal Mail. | S. Thomas. | 11 mèt | 125 |
| *Laplata.* | d° | d° | 10 | 973 |
| *Shannon.* | d° | d° | 10 | 973 |

(1) Verticale.
(2) $10^m37$ (Forquenot).

| | | | | |
|---|---|---|---|---|
| *Persia.* | Cunard. | New-York. | 11 | 735 |
| *Scotia.* | d° | d° | 12 | 192 |
| *Washington.* | Compagnie transatlantique. | Antilles. | 11 | » |
| *Napoléon III.* | d° | New-York. | 11 | 70 |
| *Guienne.* | Messageries Impériales. | Brésil. | 9 | 50 |
| *Atlantic.* | Compagnie Collins. | New-York. | 10 | 67 |
| *Adriatic.* | | d° | 12 | 16 |

Le diamètre des roues, hors pales, est généralement égal de quatre fois la course des pistons.

Le tirant d'eau de ces navires varie au départ entre $7^m25$, *Scotia*, et $6^m40$, à l'exception de celui de *la Guienne*, qui est beaucoup plus faible.

La différence dans le nombre de tours des machines, au départ et à l'arrivée, est comme 11 à 16, mais aux vitesses correspondantes au plongement des roues, le recul varie suivant l'immersion, entre 12 et 26 pour 100. La puissance de la machine n'est pas complétement utilisée pendant une forte partie de la traversée et le rapport de la puissance totale à la puissance moyenne développée pendant le trajet, s'abaisse habituellement de 100 à 85.

Le tableau suivant indique pour 2 traversées, de Saint-Nazaire à la Martinique, le tirant d'eau, le nombre de tours, la vitesse du navire, le recul ou le rapport de cette vitesse à celle des aubes, et le même recul en quantum pour 100 de la vitesse des aubes.

| NOMBRE DE JOURS DE LA TRAVERSÉE | TIRANT D'EAU | | NOMBRE DE TOURS DE ROUES | | VITESSE DU NAVIRE | | RAPPORT DE LA VITESSE DU NAVIRE, CELLE DES AUBES ÉTANT 100 | | RECUL DU NAVIRE EN QUANTUM p. 0 0 DE LA VITESSE DES AUBES | |
|---|---|---|---|---|---|---|---|---|---|---|
| | ALLER | RETOUR AU DÉPART 6 53 | ALLER | RETOUR | ALLER | RETOUR | ALLER | RETOUR | ALLER | RETOUR |
| 1 | 6 46 | 6 51 | 11 7 | 10 1 | » » | » » | » » | » » | » » | » » |
| 2 | 6 42 | 6 44 | 10 7 | 9 5 | 10 50 | » » | 85 | 80 | 15 | 20 |
| 3 | 6 35 | 6 36 | 10 8 | 10 4 | 10 90 | 9 21 | 83 | 79 | 17 | 21 |
| 4 | 6 28 | 6 28 | 12 9 | 11 3 | 10 95 | 10 » | 90 | 79 | 10 | 21 |
| 5 | 6 20 | 6 20 | 13 7 | 11 3 | 11 01 | 10 35 | 76 | 80 | 24 | 20 |
| 6 | 6 11 | 6 11 | 12 5 | 12 3 | 11 80 | 10 80 | 77 | 78 | 23 | 22 |
| 7 | 6 02 | 6 01 | 12 9 | 12 7 | 10 60 | 11 10 | 73 | 77 | 27 | 23 |
| 8 | 5 93 | 5 92 | 14 8 | 12 » | 10 90 | 11 30 | 72 | 84 | 28 | 16 |
| 9 | 5 86 | 5 84 | 14 5 | 13 » | 11 88 | 11 » | 74 | 75 | 26 | 25 |
| 10 | 5 77 | 5 75 | 14 6 | 14 2 | 12 10 | 11 95 | 74 | 75 | 26 | 25 |
| 11 | 5 69 | 5 66 | 14 8 | 14 1 | 12 60 | 12 10 | 77 | 76 | 23 | 24 |
| 12 | 5 60 | 5 57 | 14 9 | 13 9 | 12 90 | 11 75 | 89 | 75 | 11 | 25 |
| 13 | 5 51 | 5 48 | 15 » | 14 3 | 12 80 | 11 80 | 77 | 73 | 23 | 27 |
| 14 | 5 41 | 5 44 | 15 2 | 13 4 | 12 80 | 13 75 | 77 | 71 | 23 | 29 |

L'exemple que nous donnons de la manière dont le recul se modifie, suivant les circonstances d'émersion et de vitesse du navire, n'est pas le plus significatif entre tous. Il est pris au hasard parmi plusieurs traversées, l'une en temps assez calme, l'autre par un état agité de la mer et de l'air, pendant lequel un ciel pur a permis de déterminer exactement la position du navire, c'est-à-dire la route parcourue. Toutes ces traversées se ressemblent, les circonstances de mer et de vent réservées. Le tirant d'eau y est calculé proportionnellement à l'émersion résultant de la consommation de charbon.

Les inconvénients d'une trop grande immersion des roues au départ sont prouvés par l'influence qu'elle exerce sur le nombre de tours. Quand, au départ, l'immersion est exagérée, chaque décimètre d'émersion amène une augmentation d'un tour de roue, tandis que vers la fin du voyage, la même émersion ne produit qu'une faible augmentation du nombre de tours.

Cette progression se refuse à un calcul simple à cause de la complication des éléments dont elle est le résultat, éléments puisés à la fois dans l'action propre de la roue motrice et dans la décroissance de la résistance qu'éprouve le navire ; mais il y a lieu d'en tenir d'autant plus de compte que l'inconvénient spécial aux bateaux à roues, c'est que l'immersion du navire a le double inconvénient d'accroître la résistance à la marche, et d'ôter au moteur l'usage de ses forces.

L'emploi des bateaux à roues dans les traversées transocéaniennes est donc singulièrement gêné par l'immersion résultant du poids de l'approvisionnement du moteur. La perte de vitesse qui en résulte pour eux varie entre un nœud et un nœud un quart par heure pendant la durée du voyage.

Les améliorations dont ces navires sont susceptibles éviteront-elles ce grave inconvénient ?

Une première hypothèse peut être permise. Les bateaux à roues continueront-ils d'être préférés par les voyageurs?

Il est permis d'en douter. Admettons cependant l'affirmative.

Cherchons la direction des progrès que l'art de la navigation à vapeur peut faire sous l'influence de sa propre expérience, et surtout sous celle, bien plus certaine, des emprunts à faire aux autres industries.

C'est sur le poids de la coque, du moteur et du combustible que se porteront les études des ingénieurs.

Les déformations que subissent les coques par les fatigues à la mer, et dans les mises sur les cales des bassins, démontrent qu'elles n'ont pas encore atteint la solidité désirable.

L'emploi de l'acier, ou du moins du fer aciéreux, dans la construction, leur donnera sans doute plus de solidité. Il est douteux cependant qu'il en résulte un allégement; si la substitution de l'acier au fer vient à s'opérer, elle aura probablement pour effet d'introduire le système de double enveloppe cellulaire dans les parties situées sous la flottaison, système inventé par Bourdon, pour les fonds des bateaux de rivière; par Stéphenson, pour le pont de Menay; appliqué par Brunel au *Great Eastern*, imité depuis dans la construction du *Varrior*, du *Minotaure*, et des autres navires de la marine militaire anglaise, de même dimension, et enfin dans les navires destinés, par le gouvernement Anglais, au transport des troupes. Ce système, qui réduit dans une forte proportion les risques de rencontre des navires et des glaces, et qui supprime presque les risques d'échouage, semble, par ces raisons mêmes, devoir s'étendre à mesure que l'emploi de l'acier permettra de réduire les dimensions de la charpente en fer de la coque, afin de ne pas modifier sensiblement le volume intérieur disponible. Il semble donc probable que les coques des navires transatlantiques gagneront en solidité tout ce que le fer gagnera en qualité, mais il est à peu près certain qu'elles ne gagneront pas en légèreté ce qu'elles perdront en volume intérieur.

Il en est autrement du moteur et du combustible. Les machines des bateaux à roues continueront à être proportionnellement plus pesantes que celles des bateaux à hélice, à cause de la lenteur de leurs mouvements, mais il est possible de gagner, sur le poids des machines à balanciers, généralement employées dans les bateaux transatlantiques anglais et français, par l'emploi de l'acier, ou même par la substitution du système oscillant, un poids de 200 à 300 tonnes.

Le succès des condenseurs à surface, l'élévation de la pression qui en pourra résulter, ainsi que la modification des foyers et des chaudières qui permettrait de tirer d'un mètre carré de surface de chauffe 25 à 30 kilog. de vapeur, au lieu de 10 à 15, l'emploi plus favorable de la détente, la production de vapeur sensible amenée de 4k50 à 6 ou 7 par kilogramme de combustible, telles sont les sources les plus immédiates d'économie de combustible, c'est-à-dire de poids du navire.

De ces moyens d'allégement il en est un permanent, c'est la diminution de poids du moteur; mais le plus utile est l'économie du combustible, parce qu'elle tend à réduire la différence de tirant d'eau au départ et à l'arrivée, qui influe de la manière la plus fâcheuse sur l'efficacité du moteur, en altérant les conditions du travail normal.

On peut donc admettre, à titre d'éventualité, la possibilité de réduire le tirant d'eau des navires transatlantiques ayant à la flottaison une superficie de 1,100 à 1,200 mètres carrés.

Ce qui sera gagné d'une manière permanente sur le poids du moteur pourra être utilisé au transport des marchandises, dans la saison favorable.

Ce qui sera gagné sur le combustible pourra réduire l'émersion dans le rapport de $1^{m}10$ à $0^{m}80$.

Dans ces conditions, il est probable que le travail des roues sera sérieusement amélioré, et que la différence des vitesses au départ et à l'arrivée diminuera.

Des tentatives ont été faites pour réduire l'émersion en augmentant la largeur des navires sans accroissement de leur tirant d'eau. Elles n'ont pas réussi. Les navires ainsi construits ont été abandonnés par les passagers à cause de la violence du roulis qui résultait de la disproportion de leurs dimensions; *le Vanderbilt* en est un exemple.

Il eût fallu, pour faire disparaître ce défaut, élever le centre de gravité ou porter le poids vers les parois, mais alors si le roulis devient doux, il prend une amplitude considérable qui inquiéte les passagers. Les dimensions d'un navire en largeur, et en tirant d'eau, sont très-étroitement liées; les bonnes conditions nautiques exigent une corrélation qu'on n'oublie jamais impunément.

Ici se pose une autre hypothèse.

En supposant l'approfondissement des ports commerciaux, auxquels les navires transatlantiques sont attachés, l'accroissement des dimensions des navires transatlantiques destinés au transport des passagers est-elle probable?

L'affirmative semble résulter de l'expérience.

A sécurité égale, l'intérêt de franchir rapidement les très-grandes distances, domine partout. Il a créé les trains express malgré les sacrifices considérables qu'ils imposent à l'exploitation des chemins de fer en dépenses et en complications de service. Il est devenu pour le transport des lettres une nécessité de premier ordre. Tous les efforts de l'art sont dans cette direction, et il n'y a pas lieu de croire qu'ils se ralentiront. Mais la vitesse ne s'obtient pas sans accroissement de poids. La relation entre la force et le poids de la matière d'où elle émane est aussi bien la loi de la nature que celle de la mécanique. La science parvient incessamment à tirer d'une quantité de matière donnée, une quantité de force de plus en plus grande; mais une fois le maximum relatif obtenu, tout accroissement de force motrice exige un accroissement de poids du moteur.

En ce moment, est-il admissible, en regard des traversées régulières accomplies à la vitesse de 16 nœuds, entre Holyhead et Kingston, qu'on réalise des vitesses de 14 à 15 nœuds sur l'océan? Les tentatives faites dans ce but, permettent de répondre affirmativement. *Le Great Eastern* a réalisé des traversées à $14^{n}25$, et l'on semble d'accord qu'il est muni de moteurs beaucoup moins puissants que ceux qu'il pourrait porter sans augmentation sensible d'immersion, puisqu'il n'a, dans aucune traversée, réussi à faire son plein en voyageurs, et à prendre en marchandises un chargement correspondant au tirant d'eau permis par les ports qu'il fréquentait.

Si donc on voulait aujourd'hui accroître la vitesse des navires transatlantiques, on ne le pourrait qu'en augmentant la puissance motrice proportionnellement à la résistance à la marche du navire.

On ne peut obtenir ce résultat pour les navires à roues en diminuant les dimensions de la coque parce que l'on est arrêté devant une série d'obstacles. C'est la différence des tirants d'eau au départ et à l'arrivée qui s'accroît en raison de la diminution des dimensions aux dépens de l'action du moteur. Ce sont les aménagements qui deviennent insuffisants dans les moments d'affluence; le transport des marchandises ne peut entrer en compensation de la réduction du nombre des voyageurs. Enfin, dans les gros tems, les vents et l'agitation de la mer ralentissent la marche des navires en proportion de la faiblesse de leurs dimensions. Il ne faut pas l'oublier parce que c'est la leçon la plus éclatante de l'expérience : les grandes dimensions des navires et leur grande puissance motrice dominent l'agitation de la mer et de l'air et cette agitation est l'obstacle le plus sérieux à la rapidité de la marche. Le jour où il a été prouvé par l'expérience qu'un navire pouvait traverser sans dommage matériel et sans ralentissement trop sensible, les mers bouleversées par les vents, ce jour-là la limite à la rapidité de marche a été reculée si loin qu'il reste à l'art de l'ingénieur, pour l'atteindre, la plus vaste carrière.

Ce qu'on ignorait et ce qui est une découverte aussi riche d'avenir pour les transports maritimes que le sont les chemins de fer pour les transports sur terre, c'est qu'il y a entre la plus grande agitation de la mer et la plus grande dimension d'un navire une relation qui assure à ce dernier la supériorité en le laissant maître de sa stabilité, de sa puissance motrice et de sa direction. C'est là la grande leçon donnée par cette succession constante de navires,de plus en plus grands, de plus en plus puissants. La vitesse croissante et la régularité des trajets, la nature même des rares accidents qui ont suspendu leur marche et qui sont dus, sans exception, à quelque pièce de la machine, à un défaut, à un oubli, ont démontré que la voie des grandes dimensions était la seule rationnelle puisqu'elle aboutissait à la satisfaction de cet intérêt de vitesse qui semble placé au premier rang de tous les besoins qui s'attachent aux moyens de communications.

Depuis quelques années, l'hélice est venue lutter avec les roues sur le même terrain. Son premier essai, celui du *China* a résolu la question quant à la vitesse ; non qu'il ait toujours atteint ou dépassé le *Persia* et le *Scotia*, mais, malgré des dimensions plus faibles de coque et un moteur moins puissant, il a réalisé des traversées aussi rapides. Sa régularité a été moindre, mais il a été démontré que s'il eût eu, avec des dimensions plus fortes, un moteur proportionnellement aussi puissant que ses deux rivaux, il l'eût emporté sur eux.

Il était d'ailleurs depuis longtemps établi, par les applications de l'hélice aux grands navires de la marine militaire, que l'hélice ne nécessitait pas un moteur aussi puissant pour imprimer aux navires des vitesses égales à celles qu'on obtient des roues.

Dans la marine marchande où l'hélice semblait ne devoir être considérée que comme l'auxiliaire du vent, et où on ne l'employait qu'à des puissances limitées par rapport aux dimensions des navires, on s'était aperçu qu'elles suffisaient à imprimer en calme, des vitesses égales à celles qu'on eût attendues de machines à roues plus puissantes.

Ces prévisions ont été confirmées. La supériorité de l'hélice sur les roues, comme instrument de locomotion, pressentie par l'accroissement continu de la rapidité des navires des deux marines militaires de France et d'Angleterre, vient d'être démontrée brillamment par le succès des derniers navires sortis, pour la Cie transatlantique, des chantiers de Napier, constructeur du *China*.

La preuve de cette supériorité ne peut être établie clairement qu'autant qu'on sépare entre les améliorations réalisées dans les navires le *Péreire* et la *Ville de Paris*, celles qui appartiennent à la machine, de celles qui concernent la coque, ou mieux, la carène.

Les améliorations réalisées dans l'appareil à vapeur du *Péreire* considéré isolément de l'hélice, sont, dans l'ordre de leur importance, les enveloppes des cylindres, le condenseur à surfaces, le surchauffeur, le mouvement direct, une grande surface de chauffe.

Quant à la carène, les lignes en ont un degré d'acuité légèrement supérieur à celles du *Scotia;* le rapport du parallélipipède circonscrit au volume de la carène est un peu plus favorable.

C'est entre ces deux types, le *Scotia* et le *Péreire* que l'on peut chercher des éléments de comparaison. Ils sont tous deux les navires les plus rapides sur la ligne de New-York.

Les éléments comparatifs de ces deux navires se résument dans les chiffres suivants :

| | SCOTIA. | PÉREIRE. |
|---|---|---|
| *Rapport du parallélipipède* circonscrit au volume de la carène. | 0,61 | 0 597 |
| *Angles d'acuité* à l'avant suivant l'axe longitudinal. | 0,14° | 11° |
| d° à l'arrière d° d° | 0,24° | 12° |
| *Tirant d'eau.* | 6m70 | 6m70 |
| *Déplacement* au tirant d'eau ci-dessus. | 6624 t | 5217 tx |
| *Surface de chauffe.* | $2267^{m2}$ | $1524^{m2}$ |
| *Puissance nominale,* formule de Watt. P = 0 492. V prise dans la règle de Watt. | 1000 chx | 518 chx |
| Puissance nominale, formule de l'amirauté anglaise $\frac{D^2\ CN}{600}\ 2 =$ | 1110 chx | 1032 chx |
| formule française : $\frac{AD^2\ CN}{0\ 59}$ N exprimant dans les deux formules le nombre de courses, C. P étant 0 k 492. | 1118 chx | 1032 chx |
| *Puissance* en chevaux de 200 kilog. d'après la formule $\frac{7117\ AD^2\ CNP}{200}$ (1) aux essais = | 1535 chx | 1275 chx |
| *Puissance* en service ordinaire (diagrammes). | 1255 chx | 913 chx |

(1) Cette formule se resout par l'aire des pistons × par leur vitesse, par seconde × par la pression moyenne, et le produit divisé par 200 k.
La pression moyenne est 1 k 50 par cm. carré pour les deux navires.
La vitesse par seconde est 4 m 73 pour le *Péreire* et 4 m pour le *Scotia*.

| | | |
|---|---|---|
| *Consommation du combustible* par heure en service ordinaire. | 5 825$^{k}$ | 3440$^{k}$ |
| *Consommation* par cheval et par heure en service ordinaire. | 4$^{k}$ 64 | 3$^{k}$ 75 |
| *Vitesse* en nœuds, service ordinaire. | 12$^{nds}$ 60 | 12$^{n}$ 60 |
| *Nombre de tonneaux de déplacement* menés à la vitesse de 12$^{nds}$ 60 par heure, par tonne de houille. | 1135$^{tx}$ | 1515$^{tx}$ |
| d° d° par force de cheval. | 5$^{tx}$ 28 | 5$^{t}$ 72 |
| *Tonnage*, déduction faite de l'espace du moteur. | 2358$^{tx}$ | 1800$^{tx}$ |
| *Nombre de tonneaux de jauge utile*, menés à la vitesse de 12$^{nds}$ 60 par heure et par tonne de houille. | 404$^{tx}$ | 524$^{tx}$ |
| d° d° par force de cheval. | 1$^{t}$ 87 | 1$^{t}$ 97 |

On peut conclure de ces résultats que les améliorations réalisées dans la construction des machines du *Péreire* réduisent la dépense dans la proportion de 4,54 à 3,75, ou de 100 à 82,5, réalisant ainsi une économie de 17,5 pour cent, et que l'hélice l'emporte sur les roues, comme instrument de locomotion, dans le rapport de 5,72 à 5,28, soit 100 à 92,5 ; soit 7,5 pour cent en plus d'efficacité à l'avantage de l'hélice.

Il manque aux termes comp ratifs qui servent ici de point de départ, une valeur scientifique. Les bases de semblables calculs ne peuvent être choisies sans crainte d'erreur en dehors des éléments mêmes qui servent à fixer les résistances au mouvement dans l'eau. Il faudrait connaître, pour les deux navires comparés, les données qui entrent dans les formules de la résistance, le périmètre nouillé, les angles d'acuité à chacune des lignes d'eau d'avant et d'arrière, etc., en un mot, les termes à introduire dans la loi qui régit le travail destiné à vaincre les résistances. C'est la possession de l'ensemble des données élémentaires de ces résistances qui a permis à Macquorn Rankine de comparer avec succès les vitesses du *Warrior* et du *Fairy*.

Néanmoins et quelque grossière que puisse paraître au premier coup d'œil la méthode de comparaison qui précède, ses résultats sont d'autant plus significatifs, que presque tous les termes comparatifs sont affaiblis en ce qui concerne le *Péreire*, à raison de ses moindres dimensions.

Il ressort aussi de cette comparaison, que l'hélice aurait encore à gagner en vitesse, en économie de combustible, en port proportionnel au déplacement et au tonnage, par l'accroissement des dimensions du navire et de son moteur. La preuve en est faite par les navires rapides le *Warrior*, le *Minotaure*, le *Solférino;* tandis que des difficultés presqu'invincibles s'opposent à l'accroissement des dimensions des paquebots à roues au delà de celles du *Scotia*.

En un mot, on obtient de l'hélice une utilisation plus forte du combustible.

L'hélice a donc sur les roues des avantages incontestables comme efficacité et régularité de travail. L'immersion lui est favorable, et l'émersion, lorsqu'elle ne dépasse pas un certain degré, ne lui fait pas perdre ses qualités comme moteur dans la mesure de la décroissance de résistance due à l'allégement du navire.

L'hélice se prête à l'usage de machines plus légères parce qu'elle peut être conduite directement, bien que son mouvement rotatif soit beaucoup plus accéléré que celui des roues. Au lieu de 15 à 17 révolutions, la machine en fait, comme l'hélice, elle-même, 40 à 65. Elle économise du poids en même temps qu'elle gagne en vitesse. Elle peut être aidée du vent avec une grande efficacité parce que n'étant pas gênée dans sa marche par l'inclinaison du navire, celui-ci peut recueillir dans ses voiles, toute la pression du vent lorsque les vitesses relatives de l'un et de l'autre le permettent : ce qui est le cas le plus général.

A ces avantages, comme moteur, l'hélice en joint d'autres fort importants. Elle s'adapte bien aux formes du navire, et peut être placée de la manière la plus favorable à la répartition du poids; sa machine se concilie mieux aussi avec les aménagements de l'intérieur, du moins pour la partie supérieure, de sorte que les navires à hélice peuvent porter un plus grand nombre de voyageurs. La contenance y est accrue de la possibilité de placer des logements dans le centre du navire; des communications faciles peuvent être établies entre l'arrière et l'avant.

Ce n'est pas qu'il faille négliger dans l'aménagement du navire à hélice la situation du chargement fixe composé de la cargaison en marchandises, et du chargement mobile qui est le combustible destiné à la machine. Non-seulement il faut les disposer pour tenir le navire dans la situation d'inclinaison sur l'eau, qu'il doit garder à tous les tirants d'eau, mais il faut éviter l'irrégularité des moments, résultant d'une trop grande distance, ou d'une distance inégale de ces poids au centre de gravité; il faut éviter encore tout écart entre le centre de gravité de ces chargements, et l'axe du centre de carène dans le sens de la verticale passant par le métacentre, à peine de voir le roulis imprimer au navire des embardées fatigantes qui l'exposent à de violents coups de mer.

A mesure que les avantages de l'hélice se sont produits, sa part s'est accrue dans la navigation transocéanienne. La répugnance instinctive des voyageurs pour un mode de navigation qui emprunte au vent une partie de la force motrice, avait conduit les C[ies] à consacrer l'hélice à des transports mixtes de voyageurs et de marchandises. Ce furent d'abord des émigrants, puis des voyageurs de 2e et 3e classe, puis enfin des voyageurs de toutes classes, que la réduction du prix faisait passer par-dessus des jours de plus à la mer, et moins de ce confortable qui résulte toujours des grandes dimensions des navires.

L'expérience s'est accomplie ainsi lentement et sûrement; et comme le nombre des voyageurs qui regardent au prix du voyage est beaucoup plus considérable que celui des voyageurs pour lesquels les garanties de rapidité et de confortable du trajet sont en première ligne, il s'est établi, en dehors des services postaux, une flotte de navires transatlantiques à hélice, qui gagne chaque jour en importance.

Résumons quelques-uns des faits généraux.

Les dimensions des navires à hélice récemment construits, destinés à faire, concurremment avec les navires à roues, le service postal, sont inférieures à celles du *Persia* et du *Scotia*. Néanmoins leur longueur dépasse aujourd'hui 105 mètres; leur largeur 13 mètres, leur creux atteint 9 mètres, et leur tirant d'eau en charge $6^{m}70$.

Leur jauge brute s'élève à $3000^{tx}$, et leur déplacement en charge est de 5,000 mètres cubes d'eau de mer.

Leur puissance est de 700 à 850 chevaux nominaux. La surface de chauffe s'élève à 1500 mètres carrés, la pression est de 120 $^{c}/_{m}$ de mercure. Les machines directes font de 50 à 55 révolutions en marche ordinaire. A ce nombre de tours ils offrent à l'utilisation de la vapeur $14^{m3}$ par seconde en volume de cylindre. Ils sont munis de surchauffeurs et de condenseurs à surfaces. L'hélice a un diamètre de $5^{m}80$, un pas de $9^{m}$. Elle est immergée au départ de $0^{m}80$ à $0^{m}90$. Cette immersion est réduite à l'arrivée. La vitesse obtenue aux essais est de 15,36 nœuds, celle de marche moyenne est de 12,5 nœuds. Le nombre de révolutions est de 57 aux essais, et de 52 en marche moyenne.

La consommation du combustible varie suivant la circonstance du vent et de la mer. La moyenne est de quatre-vingts tonnes par vingt-quatre heures, la marche étant toujours poussée à son maximum de vitesse. Les aménagements peuvent recevoir 355 passagers et 800$^{m^3}$ de marchandise.

Les avantages que présentent de pareils navires sont manifestes; à vitesse égale à celle des plus puissants navires à roues, ils ont une contenance supérieure par tout ce qu'ils économisent en volume de machine, en poids sur l'appareil moteur et sur le charbon. Aidé du vent, le moteur est plus efficace, puisqu'il a, somme toute, un recul moindre.

Seize traversées de l'hélice, *la Louisiane*, entre St-Nazaire et la Martinique donnent un recul moyen de 18 %; le minimum est de 12 pour 100; le maximum est de 29 %.

Les deux navires à roues, *l'Impératrice* et *la France*, ont donné un recul moyen pour quatre semblables traversées de 22 pour 100, le minimum étant de 20 et le maximum de 23 pour 100.

Ces reculs sont calculés en comparant l'espace décrit par l'hélice, ou la circonférence de la roue multipliée par le nombre de tours indiqué au compteur, soit avec la distance parcourue par le navire quand l'état du ciel permet de fixer sa position, soit avec la distance géographique d'après les routes suivies. C'est le moyen le plus pratique de juger le mérite comparatif des moteurs.

On a l'habitude de comparer la vitesse du navire avec celle des roues à leur circonférence extrême, et avec celle du pas *moyen* de l'hélice.

Cette comparaison manque de justesse au moins pour les roues; mais il est difficile de prendre pour celles-ci un autre point de départ. Serait-ce la moitié de l'immersion totale des pales? Serait-ce la moitié de la largeur des aubes?

Il semblait généralement admis que le recul des navires à roues était sensiblement moindre que celui des navires à hélice.

Les traversées du *Péreire* doivent modifier cette opinion dans un sens inverse. Dans ses deux traversées entre Brest et New-York, l'hélice a fait 1353352 tours, soit, au pas de 9$^{m}$, 12,180,168$^{m}$. La distance parcourue a été de 11,000,000 mètres, ce qui constitue un recul moyen de 9,5 pour 100. Il a été de 11,5 pour 100 à l'aller, et de 7,5 pour 100 au retour. Le navire a rencontré des temps moyens. Il a fait très-peu d'usage de ses voiles.

Par les circonstances de vent et de mer les plus mauvaises, le recul de l'hélice s'est élevé, pour *la Louisiane*, jusqu'à 46 pour 100; c'était entre la Martinique et Santiago. Dans les mêmes parages et par une mer debout, le navire à roues, *l'Impératrice-Eugénie*, a éprouvé un recul de 30 pour 100.

Les causes de la supériorité de l'hélice sur les roues pour l'impulsion des navires seront certainement un jour démontrées scientifiquement.

L'action des roues du navire agissant sur l'eau en substituant la pénétration dans le liquide à l'adhérence des roues motrices des locomotives sur les rails, et l'action de l'hélice analogue à celle d'une vis, sont toutes deux susceptibles de recherches analytiques qui emprunteront aux faits une marche plus sûre que si les observations manquaient. Ce ne serait pas la première fois que la science viendrait, après l'application d'une découverte purement instinctive, en démontrer la loi et en poser les règles, fécondant ainsi l'art par la lumière de la vérité.

L'opinion des ingénieurs n'est pas arrêtée sur le degré le plus favorable d'immersion qui convient à l'hélice.

Les uns pensent que l'hélice doit, pour agir avec efficacité, être aussi fortement immergée que le permet la profondeur des ports, et que la supériorité en vitesse, en économie de combustible, en moyens de trafic pris dans la dimension des navires, appartiendra toujours au port le plus profond.

Les autres pensent que l'hélice n'exige pas une immersion considérable, parce qu'elle peut gagner en vitesse ce qu'elle perd en pression.

La marine militaire dont les ports offrent une profondeur de plus de 8 mètres, a ses hélices fortement immergées, et elle réussit à donner à ses plus forts navires une vitesse de 14 nœuds aux essais.

Les navires de commerce sont limités dans leurs dimensions par la profondeur des ports qu'ils fréquentent. Pour plusieurs de ces ports, cette limite est atteinte : le Havre, Saint-Nazaire, Bordeaux sont dans cette situation. L'intérêt le plus immédiat, le plus général s'attache à l'approfondissement de ces ports.

Non-seulement la limite est atteinte, mais elle est dépassée, puisque les départs doivent être réglés sur l'époque des marées de vives eaux.

Le tirant d'eau de 6 m. 80 ne peut être couramment dépassé au Havre. Suffisant pour des navires à roues ayant les plus grandes dimensions des transatlantiques actuels, il serait insuffisant pour des navires à hélice de mêmes dimensions, dans lesquels l'hélice serait convenablement immergée.

La puissance motrice de ces navires et leurs dimensions exigerait l'emploi d'hélices dont le diamètre pourrait varier entre 6 m. 10 et 6 m. 60.

La cage de l'hélice doit laisser un espace vide entre l'extrémité des ailes et le dessus de la quille. Cet espace réduit de 0 m. 15 est beaucoup trop faible. La hauteur de la quille est de 0,305 à 0,330.

Ces trois dimensions donnent 6 m. 80 pour l'espace compris entre le dessous de la quille et la ligne supérieure tangente à l'hélice.

Mais un navire à hélice ne pourrait naviguer dans de pareilles conditions; il lui faut, à la passe du port, un espace libre, sous la quille, d'un mètre au moins; et puis, en plein océan, l'agitation de la mer, découvrant et couvrant partiellement l'hélice, produirait une irrégularité de travail et de marche accompagnée de chocs et de trépidations qui mettraient le moteur en danger et incommoderaient les passagers.

Dans un gros temps, le navire serait exposé à perdre sa faculté de gouverner, par suite du défaut de vitesse, l'hélice devenant impuissante.

Il faut dans toutes les positions, une certaine hauteur d'eau au-dessus de l'hélice. Elle ne peut être moindre de 0m. 30, par un temps calme, et du double par le gros temps.

L'émersion due à la consommation du combustible dans une traversée transocéanienne varie entre 1 m. 20 et 0 m. 75, mais elle peut être réglée, pour les hélices, de façon à ne varier à l'arrière que de 0 m. 40.

Il faut donc compter, au départ, sur une hauteur minimum d'eau de $1^m05$ au-dessus de l'hélice, et le tirant d'eau serait alors de $7^m85$, pour un diamètre d'hélice de $6^m35$.

On peut, il est vrai, réduire le diamètre de l'hélice, mais on peut aussi trouver avantage à l'augmenter; d'ailleurs le pas se réduisant dans une certaine proportion, il faudrait augmenter la vitesse de rotation.

Dans l'incertitude où l'on est encore des lois théoriques sur lesquelles est basée l'efficacité de l'hélice, il semble que l'une des conditions auxquelles il faut s'attacher le plus, c'est l'immersion de cet appareil. La vitesse de renouvellement de l'eau dans les ailes de l'hélice s'accroît avec l'immersion, de telle sorte que si elle agit comme un pas de vis, elle trouve un point d'appui plus ferme; si elle agit comme un disque recevant la réaction de l'eau accumulée devant elle par son mouvement rotatif, cette réaction sera d'autant plus forte que l'hélice sera plus immergée.

L'accroissement de la vitesse de l'hélice considérée comme compensation de la diminution de son diamètre est loin d'être élucidé. La science n'a pas encore scruté ce problème.

Elle n'avait pas prédit le phénomène de l'adhérence, qui est la base de la découverte des chemins de fer. Elle n'explique qu'imparfaitement pourquoi, lorsque les roues de la machine locomotive patinent sur des rails secs, elles ne transmettent aucun effort sensible de traction. Elle n'explique pas d'une manière plus satisfaisante pourquoi, lorsque les roues ou l'hélice d'un navire sont animées d'une vitesse excessive qui empêche l'eau de pénétrer dans leur intérieur, elles n'impriment aux navires qu'un effort d'impulsion à peine sensible ; mais la simple observation du fait démontre que, dans les rapports de la vitesse de mouvement d'un moteur avec la densité du liquide sur lequel ce moteur agit, il y a une limite d'utilisation, qui est celle de la plus grande quantité de mouvement imprimé à la plus grande masse liquide.

Dans l'état actuel, nos ports de commerce ne pourraient se prêter à un service transatlantique régulier opéré avec des navires de la dimension du *Scotia* et du *Persia*, qui sont les plus grands navires à roues engagés dans cette navigation. Ils permettent à peine l'emploi des navires du même genre, qui s'en rapprochent, tels que le *Napoléon III*, et ce n'est qu'à la condition de faire coïncider les départs avec les marées des syzygies.

Le tirant d'eau des navires à hélice de même puissance devant, par le fait même de la nature du moteur, excéder celui des navires à roues, la limite des dimensions est plus rapprochée pour les premiers, de la profondeur des ports.

Il est vrai que, jusqu'à présent, on n'a pas tout à fait atteint, pour les navires à hélice, les dimensions des plus grands navires à roues engagés dans la navigation transocéanienne; mais on s'en rapproche chaque jour. Les dimensions du *Cuba* et du *Java* (Cunard) excèdent celles de *l'Australasian* et du *China*.

Celles du *Péreire* et de *la Ville-de-Paris* (Compagnie transatlantique) excèdent celles du *Cuba* et du *Java*. Les dimensions du *Russia* (Cunard) excèderont légèrement celles du *Pereire*.

L'opinion de ceux pour qui ces questions sont familières est que la préférence pour les grands navires, loin de se ralentir, ne peut que s'étendre. C'est, avant tout, une question de trafic, mais puissamment aidée par les avantages techniques qui assurent aux grandes dimensions moins de mouvement à la mer, plus de vitesse et de régularité de marche. Ainsi, plus le trafic s'accroît, plus l'emploi des grands navires tend à gagner.

L'Angleterre est aujourd'hui en communication avec l'Amérique du Nord par des navires à vapeur en si grand nombre, que l'on compte autant de traversées qu'il y a de jours dans l'année. Tous ces navires chargent des marchandises et des voyageurs.

La fréquence des trajets est, par conséquent, de nature à desservir tous les intérêts. Mais elle est, en somme, pour une certaine catégorie de voyageurs, d'un intérêt limité, puisque les grands navires, qui sont aussi les plus rapides, sont préférés par le public. On se prépare, en Angleterre, pour le moment où les concessions du service postal s'éteindront sur la ligne des Etats-Unis, en construisant de grands navires à hélice dont les dimensions égalent celles des grands navires à roues, et qui présenteront en conséquence, aux voyageurs, des intallations également confortables. Ces navires auront la même rapidité, ils auront en outre l'avantage de transporter un poids plus fort de marchandises, et de pouvoir suppléer ainsi, pendant l'hiver, à la diminution du nombre des passagers.

Il est même certain qu'ils dépenseront moins en combustible pour une vitesse égale, parce que le vent sera, dans maintes occasions, un auxiliaire précieux ; parce que l'hélice est un moteur plus efficace, et parce que les machines à hélice offrent plus de moyens d'améliorations que les machines à roues.

Les machines à hélice tendent à se transformer plus encore que les machines à roues. Dans ces dernières, les machines oscillantes se substituent aux machines à balancier.

Pour l'hélice, les vitesses variant de 45 à 70 tours, les ingénieurs qui ont voulu conserver à la marche des pistons la vitesse indiquée par Watt, ont d'abord fait usage de machines à balancier munies d'une roue d'engrenage agissant sur un pignon monté sur l'arbre de l'hélice. Puis on a substitué à la machine à balancier la machine à mouvement direct ou oscillant; et puis l'on a supprimé l'engrenage et donné aux machines le nombre de révolutions qu'on voulait obtenir pour l'hélice.

Le système des cylindres renversés, dites machines à pilon, s'étend maintenant jusqu'à 55 révolutions par minute, en service, et à 57 aux essais. Mais l'emploi de ces machines, quand elles n'ont que deux cylindres, donne des inquiétudes; l'hélice ayant peu d'inertie, l'emploi de la détente s'opère dans de moins bonnes conditions. Il faut des machines à trois cylindres, si on veut conserver à l'hélice la régularité de marche sans laquelle son efficacité est incomplète. Une hélice qui, dans une révolution, subit une variation de vitesse, ne produit pas plus d'effet utile qu'une hélice d'un pas et d'un diamètre moindres, animée d'une vitesse régulière.

Un exemple bien remarquable de cette irrégularité peut être emprunté à la locomotive. Une machine de 25 tonnes, marchant à la vitesse de 16 mètres par seconde (56 kilomètres à l'heure), reçoit l'impulsion de 12 cylindrées de vapeur pendant cette seconde. L'inertie d'un poids aussi considérable animé d'une pareille vitesse est énorme, et le nombre d'impulsions semble assez fréquent pour faire supposer que leur action ne peut être sensible sur la masse en mouvement. Cependant, si cette machine est attachée au train qu'elle remorque par un dynamomètre, celui-ci inscrit, par une oscillation du crayon, les introductions de vapeur.

Il n'est donc pas surprenant que des ingénieurs redoutent l'emploi de la détente dans quatre cylindrées correspondant à une révolution de l'hélice, à cause de l'inégalité de travail qui en résulte pendant cette révolution. L'engrenage évite cet inconvénient, mais il introduit une grave complication. Non seulement cet appareil cause une perte de force considérable, mais il s'altère avec une grande rapidité. De l'usage indispensable pour l'un des engrenages d'une denture en bois, il résulte que la ligne de division ou de contact se modifie incessamment par le mattage des racines des dents dans leurs alvéoles, par l'usure à la ligne de contact, et par les réparations qui, substituant partiellement des dents de formes normales aux dents usées, occasionnent des chocs redoutables ou des trépidations constantes. Quelquefois encore une dent de bois brisée reste engagée dans la denture de l'engrenage en fonte, et ce genre d'accident ne peut qu'amener la rupture d'un des organes essentiels de la machine. Les inconvénients des grandes vitesses d'hélice obtenues à l'aide d'engrenages sont donc très-apparents.

Cependant le faible tirant d'eau des ports et les grandes vitesses d'hélice à obtenir imposeront peut-être cette disposition.

Pour l'éviter, M. Dupuy de Lôme, qu'il faut citer lorsqu'on recherche la voie indiquée par la saine application des principes, a fait construire, pour la marine impériale, des machines à trois cylindres disposés sur un seul arbre à trois manivelles donnant six cylindrées par révolution. Afin d'employer la détente avec avantage, il adopte la disposition de Wolf, permettant l'introduction continue dans un des cylindres et la détente de la vapeur, déjà en partie utilisée, dans les deux autres.

Ces trois cylindres étant à enveloppe et entourés de vapeur à la pression de la chaudière, la température de la vapeur y sera mieux conservée, la quantité d''eau entraînée sera moindre, parce que l'écoulement de la vapeur étant continu, l'ébullition sera moins tumultueuse. Il n'est pas douteux que les deux cylindres d'expansion étant tenus à la température de la chaudière, la vapeur s'y détendra dans de meilleures conditions.

Le principe de ces améliorations est incontestable et ne permet pas de reculer devant des difficultés d'exécution, d'ailleurs prévues et de peu d'importance : c'est l'inconvénient de faire reposer un arbre sur trois points ; la fabrication saine d'un arbre sollicité par trois bielles ; l'allongement de la semelle de la machine ; l'augmentation du nombre des pièces qui la composent ; l'agencement des pompes à air, etc. Ce sont là des arrangements de simple mécanique. La solution en est certaine avec le temps, parce qu'ils conduisent à une amélioration capitale dans l'utilisation de la vapeur. Celle-là est de premier ordre. La mécanique n'atteint le but que lorsqu'elle se concilie avec les meilleures conditions théoriques.

La répugnance des ingénieurs à l'application du mécanisme direct pour transmettre à l'hélice le mouvement rotatif, prouve combien les emprunts sont lents et difficiles entre industries diverses. Il est, en effet encore rare, aujourd'hui, de voir dans la marine les fers aciéreux de Krupp, Wickers, etc. Ces fers permettraient de réduire d'un quart au moins les poids des pièces en mouvement ; ils donneraient aux machines plus d'élasticité et d'homogénéité. Des locomotives fonctionnent maintenant à la pression de onze atmosphères ; les pistons, les essieux sont animés de vitesses énormes sous l'influence de vibrations, de secousses convulsives et sous un poids considérable. Cela serait-il possible sans l'emploi des fers aciéreux?

L'importance de l'intérêt qui s'attache dans l'avenir à l'approfondissement des ports, pour assurer le succès de l'hélice appliquée à la grande navigation, peut se traduire par des chiffres. On veut obtenir des vitesses de 16 nœuds à l'heure, ou 29650 mètres, aux essais, pour atteindre 13 nœuds ou 24,000 mètres en marche ordinaire.

Dans les données actuelles de l'art, pour atteindre ces vitesses avec des navires ayant les dimensions nécessaires aux exigences du trafic, comme le *Scotia*, en le supposant à hélice, il faudrait que la passe de sortie des ports eût une profondeur de 9 mètres. Et dans ce cas même, une hélice de 7 mètres de diamètre ne serait immergée que de $0^{m}40$, ce qui est insuffisant. La profondeur des bassins devrait être de 8 mètres.

Il n'est que trop vrai que des nécessités aussi immédiates ne sont pas suffisamment comprises. Elles n'attirent pas l'attention. Les ports de commerce sont à la navigation ce que l'estomac est au corps humain. On l'oublie : on a laissé fermer les ports de Nantes et de Bordeaux, sans songer que le salut de ces villes, comme ports, valait des millions en grand nombre, à côté des millions que le temps a accumulés pour y créer de si grands centres de population. Le port du Havre lutte depuis longues années contre l'insuffisance que lui fait subir le développement du commerce. La France, si riche en littoral sur l'Océan, n'y offre que deux ports sûrs et accessibles aux plus grands navires, Brest et Cherbourg.

Il y a donc là un obstacle devant lequel il faut limiter les dimensions et la puissance des navires, jusqu'au moment où la profondeur des ports sera considérée comme un intérêt commercial de premier ordre. Jusque-là, le seul moyen serait de donner plus de largeur aux navires, de ne pas accroître le diamètre et le pas de l'hélice, et d'augmenter seulement sa vitesse de rotation. Le tirant d'eau serait ainsi conservé, mais au prix de trois inconvénients capitaux : celui d'augmenter la vivacité du roulis par l'accroissement disproportionné de la largeur du navire par rapport aux dimensions qui intéressent la stabilité; celui de l'inefficacité proportionnelle du moteur, puisque l'immersion de l'hélice est fonction de sa vitesse comme puissance motrice, et qu'elle serait ici insuffisante; enfin, l'emploi d'un organe intermédiaire, les engrenages, dont nous avons signalé les fâcheuses conséquences.

Les dispositions qui précèdent s'appliquent aux coques des navires ayant les plus grandes dimensions des transatlantiques, *le Scotia* et *le Persia*, en les supposant munis d'hélices; elles ne sont donc pas exceptionnelles.

Que l'hélice soit conduite par une machine directe à pilon donnant 4 cylindrées de vapeur par révolution, qu'elle soit conduite par une machine directe à trois cylindres donnant 6 cylindrées de vapeur par révolution, qu'elle soit enfin conduite par une machine à engrenages donnant 2,28 cylindrées de vapeur par révolution, et que ces trois dispositions soient appliquées, comme elles le sont en effet, à des navires de la dimension du type adopté par la Compagnie transatlantique pour *le Napoléon III*, le tirant d'eau sera sensiblement le même, et il sera inconciliable avec un service régulier partant à toute marée des ports de commerce français, s'ils ne sont pas approfondis.

Le tableau suivant indique ces éléments comparatifs.

| | MACHINE à Pilon. | MACHINE à 3 cylindres. | MACHINE à Engrenage. |
|---|---|---|---|
| Pas de l'hélice. | 9$^{m}$ | 7 30 | 7 42 |
| Nombre de tours aux essais correspondant à 14$^{nds}$, le recul étant de 0,165. | 57 | 71 25 | 70 »» |
| Nombre de tours en service correspondant, à 12$^{nds}$5, le recul étant de 0,125. | 50 | 61 | 60 »» |
| Diamètre de l'hélice. | 5 50 | 5 25 | 5 25 |
| Espace libre entre l'hélice et la quille. | 0 15 | 0 15 | 0 15 |
| Hauteur de la quille. | 0 30 | 0 30 | 0 30 |
| Immersion minimum de l'hélice. | 0 30 | 0 50 | 0 50 |
| Tirant d'eau nécessaire à l'arrivée. | 6 25 | 6 20 | 6 20 |
| Immersion due au chargement au départ. | 0 80 | 0 80 | 0 80 |
| Tirant d'eau au départ. | 7 35 | 7 »» | 7 »» |

Nous n'avons pas fait acception, dans ce qui précède, d'une cause d'accroissement du tirant d'eau particulier aux navires à hélice, qui tient à l'influence de la situation du moteur à l'arrière.

Il importe que les formes y soient plus pleines dans les hauts, non-seulement afin de compenser le supplément de poids dû à l'hélice, à son arbre, à sa cage, aux membrures ajoutées à l'arrière de la coque pour qu'elle subisse sans déformation l'action du moteur, mais aussi pour résister à la force vive produite par l'inertie de l'hélice dans les oscillations du tangage et pour diminuer l'amplitude de celles-ci; il faut, en outre, que ces formes soient relevées afin de laisser facilement affluer l'eau à l'hélice, sous le navire, sans que la vitesse imprimée à cette eau par l'attraction due au mouvement de l'hélice, se fasse sentir aux parois immergées de la coque. Aussi les formes de l'arrière différeront-elles sensiblement dans un navire à hélice de celles d'un navire à roues, et elles doivent différer d'autant plus que l'action du moteur doit être, pour imprimer de grandes vitesses, plus puissante et plus régulière.

Si dans la lutte entre les deux moteurs, l'hélice semble devoir l'emporter, au point de vue commercial, c'est surtout dans les services transocéaniques que sa supériorité se montre le mieux.

En Angleterre, la construction des navires à roues destinés à traverser l'Océan est nulle depuis 1863 inclusivement, tandis que chaque année voit croître le nombre des navires à hélice destinés aux communications nautiques de l'ancien monde avec le nouveau.

Le tableau suivant indique les nombres comparatifs des constructions des deux systèmes depuis l'année 1860.

| NAVIRES TRANSATLANTIQUES EN SERVICE EN 1860 | NAVIRES A ROUES | | NAVIRES A HÉLICE | |
|---|---|---|---|---|
| | NOMBRE | FORCE COLLECTIVE Chx | NOMBRE | FORCE COLLECTIVE Chx |
| En bois .......... | 5 | 4330 | » | » |
| En fer............ | 6 | 4750 | 29 | 13549 |
| Construits dep. 1860 | | | | |
| En bois .......... | 1 | 800 | » | » |
| En fer............ | 2 | 2000 | 2 | 950 |
| En 1862, en fer ... | 2 | 2000 | 2 | 950 |
| En 1863, en fer ... | » | » | 5 | 2250 |
| En 1864, en fer ... | » | » | 8 | 3240 |
| TOTAUX | 16 | 13880 | 46 | 20930 |

Des 62 navires engagés dans le service postal et le transport mixte des voyageurs et des marchandises entre l'Angleterre et les contrées transocéaniennes, Amérique, Asie et Australie, 16 sont à roues et leur force moyenne est de 860 chevaux; 46 sont à hélice et leur force moyenne est de 455 chevaux.

Les navires à roues avaient atteint en 1860 une vitesse de 9n5 à 10 nœuds; depuis ils ont atteint 10,5 à 12,5 nœuds.

Les navires à hélice se maintenaient dans des vitesses de 9,5n, mais depuis, leur vitesse s'est très-sensiblement accrue et elle atteint en ce moment celle des bateaux à roues.

Le caractère de ces faits est tout spécial à la navigation transocéanienne.

La part des roues et de l'hélice dans la navigation générale ressort des chiffres suivants :

| CONSTRUCTION | | NAVIRES A ROUES | | | NAVIRES A HÉLICE | | |
|---|---|---|---|---|---|---|---|
| | | NOMBRES | FORCE | | NOMBRE | FORCE | |
| | | | COLLECTIVE | MOYENNE | | COLLECTIVE | MOYENNE |
| 1860 | en fer........ | 132 | 32 070 Chx | 247 Chx | 137 | 30 723 Chx | 224 Chx |
| | en bois........ | 77 | 21 194 | 274 | 1 | 300 | 300 |
| 1861 | en fer........ | 8 | 3 410 | 426 | 22 | 4 467 | 203 |
| | en bois........ | 2 | 1 000 | 500 | » | » | » |
| 1862 | en fer........ | 23 | 6 750 | 293 | 26 | 4 660 | 179 |
| | en bois........ | 3 | 300 | 100 | 1 | 120 | 120 |
| 1863 | en fer........ | 24 | 5 127 | 213 | 51 | 990 | 195 |
| 1864 | en bois........ | 6 | 2 130 | 335 | 1 | 190 | 190 |
| | en fer........ | 80 | 17 118 | 214 | 84 | 17 132 | 205 |
| | | 353 | 89 739 | 252 | 253 | 67 582 | 266 |

On voit que, si on sépare, dans les relevés officiels, les navires à roues des navires à hélice, à compter de la puissance de 100 chevaux, et déduction faite des navires transocéaniens, on trouve que le nombre des navires à roues dépasse encore les navires à hélice, et l'année 1864 semble démontrer qu'il y a une place spéciale à chaque système dans la navigation générale.

La progression des navires à hélice est, cependant, plus rapide que celle des navires à roues; mais il est clair que ces derniers satisfont un ordre de besoins auxquels les navires à hélice ne se prêtent pas. Le remorquage, la navigation des estuaires, les paquebots franchissant de courtes distances, toutes les communications qui exigent un faible tirant d'eau et qui consistent dans un va-et-vient dont la régularité est indispensable, quel que soit le vent, exigent, en général, des navires à roues.

On ne peut donc considérer les navires à roues comme indistinctement condamnés à céder la place aux navires à hélice, mais on peut admettre que la substitution de l'hélice à la roue se produira d'autant plus rapidement que les distances à parcourir seront plus fortes et le trafic plus considérable.

# CHAPITRE XII

## LE NAVIRE. — CONSTRUCTION.

*Sommaire :*

Comparaison de la construction en bois et en fer. Avantages et inconvénients quant à l'emploi des matériaux, à leur résistance, à leur destructibilité et à leur durée, au point de vue économique. De quelques-unes des règles principales de la construction des navires en fer, améliorations à espérer. Données statistiques sur l'emploi comparatif du fer et du bois dans les constructions navales.

Le bois, à quelqu'âge qu'il soit employé dans la construction, change de forme et de volume. Il sert de nourriture aux vers et aux tarets. Ses assemblages sont peu résistants. Dans un tableau détaillé, extrait des règles du Lloyd, indiquant la durée des bois divers qui entrent dans la construction des navires, et reproduit dans le traité récent de Macquorn Rankine, une période de douze ans est assignée aux meilleurs bois, bien purgés d'aubier et sans défauts. Cette durée se réduit progressivement pour les autres, jusqu'à quatre années. Cinquante et une espèces de bois sont ainsi classées. L'expérience des constructeurs qui ont contribué à ce classement donne une haute importance à ce document, mais il est avéré que le choix entre pour une si grande part dans la durée des bois, et par conséquent, des navires en bois, que si ce classement était fait par chantier de construction, et non par espèce de bois, on obtiendrait des résultats très-divers, et qui expliqueraient comment la durée de certains navires en bois dépasse dans une énorme proportion la moyenne ci-dessus. Quand il est allié au fer, la rigidité du métal et la faible tenacité relative du bois, rendent l'assemblage encore plus défectueux que celui du bois sur le bois.

Dans la charpente d'un navire, les couples qui en constituent la partie essentielle, qu'ils soient formés de bois de brin, de fil ou de bois de sciage, n'offrent qu'une faible rigidité de forme. Enfermés entre le bordé et le vaigrage, ils y subissent la réduction de volume qui est dans la nature même du bois, l'altération de texture et la diminution de résistance qui résultent de la dessiccation des fibres poussée à l'excès, la pourriture sèche et la perforation par le taret.

La destruction du bois par les causes naturelles est très-capricieuse. Tantôt des navires construits pendant une certaine période de temps se conservent au-delà de toutes les prévisions; tantôt on voit disparaître dans un court délai toutes les constructions d'une autre période. Cela se montre d'ailleurs aussi bien dans les constructions à terre que dans les constructions navales.

Le bordé extérieur des navires, formé de madriers, subit aussi une réduction continuelle de volume qui est, il est vrai, continuellement corrigée par le calfatage dans le sens de la largeur.

Quant au vaigrage, comme il n'est pas étanche, le changement de volume du bois n'a d'intérêt qu'au point de vue de la solidité de la coque.

La quille, l'étrave, l'étambot et les carlingues se conservent mieux, mais elles n'ajoutent que faiblement à la solidité générale d'un navire. Le couple, le bordé et le vaigrage sont ses éléments principaux de rigidité. (Voir pl. 7.)

Nous examinerons séparément le rôle qu'ils jouent dans la résistance d'un navire aux diverses fatigues qu'il éprouve.

Le couple, dont la composition a pour but de donner aux murailles des navires leurs formes et leur rigidité, est placé à intervalles qui sont, en partie, garnis par des couples de remplissage. Ces intervalles et la constitution lâche et sans homogénéité des couples de remplissage, ôtent à chacun et à l'ensemble des couples toute solidarité. On ne peut s'expliquer que, pendant des siècles, l'art de la construction navale soit resté si étranger au bon emploi du bois, autrement que par l'isolement dans lequel cet art a vécu par rapport au progrès des autres constructions.

Les parois d'un navire n'ont pas été considérées comme une poutre destinée à résister à la flexion; de là la composition, sans homogénéité, de la charpente des couples, qui est cependant la base de la résistance principale du navire.

Depuis que le fer peut, à l'aide du zincage, être employé dans la construction navale sans s'altérer, et sans altérer le bois, on se demande pourquoi les couples ne sont pas rendus fortement adhérents les uns aux autres par un boulonnage très-solide; pourquoi ils ne sont pas, en outre, serrés et rendus étanches par un calfatage intérieur et extérieur, de telle sorte qu'avant la pose du bordé et du vaigrage les couples puissent constituer une coque assez solide pour conserver sa forme, et assez étanche pour flotter.

Depuis quelque temps, les ingénieurs de la marine militaire, voulant éviter l'affaiblissement qui résulte de l'ouverture dans les couples des passages d'eau (*anguillers*), remplissent hermétiquement l'intervalle entre les couples, et le rendent étanche dans le fond des navires jusqu'à une petite hauteur. Pourquoi cette amélioration, quelqu'incomplète qu'elle soit par le défaut de lien entre les couples, n'est-elle pas étendue à toute la hauteur des murailles de la carène? Et pourquoi la marine marchande n'a-t-elle pas imité au moins cet exemple en ce qui concerne le fond du navire?

Soit que l'on considère isolément les murailles des navires comme des poutres devant résister à la flexion, soit que le navire lui-même soit considéré comme une poutre dont les murailles sont l'âme, et dont le fond et le pont forment les parties qui subissent alternativement des efforts de compression et de traction, l'homogénéité du fond, résultant du rapprochement hermétique des couples, serait une amélioration capitale au point de vue des fatigues à la mer et de l'échouage.

On est donc fondé à dire qu'en ce qui concerne l'agencement des couples, ni la science, ni l'expérience, n'ont suffisamment pénétré dans la construction des navires marchands.

Le bordé est chevillé sur les couples; il supporte donc par la tranche tous les efforts de flexion et de compression qui résultent de l'agitation de la mer; de là, autant que de la réduction naturelle du volume du bois, la nécessité de fréquents calfatages. On comprend difficilement encore pourquoi, depuis la découverte du zincage du fer, qui rend ce métal particulièrement propre aux emplois dans les constructions navales, le boulonnage ne s'est pas substitué au chevillage. C'est encore là une de ces habitudes que rien ne justifie plus, mais qui subsistent parce que les plus faibles inconvénients d'une application nouvelle sont la seule chose qui frappe en présence de ce que le passé a fondé.

Le vaigrage est le troisième élément de solidité. Il pourrait rendre de grands services s'il était jointif et calfaté, s'il était serré sur couples jointifs et calfatés eux-mêmes, de telle sorte que la coque fût composée de trois épaisseurs rendues homogènes par un boulonnage bien repris, à mesure de la contraction du bois, et constamment étanches.

On comprend ainsi une construction rationnelle, une enveloppe résistante, dont les carlingues, les liens, les barrots et les ponts compléteraient l'ensemble.

En dehors des conditions qui précèdent, un navire ne peut être un appareil résistant. Il ne peut flotter sans fatigue; il ne peut être rempli ou vidé sans déformation. Son élasticité à cet égard ne tient pas entièrement à la nature des matériaux qui le composent, mais à leurs assemblages défectueux.

Ce sont ces assemblages qui, en se relâchant, permettent le mattage des surfaces en contact, et font perdre à la coque son imperméabilité. Les grincements si intenses qui, lorsque la mer est agitée, accompagnent chaque mouvement du navire, expriment dans un langage fort intelligible, les frottements des pièces sur elles-mêmes, les torsions dans les assemblages, les ruptures des fibres et tous les genres de fatigue que subit le bois quand il est sollicité au-delà des limites de son élasticité.

Les Américains ont les premiers compris la forme que conseillait l'agitation de la mer. Ils ont redressé dans le sens vertical les murailles des navires. Cette amélioration a été faite avec une si grande hardiesse, sur une si grande échelle et avec un tel succès, que les marines commerciales de l'ancien continent en ont immédiatement été frappées d'infériorité. (Voir pl. 8.)

Non-seulement ces murailles droites ont mieux résisté comme poutres, mais elles ont offert moins de prise à la mer; elles ont permis une plus forte voilure et donné plus de stabilité; elles ont permis l'allongement de la coque, plus de hauteur sur l'eau, plus de port et aussi plus de vitesse, parce qu'elles sont favorables à la finesse des formes à l'avant et à l'arrière.

L'apparition des clippers américains a donc été le commencement d'une nouvelle ère dans la construction navale.

Les Américains, confiants dans l'accroissement de solidité que donnaient les nouvelles formes, ont continué l'emploi du bois pour les coques des navires à vapeur, tandis que le fer s'est généralement substitué au bois, en pareilles circonstances, dans la marine commerciale du continent.

La marine militaire française continue encore, il est vrai, à faire des navires en bois; il y a sans doute des raisons pour cela. D'immenses approvisionnements à utiliser; les habitudes du corps des officiers de marine, dont les défiances devant toute innovation ne sont pas suffisamment contrebalancées par le progrès des notions scientifiques, de sorte qu'elles s'élèvent comme un obstacle devant les ingénieurs chargés de la construction. Ajoutons les inquiétudes qui restent encore sur les moyens de préserver de l'oxydation les carènes en fer, à moins de tenir les navires dans des formes sèches; la perte de vitesse de près d'un nœud à l'heure, qui résulte du séjour à la mer pendant moins d'une année, d'une carène en fer, sans passage au bassin, tandis que le doublage en cuivre conserve au navire ses facultés de marche; une prétendue supériorité du bordé en bois, dans certains échouages, sur le bordé en fer, à cause de la plus grande facilité de réparation du premier.

Aucune de ces raisons ne compense pour la marine commerciale les avantages de la construction en fer. Une durée plus que double, dès à présent (1), peut être triple et au-delà. A dimen-

(1) La durée moyenne des navires en bois que les armateurs estiment entre 15 et 20 ans, varie dans les limites les plus étendues Cela ressort du document officiel suivant qui indique les navires perdus par la marine anglaise pendant l'année 1859 et l'âge de ces navires.

| | | | |
|---|---|---|---|
| De moins de | | 3 ans | 131 navires. |
| 3 | à | 7 | 183 |
| 7 | à | 10 | 80 |
| 10 | à | 14 | 135 |
| 14 | à | 20 | 213 |
| 20 | à | 30 | 209 |
| 30 | | 40 | 107 |
| 40 | à | 50 | 65 |
| | | | 1123 |

sions égales, plus de capacité et de légèreté, partant plus de cargaison en volume et en poids; une séparation plus facile du navire en compartiments, partant plus de sécurité dans l'échouage, les rencontres et l'incendie. Plus de facilité, quant à la propreté intérieure, au nettoyage des eaux de cale, dont l'infection rend le séjour des navires en bois insupportable dans les moments d'agitation de la mer, partant plus de salubrité et de bien-être.

En résumé, réduction de l'amortissement et de l'assurance, accroissement de profits.

Quant aux dépenses de la construction et de l'entretien, l'emploi du bois éprouve en Europe bien des difficultés. C'est le choix des bois, l'incertitude sur leur qualité, la difficulté de s'en approvisionner, la nécessité d'ouvriers très-habiles, et en grand nombre, à cause de la forte proportion de la main d'œuvre sur la dépense de matières; la nécessité de vastes emplacements; telles

| | | | Report | 1123 |
|---|---|---|---|---|
| 50 | à | 60 | | 31 |
| 60 | à | 70 | | 21 |
| 70 | à | 80 | | 7 |
| 80 | à | 90 | | 3 |
| 90 | à | 100 | | 1 |
| 100 et au-dessus. | | | | 1 |
| Age inconnu. | | | | 229 |
| | | | | 1416 |

Ces 1416 navires se décomposaient

| | | | | | | |
|---|---|---|---|---|---|---|
| en navires au-dessous de | 50 tonneaux de jauge. | | | 306 | 1416 |
| en navires jaugeant | 50 | à | 100 | 405 | |
| — | 100 | à | 300 | 493 | |
| — | 300 | à | 600 | 105 | |
| — | 600 | à | 900 | 33 | |
| — | 900 | à | 1200 | 7 | |
| — | 1200 et au delà. | | | 5 | |
| — | Inconnus. | | | 52 | |

sont quelques-unes des causes qui rendent la construction en bois si lente et si variable dans ses produits.

Aujourd'hui le constructeur de navires en fer ne regarde plus pour accepter des commandes qu'à la place vide qui lui reste sur les formes de son chantier. Il peut manquer d'approvisionnements en fer; il en manque même toujours, s'il est prudent, car les échantillons varient suivant les dimensions, et il ne peut les prévoir; il peut même manquer d'outils, quelques semaines lui suffisent pour augmenter à cet égard ses moyens de production. Il sait où trouver, à coup sûr, les meilleures qualités de fer; il peut les avoir promptement, parce que les échantillons de la construction navale ayant toujours un prix plus élevé que les fers ordinaires du commerce, les grandes usines sont toujours prêtes à donner la préférence à cette fabrication; quant aux ouvriers, il peut les demander à des industries tellement répandues, que le nombre de bras est toujours abondant; les forgerons de tous les ateliers, pourvu qu'ils soient intelligents, bien guidés et bien outillés, sauront vite donner la forme aux couples; il n'est pas d'ateliers plus nombreux que les forges. Il en est de même des riveurs, depuis que la fabrication des chaudières, des réservoirs, des ponts métalliques, des toitures en fer, a étendu cette profession. Il y a certainement, sous le rapport de la main d'œuvre, dans le nombre et le choix comparés des ouvriers travaillant le fer, et des charpentiers de navire travaillant le bois, la proportion de cent à un. Sans doute, des grèves, des ralentissements de travail, se produisent néanmoins, faute d'ouvriers, dans la construction des navires en fer, à certaines périodes de grand développement des constructions, mais elles n'ont qu'une très-faible durée, parce qu'immédiatement l'affluence des bras sortis d'autres ateliers où le fer est travaillé, vient rétablir l'équilibre du salaire et de la demande.

Il n'en est pas de même du charpentier de navire; comme il

lui faut une longue pratique, il est spécial; il ne peut guère passer, dans les moments de chômage, d'une industrie dans une autre, parce que le travail du bois de charpente est, en général, bien plus restreint que celui du fer; il attend. Le nombre de ces ouvriers est donc faible.

En résumé, l'ensemble des ressources que trouve dans les usines à fer et dans la main d'œuvre générale, la construction des navires en fer lui assure la supériorité sur la construction en bois. Quant à l'exploitation, la supériorité est également apparente.

Les faits la confirment de plus en plus.

Les documents officiels publiés en Angleterre, en 1864, permettent de distinguer, dans la marine commerciale, les navires en bois des navires en fer, depuis 1851; et le progrès du fer ainsi que l'affaiblisement, sinon la cessation de l'emploi du bois jusqu'en 1862.

En voici le résumé :

TABLEAU DES NAVIRES A VAPEUR EN FER ET EN BOIS CONSTRUITS DE 1851 à 1862.

| ANNÉES | CONSTRUCTION EN FER | | CONSTRUCTION EN BOIS | | TOTAL | |
|---|---|---|---|---|---|---|
| | Navires | Tonnage | Navires | Tonnage | Navires | Tonnage |
| 1851 | 53 | 15 826 | 617 | 131 811 | 672 | 148 637 |
| 1862 | 219 | 106 497 | 740 | 115 955 | 959 | 222 452 |

Augmentation, en 11 ans, sur le tonnage des navires en fer, 570 pour 100.

Diminution sur le tonnage des navires en bois, 13 pour 100.

En 1862, 48 pour 100 du tonnage total construit dans l'année sont en fer. C'était 11 pour 100 en 1851.

Quant à la dépense comparative de construction d'un navire

à voile, en bois ou en fer, elle a été l'objet d'études très-étendues dont la presse intéressée a beaucoup discuté les données. Nous nous bornons à celles qui nous ont paru généralement admises.

Comparons deux navires à voiles de première classe, en fer et en bois, de 1200 tonneaux de jauge, construits en Angleterre; le premier coûtera 975 fr. par tonneau; le second 1050 fr.; c'est un avantage de 75 fr. par tonneau pour le navire en fer.

Le navire en bois pèsera 1080tx, soit 900 kilog. par tonneau de jauge, agrès compris; tandis que le navire en fer ne pèsera que 900tx, soit 750 kilog. par tonneau de jauge.

Pour le même tirant d'eau, le navire en bois portera 1,600,000 kilog., le navire en fer portera 1,780,000 kilog., soit 11 pour 100 en sus.

Le navire en bois offrira une capacité intérieure de 2650 mèt. cubes, tandis que le navire en fer offre une capacité de 3140 mètres cubes, soit 19 p. 100 d'avantage en faveur du navire en fer.

Considérée en elle-même et à un point de vue purement technique, la construction en fer n'est pas exempte de défauts. Ces défauts, que nous signalerons, sont, il est vrai, l'héritage de la construction en bois. Les éléments en sont la tôle, le fer d'angle ou cornière et le fer de la forme I, à laquelle s'est généralement substituée pour les barrots des ponts, la figure ℧, dont l'emploi est plus facile. (Voir pl. 9.)

Quand on veut obtenir une poutre dont la dimension en hauteur excède celle de la cornière ou du barrot, on la compose avec une tôle armée de fers d'angle à la manière ordinaire. On obtient encore des barrots d'une grande largeur en soudant entre elles longitudinalement deux parties de fer laminé T, on obtient ainsi la forme ci-contre ⊢⊣ sur de grandes largeurs. (Pl. 9, fig. 3.)

Dans l'espèce de lutte qui s'établit entre le constructeur qui voudrait obtenir la forme de fer à la fois la plus résistante et la plus facile d'emploi, et le fabricant de fer qui préfère l'échantillon qui passe au laminoir avec facilité, les usines à fer anglaises ont fait beaucoup moins de progrès que celles de la France.

Le premier pont métallique qui fut construit en France donna lieu à la fabrication de tôles de 8m50 de longueur sur 1m20 de largeur. Dix ans après, il ne s'en fabriquait pas encore en Angleterre à cette dimension.

Le fer de la forme I ne se fabrique pas encore, en Angleterre, aux dimensions qui ont été obtenues pour supporter les planchers des magasins des docks à Marseille.

Le défaut capital de la construction en fer est donc aujourd'hui encore dans la faible longueur des tôles servant au bordé; elle est aussi dans le mode de rivure.

Des principes certains dont l'application devrait être recherchée avec le plus grand soin sont méconnus, ou ils ne sont pas même soupçonnés. Parmi ces principes, il en est deux sur lesquels on ne peut trop appeler l'attention, à savoir : l'homogénéité de construction et de résistance, et la proportion à établir entre le déplacement des diverses parties des navires et leur poids.

L'homogénéité de construction et de résistance consiste à assembler les matériaux de façon à utiliser toute leur force : Quand deux tôles, ou bien quand un fer d'angle et une tôle n'arrivent au contact parfait que par la pression exercée par la rivure, tout l'effort de tension du rivet pour obtenir ce contact est perdu. Cet effort est toujours une fraction importante de la résistance du rivet; or, une grande partie des clouures des navires sont dans ce cas.

Ainsi, dans l'énorme accumulation de force que produisent les millions de coups de marteau employés à la rivure d'un navire, tous ceux qui servent à mettre en contact, par le serrage du rivet, les fers qui ne s'approchent pas préalablement, sont non-seulement inutiles à la solidité du navire, mais ils sont nuisibles, car les fers ainsi rapprochés tendant à s'écarter par la loi de l'élasticité, exercent sur le rivet un effort continu qui l'allonge, et relâche infailliblement la rivure.

La clouure à deux rangs de rivets évite en partie ce grave inconvénient dans le bordé; néanmoins, la présence de l'oxyde dans des clouures défaites sous nos yeux au bout d'un certain temps, démontre qu'à l'exception du tour des rivets et des tranches mattées, le contact hermétique n'existe pas généralement entre les fers du bordé. Il en est de même des autres assemblages, et le mal est d'autant plus général que le métal à rapprocher est plus épais. Ce défaut capital ne préoccupe sérieusement qu'un petit nombre de constructeurs, et les mauvaises habitudes qu'ils rencontrent à cet égard parmi les ouvriers rendent une réforme bien difficile. Le mal est né du peu de soin apporté sous ce rapport dans la construction des ponts métalliques en Angleterre. En France, au contraire, les soins les plus minutieux ont été pris pour amener le contact normal et sans effort des surfaces à river entre elles. Les ingénieurs français ont éprouvé quelque surprise de voir chez nos voisins, la construction des navires en fer moins bien traitée que ne l'est en France celle des ponts métalliques.

L'homogénéité dans l'assemblage des matériaux impose une autre condition; c'est que les joints soient aussi solides que les sections pleines; que les tranches en contact soient dressées très-exactement pour soulager la rivure dans les flexions du navire; que les membres soient attachés au bordé sans y créer, par des lignes de rivets mal placées, des coupures qui enlèvent à la coque sa solidité. Le *Royal-Charter*, échoué par le milieu, fut déchiré instantanément du haut en bas le long d'une ligne de rivets servant d'attache à une cloison intérieure. (Voir pl. 10, fig. 1.)

Pour que la muraille bien calculée d'un navire ne puisse fléchir par un défaut de construction, il faut que les rivures du bordé soient aussi résistantes que la section pleine des tôles. On cherche à obtenir cela par la double rivure, mais comme le contact n'est pas obtenu, que les trous ne se rencontrent pas parfaitement, que pour des causes multiples, le rivet n'emplit pas exactement l'espace qui lui est offert, il y a diminution de l'adhérence entre les surfaces du bordé qui devraient soulager l'effort tranchant, et il y a diminution de résistance à l'effort tranchant par la réduction des surfaces en contact sous les parties rivées; alors, le navire plie à cause de l'imperfection des assemblages, avant que les sections pleines soient sollicitées.

L'homogénéité de résistance en général est encore moins étudiée peut-être :

Considérons un navire dont le pont et le fond forment la partie inférieure et la partie supérieure alternativement soumises aux efforts de traction ou de compression, suivant les mouvements de la mer et les immersions ou émersions successives des diverses parties de la coque. Ce qui frappe le plus alors, c'est la faiblesse des hauts et le défaut de rigidité des murailles, défaut qui résulte à la fois des courbes qu'elles affectent et de la faiblesse de leur composition. L'arc qu'elles décrivent tend naturellement à se fermer, et rien ou presque rien dans la constitution du navire ne s'oppose à cette déformation. Cet effet est si connu que lorsqu'on veut expédier par mer un bateau construit pour la navigation fluviale, on le garnit d'épontilles tendant à empêcher le fond et le pont de se rapprocher.

Dans l'étude du *Great Eastern*, étude savante au point de vue des formes de résistance du navire, Brunel avait remédié, par des cloisons longitudinales, à ce genre de déformation qui intéresse si intimement la solidité de l'ensemble (Pl. E.)

Depuis que la vitesse et la régularité des traversées sont une condition essentielle de l'exploitation des lignes de grand trafic, les navires à vapeur sont exposés à lutter contre des mers debout et des vents de travers. Obligés de ralentir pour ne pas donner une trop grande intensité aux chocs des lames dont l'avant du navire traverse la crête et qui déferlent sur le pont, ils gardent cependant leur route autant qu'ils le peuvent. Dans ce cas, le pont est incessamment couvert par la lame. Les chocs qu'elle exerce ont pour expression le poids de l'eau multiplié par sa vitesse de chute au moment du contact, plus un élément propre au navire, selon qu'il procède horizontalement ou bien lorsqu'il se relève verticalement dans ses oscillations de roulis et de tangage. La quantité de mouvement avec laquelle il va ainsi au devant du choc, peut acquérir une extrême intensité par la coïncidence en sens contraire, des directions de la chute de la lame et du mouvement du navire. Ces coïncidences se montrent rarement à cause de l'extrême variété de direction des mouvements, et cela fait comprendre pourquoi les avaries éprouvées par le pont d'un navire révèlent quelquefois une énorme puissance destructive, tandis que, la plupart du temps, tout l'avant du navire peut être couvert d'eau sans causer la moindre avarie aux objets saillants sur le pont.

Les dispositions du pont peuvent donc faire courir à un navire de graves dangers. Sa coque peut résister indéfiniment à la furie de la mer, sa machine n'en pas souffrir, son gréement en fer peut ne pas éprouver d'avaries qui compromettent le navire, mais son pont peut être balayé, les pavois emportés, les écoutilles mises à jour par l'enlèvement des claires-voies ; la mer alors le remplit, éteint ses feux, paralyse les machines, et c'est ainsi que le meilleur navire est exposé à sombrer. S'il a perdu ses embarcations, ou si l'état de la mer ne permet pas de s'en servir, un désastre complet s'accomplit, et la solitude qui l'entoure en éteint jusqu'aux traces.

Nous ne parlerons pas des ponts des navires à marchandises construits pour naviguer très-bas sur l'eau, à pleine charge, et qui, dans les gros temps, sont toujours couverts par la mer. Le pont de ces navires est établi de manière à résister autant que les parois mêmes de la coque.

Il en est de même des coureurs de blocus, *Blockade-Runners*, bâtiments longs, très-fins, dont le creux varie du quinzième au dix-huitième de la longueur, naviguant entre deux eaux aussitôt que la mer présente la moindre agitation. Ceux-là, il est vrai, sont destinés au transport des matières, et leur existence est éphémère comme leur destination ; peu d'entr'eux résisteraient à une tempête prolongée.

Il existe trois types de navires transatlantiques, mixtes et postaux, dont le pont présente des dispositions spéciales.

L'ancien type, dans lequel le pont est chargé d'une longue teugue à l'avant, et d'une grande dunette à l'arrière. Un certain nombre de navires destinés au transport mixte des émigrants et des marchandises, sont dans cette catégorie. *Le London*, de récente et funèbre mémoire, naviguant entre l'Angleterre et l'Australie, en était un des plus beaux spécimens. Parfaitement construit et gréé, muni d'un excellent moteur, *le London* a laissé pénétrer la mer par l'écoutille des machines, et il a sombré, corps et biens, dans le golfe de Gascogne; c'était presque au sortir du port. Ce naufrage a été la conséquence de la forme, de la situation et de la disposition du pont. *Le London* avait 24 pieds anglais de creux. Son tirant d'eau était, à son départ, de 20 pieds 9 pouces. Le pont était situé à la hauteur de 5 pieds 6 pouces, soit 1m68 au-dessus du plan de flottaison. Les pavois avaient 5 pieds ou 1m52 de hauteur. Ainsi, de la ligne de flottaison au-dessus de la lisse des pavois, il n'y avait qu'une hauteur de 3m,20.

En supposant une mer moyenne, ayant des vagues de 5 à 6 mètres de hauteur, la mer pouvait embarquer toutes les fois que l'élévation verticale de l'ondulation coïncidait avec une oscillation imprimant un mouvement opposé aux parois du navire. Cela devait se produire d'autant plus fréquemment que le navire manquait de légèreté. Le rapport de son volume à son déplacement était si défavorable, qu'il suffisait qu'un des cinq compartiments qui divisaient sa coque fût envahi par la mer pour qu'il sombrât. En outre, une forte partie de son chargement, consistant en métal, avait abaissé le centre de gravité et produisait un roulis vif, court et sec, qui fatigua rapidement et amena la perte de la partie en bois de son gréement. L'énergie des coups de mer emporta la claire-voie de la machine, la lame se précipita par l'écoutille et éteignit les feux. Le navire étant livré sans moteur, c'est-à-dire sans moyen de direction, à la tempête, le pont incessamment couvert par la lame, l'équipage ne put réussir à fermer à temps l'écoutille, et on vit peu à peu sombrer, en se remplissant, un navire neuf, solidement construit, confié à un capitaine habile, expérimenté, et à un équipage composé d'hommes habitués à la mer.

Au même moment, et en partie par les mêmes causes, sombrait, dans les mêmes parages, un autre navire des mêmes dimensions que le London : *l'Amalia*. Comme le London, *l'Amalia*, bas de pont dans la partie centrale, lourdement chargé, submergé par les coups de mer, avait eu ses feux éteints par l'eau entrée par les ouvertures que les vagues s'étaient faites en enlevant les capots sur le pont. L'équipage réussit cependant à fermer les écoutilles, mais il n'était plus temps. Une cause ignorée, on suppose quelque pièce de rechange du mécanisme lancée par les eaux intérieures que le roulis portait avec violence, d'un côté à l'autre des murailles, avait brisé l'un des conduits de communication de l'appareil à vapeur avec l'extérieur. Ces conduits sont nombreux : le remplissage des chaudières, leur vidange sous pression, l'extraction, l'entrée et la sortie des eaux appelées pour refroidir le condenseur à surface, l'entrée de l'eau d'injection disponible quand le condenseur à surfaces ne fonctionne pas normalement, etc. Trop souvent les obturateurs de ces orifices ne sont pas disposés pour être manœuvrés dans une partie assez élevée du navire ; ils sont noyés à la première invasion des eaux, de telle sorte que si les conduits sont brisés entre l'orifice et la machine, la mer s'introduit sans obstacle par cette rupture.

Ces terribles exemples ne seront pas perdus; non-seulement ils constatent la nécessité de donner aux claires-voies une grande solidité, mais ils démontrent bien plus encore combien il importe qu'un navire qui porte des passagers, c'est-à-dire qui doit défier l'agitation la plus furieuse de la mer, soit léger, soit d'une densité faible, et ait, en outre, son pont à une hauteur, au-dessus du plan de flottaison, en rapport avec ses autres dimensions.

Le type du *London* et de *l'Amalia*, bien que très-général dans la catégorie des navires de transports mixtes, n'est pas adopté par les Compagnies postales transatlantiques. Les deux autres, *spardeck* et *pont à roof*, le sont généralement.

Des compagnies ont adopté la disposition à *spardeck*. Les installations des passagers, dont une partie était d'habitude sur le pont, sous forme de dunette ou de roof, y sont couvertes par un pont formant un étage couvert dans toute l'étendue du navire dont les murailles sont élevées jusqu'à ce pont.

Dans ce type, le pont supérieur est ras. Il ne présente en saillie que les capots ou claires-voies des écoutilles servant de communication avec l'intérieur du navire (pl. 12, fig. 3; pl. 13; pl. 16, fig. 1; p. 17, fig. 1 à 11; pl. 18, fig. 1; pl. 19, fig. 1).

Beaucoup de ces ponts n'ont pour pavois que de simples grillages attachés à la charpente qui soutient la lisse (pl. 12, fig. 1). Cela semble convenable dans les belles mers, mais dans les mers septentrionales, telles que celles de la ligne de New-York, des pavois solides faisant corps avec la coque, pleins, relevés par des bastingages, semblent indispensables pour protéger à la fois les manœuvres de l'équipage, les claires-voies et les embarcations contre les coups de mer.

Le spardeck a pour effet de diminuer la densité du navire en relevant le pont. Le volume d'un étage tout entier, étanche, inaccessible à la lame, s'y substitue à un pont ouvert, garni d'habitacles fragiles et exposés aux coups de mer. Le spardeck est un navire complétement ponté, les autres types ne le sont que partiellement.

La compagnie du Royal-Mail, la Compagnie Péninsulaire et Orientale, et la Compagnie des Messageries générales ont adopté ce type pour l'Atlantique (*lignes des Antilles et du Brésil*), et pour les mers des Indes.

La Compagnie générale transatlantique l'a adopté pour la ligne du Mexique et d'Aspinwall, d'après le type de la Compagnie du Royal-Mail, *l'Atrato*, *la Seine*, *le Shannon*, *l'Oneida*, etc.

Le troisième type est celui des navires de la compe Cunard. Sur le pont, entouré de pavois très-solides, surmontés de bastingages et formant ensemble 2m25 de hauteur, est placé un roufle ou roof qui s'appuie à l'arrière à une dunette, et à l'avant à une teugue. Le long de ce roufle qui occupe toute la longueur du navire, et deux tiers environ de sa largeur, sont deux cursives découvertes servant de promenoir; le dessus du roufle de la dunette et de la teugue servent aussi de promenoirs dans les beaux temps et pour les manœuvres; mais dans les grands vents, les cursives offrent un abri agréable aux passagers; elles sont abritées du soleil par une toile (pl. 22 et 23).

Les ponts du *Persia* et du *Scotia* sont, malgré les grandes dimensions de ces navires, relativement moins hauts sur l'eau que ceux des spardecks de la Compagnie du Royal-Mail et de la Compagnie transatlantique; mais la hauteur et la solidité des pavois protégent le pont contre les coups de mer. La lame qui les dépasse peut remplir les cursives, mais l'eau est divisée et s'écoule immédiatement par les dallots et par les portes, ou ouvertures mobiles situées à la partie inférieure des pavois, et qui fonctionnent comme des clapets de sortie. Toutes les communications de l'intérieur du navire avec l'extérieur sont ainsi protégées à la fois par les pavois et par le roufle. Celui-ci est très-solidement construit, mais il n'ajoute pas à la coque autant de solidité que la muraille du spardeck surmontée du pont, muraille qui peut être utilement encore prolongée par des pavois faisant corps avec elle.

Ce qui semble le plus en faveur de ce type, c'est la préférence que lui accorde l'homme que l'on regarde, à bon droit, comme un des plus habiles armateurs en fait de navires transatlantiques, M. Cunard, et sa hardiesse à l'étendre à ses derniers navires à hélice, le *China*, le *Cuba* et le *Java*, beaucoup plus bas sur l'eau que *le Persia* et *le Scotia*. Le creux de ces navires n'est que de $8^{m}845$. Au tirant d'eau de 6 mètres, le pont n'est pas à plus de $3^{m}50$ au-dessus du plan de flottaison. Cependant le gréement et l'emploi de la voile donnent à ces navires des amplitudes de roulis et de tangage plus considérables que celles qu'affectent les bateaux à roues dont le centre vélique est toujours plus bas.

Les navires à roof de Cunard sont, à poids égal, plus lourds, ou en d'autres termes plus lents à se relever quand la lame les couvre, que le type à pont ras, parce ce que leur volume au-dessus du plan de flottaison est moindre. Ils ont été les plus rapides, parce que leurs moteurs sont les plus puissants, et que doués de qualités nautiques incontestables, ils ne ralentissent leur marche que dans les très-gros temps : aussi ont-ils accompli, en toute saison, leurs traversées avec une régularité et une rapidité qui n'avaient eu d'égales que celles du *Great-Eastern*, jusqu'au jour où l'hélice, *le Pereire*, type d'aménagement semblable, s'est placé au même rang.

Dans les trois types de navires transatlantiques que nous venons de décrire, deux étages seulement servent aux passagers. (pl. 16 à 30). Dans le type *Cunard*, sous le pont qui porte le roufle, sont quatre rangs de cabines, dont deux contre les murailles. Les hublots de celles-ci peuvent être ouverts habituellement. Le roufle contient les salons, qui servent au repas (pl. 22 et 23). Dans le type spardeck de la Compagnie Royal-Mail, le pont inférieur contient deux rangs de cabines et les salons servant de salle à manger. Les hublots des cabines de ce pont sont toujours fermés. Le pont supérieur contient quatre rangs de cabines ; les hublots en peuvent être la plupart du temps ouverts. Au centre de ce pont sont de larges ouvertures, correspondant aux claires voies de lumière et d'aérage du pont inférieur (pl. 21, fig. 1).

Ces aménagements ont le grave inconvénient de placer la salle des repas à l'étage inférieur, c'est-à-dire dans la partie la moins aérée et la moins éclairée du navire; l'odeur des mets se répand dans les cabines. Une ventilation artificielle serait indispensable.

Dans le spardeck de la Compagnie Transatlantique, les salons servant de salle à manger sont sous le pont supérieur; ils sont donc plus aérés et plus éclairés (pl. 17, 18, 19).

La Compagnie Transatlantique a essayé de modifier les installations de ses spardecks destinés aux traversées du Mexique et d'Aspinwall, en plaçant sur le pont, à l'arrière du navire, un roufle assez étendu pour servir de salon et de salle de repas. Elle a complété ce système par une aération artificielle du pont inférieur. De chaque côté du roufle sont deux cursives servant de promenoirs et défendues par des pavois solides et élevés qui protégent également le roufle. Le toit du roufle sert également de promenoir.

Si cette disposition qui porte dans les hauts et à l'arrière, un supplément de poids laisse aux navires leurs qualités nautiques, il en ressortira, outre le mérite de donner aux passagers trois étages d'habitation, l'avantage des spardecks comme solidité de coque, comme élévation du pont au-dessus du plan de flottaison, en conservant sur l'avant, pour les manœuvres et le mauvais temps, un pont ras et dégagé.

Les installations des cabines et des salons ont une grande influence sur la construction même de la coque, sur sa solidité et sur sa stabilité parce qu'elles sont généralement situées au-dessus du plan de flottaison. Si le spardeck a l'avantage de faire contribuer les aménagements à la rigidité du pont supérieur, d'autre part il a l'inconvénient de ne donner au passager que des jours verticaux, de ne permettre l'accès de l'air aux étages inférieurs que par des escaliers et des ouvertures qui, fermées sur le pont dans les très-gros temps, confinent les passagers à l'intérieur en les privant de la lumière du jour et d'air. Dans les navires à roof, les jours latéraux, les accès de plain pied sur le pont sont défendus par les pavois, et peuvent, dans les plus mauvais temps, être entr'ouverts d'un côté au moins. Dans les deux types, on est surpris de voir avec quelle facilité le pont des navires à vapeur est coupé et affaibli par les ouvertures qui servent à la communication entre l'extérieur et l'intérieur. Le pont est l'élément le plus essentiel de résistance et de rigidité après le fond. Il semble que cela soit complétement oublié. De vastes ouvertures tranchent le bois, et les cadres qui les entourent ne substituent qu'une très-faible solidité à celle qui a été enlevée. Un navire se désarque rapidement lorsque son pont a été affaibli. Si la distribution des poids et des déplacements y est telle qu'il doive tendre à s'arquer, le pont le retient encore moins, parce qu'il est peu fait pour résister à la traction; mais cette circonstance se présente rarement. Malgré les fatigues que subissent l'avant et l'arrière, l'excès, dans le centre du navire, du poids sur le déplacement, les efforts même et les vibrations du moteur, tendent à désarquer le navire. Il faut donc se garder d'enlever au pont sa rigidité par des coupures nombreuses, larges et mal distribuées. Elles doivent, quand elles sont indispensables, être compensées par des dispositions spéciales, propres à éviter d'affaiblir gratuitement un navire, et de hâter sa déformation et sa vieillesse.

On sentira aussi la nécessité de faire servir, avec le plus grand soin, les aménagements à l'épontillage et à la rigidité des ponts.

Les proportions à rechercher entre le déplacement des diverses parties du navire et leur poids, sont une des études qui méritent le plus d'attention. Autant que possible, il importe que chaque tranche verticale d'un navire se porte elle-même, sans le concours des tranches voisines. C'est la condition du minimum de fatigue à la mer. Si, à vide ou en charge, une portion du navire est soutenue par une autre, cela tendra toujours à la déformation des lignes. Dans le mouvement, ces efforts prendront une intensité plus grande.

Prenons le *Scotia* pour exemple. Le poids de sa machine et de ses chaudières est de 1,450 tonnes, réparties sur 35ᵐ50 de longueur, au centre du navire; il porte ainsi 41 tonnes par mètre courant. Mais comme le déplacement est de 71 à 85ᵐ³, il reste pour le poids de sa coque, en ce point, 30 à 44 tonnes par mètre courant. Or, la coque du *Scotia*, estimée à 3,630 tonnes (sans la machine et le charbon), a 111 mètres de longueur à la flottaison; ce poids également distribué ferait 32,5 tonnes par mètre courant de la longueur du navire; et comme il ne varie guère avec les aménagements, l'équilibre du poids et du déplacement semble obtenu dans la partie centrale là où, dans les navires à roues, est situé le moteur, et où la fatigue de la coque est la plus grande.

Le poids du charbon embarqué est de 1,590 à 1,650 tonnes, et la longueur des cales qui lui sont affectées est de 45 mètres, soit 35 tonnes environ par mètre courant, ce qui laisse une marge assez grande pour le poids de la coque, proportionnellement au cube déplacé qui s'affaiblit, en ces points, par la forme que les lignes d'eau donnent au navire.

L'exemple des coques du *Scotia* ou du *Persia*, qui sont les navires à roues les derniers construits par la Compagnie Cunard, après seize à dix-huit ans d'expérience de la traversée de l'Atlantique, nous paraît devoir être suivi, sous ce dernier rapport. Il est absolument rationnel de construire un navire de façon à ce que ses poids soient proportionnels aux déplacements en tous les points de sa coque; il l'est encore plus de disposer les poids de son moteur, de ses approvisionnements et de sa cargaison, d'après le même principe.

A ce point de vue comme à celui des conditions de stabilité de forme appropriée à la marche et à l'agitation de la mer, la construction d'un navire transatlantique est l'œuvre la plus difficile, la plus laborieuse que l'art et la science puissent produire, et c'est à cause de cela, sans doute, que la *pratique*, qui est l'imitation, et que le *sentiment*, qui est l'instinct scientifique, ont une si grande part dans la construction navale.

Parmi les défauts que présente encore la construction des navires en fer, il en est un sur lequel on ne peut trop insister : c'est la faiblesse de la résistance qu'offre le bordé au-dessous de la flottaison.

Une tôle épaisse, soutenue par des fers d'angle, des varangues, des lisses, des carlingues, forment un réseau de charpente en fer, qui peut résister à d'énormes pressions et l'expérience le prouve; mais dans les mailles de ce réseau, elle ne présente à une pointe de rocher, à une pierre sur le fond, à la patte d'une ancre, à tout ce qui constitue un effort tranchant, qu'une résistance insuffisante.

Ce grave inconvénient avait tellement frappé le constructeur du *Great-Eastern*, qu'il résolut de composer le navire d'une double enveloppe formée d'un bordé extérieur attaché à un réseau cellulaire en fer, et doublé à l'intérieur par un vaigrage en tôle, rivé comme le bordé extérieur, et susceptible de tenir le navire étanche en cas d'avarie à celui-ci (pl. E).

L'amirauté anglaise applique cette disposition aux navires cuirassés; elle fait, en outre, construire de même des navires pour le transport des militaires :

| | | | | | |
|---|---|---|---|---|---|
| Leur longueur entre perpendiculaires est de | | | — | 110$^{m}$ | » |
| Leur largeur, de | — | — | — | 14 | 90 |
| Leur creux au-dessus de la quille | — | | — | 9 | 05 |

Leur jauge (*old measurement*) 4173 tonneaux.

Ces transports ont, sur le pont supérieur, un roof qui s'étend sur toute la longueur du navire. La carène est à parois cellulaires comme celle du *Great-Eastern*, et les cloisons étanches sont très-rapprochées. Ces navires seront donc de la dimension des plus grands transatlantiques, et la construction des coques sera supérieure au point de vue de la sécurité.

Nous avons dit ailleurs comment l'expérience a démontré le mérite de la disposition adoptée par Brunel; elle a sauvé son navire d'embarras dont on ne peut trop apprécier l'importance en rendant inoffensive une déchirure du fond de plusieurs mètres de longueur.

Y a-t-il dans le rapport du poids dans les dimensions actuelles, une objection fondamentale à l'extension de la construction cellulaire à la marine marchande transatlantique? Il faut considérer en ceci le poids et le volume.

Un vaigrage en tôle, de 12 m/m d'épaisseur, appliqué aux grands navires transatlantiques jusqu'à un mètre au-dessus de la ligne maximum de flottaison, aurait une superficie d'environ 2000 à $2300^{m\,2}$, et pèserait 240 à 275 tonnes. Ce faible supplément de poids explique l'application qui a été faite de ce système aux navires en fer de la marine et aux transports militaires. Mais il pourrait grever la marine commerciale d'une perte en recettes et d'un supplément de dépenses de propulsion.

La perte en recettes pourrait s'élever, dans les moments de faveur du frêt, à un dixième environ du produit brut, et cela équivaut à une impossibilité dans les circonstances actuelles.

Mais plusieurs hypothèses sont autorisées, qui modifieraient les termes de comparaison.

L'emploi de l'acier ou plutôt du fer aciéreux peut amener

prochainement une économie de 10 à 15 pour 100 sur le poids du fer employé dans la construction des coques, et cet allègement suffirait. Ajoutons encore la probabilité d'un accroissement de dimensions des navires nécessité à la fois par l'augmentation de la circulation des voyageurs, par le caractère de plus en plus encombrant des marchandises de grande vitesse, et par l'urgence d'accroître la vitesse de marche.

En ce qui concerne l'augmentation de volume qui résulterait de l'emploi de carènes à parois cellulaires, la difficulté est bien plus sérieuse. La dimension des cellulles ne peut être guère moindre de 1 mètre carré sur 0m50 de hauteur, afin que l'intérieur en soit partout accessible. C'est une augmentation d'un mètre sur la largeur des coques, ou une réduction équivalente du volume intérieur. Dans l'état actuel des produits du trafic et des prix du service postal, cela est impossible; mais si cette disposition prévalait impérieusement, la pression de l'opinion publique agirait sur les Gouvernements, et les obligerait à élever les prix en raison des sacrifices que s'imposeraient les compagnies pour satisfaire à toutes les conditions de sécurité.

Aucune de ces hypothèses n'est en dehors du courant des faits et des intérêts. Les Gouvernements qui tendront à obtenir gratuitement, des Compagnies transatlantiques, le service postal, comme quelques-uns l'ont fait sur les chemins de fer, aboutiront à l'infériorité sur ceux qui le paient.

Nous terminons par le relevé officiel du nombre des navires à vapeur, en bois, à roues ou à hélice; en fer, à roues ou à hélice, et enfin en fer et acier ou en acier, existant en Angleterre à la fin de 1864, et de l'âge de leur construction.

Le second tableau contient les mêmes éléments pour le tonnage de ces navires.

| NAVIRES A VAPEUR<br>NOMBRE | Avant 1840<br>exclusivement | 1er janvier 1840<br>au<br>31 décemb. 1843 | 1er janvi[illegible]<br>au<br>31 décem[illegible] |
|---|---|---|---|
| Navires en bois et à roues. | 144 | 76 | 88 |
| Navires en bois et à hélice. | » | » | 2 |
| Navires en fer et à roues. | 13 | 23 | 89 |
| Navires en fer et à hélice. | 1 | 4 | 19 |
| Navires en fer et acier, à roues. | » | » | » |
| Navires en acier, à roues. | » | » | » |
| | 158 | 103 | 198 |

| TONNAGE<br>DES NAVIRES A VAPEUR | Avant 1840<br>exclusivement | Du<br>1er janvier 1840<br>au<br>31 décemb. 1843 | Du<br>1er janvi[illegible]<br>au<br>31 décem[illegible] |
|---|---|---|---|
| Navires en bois et à roues. | tx.<br>25 547 | tx.<br>20 073 | 13 [illegible] |
| Navires en bois et à hélice. | » | » | 3[illegible] |
| Navires en fer et à roues. | 1 691 | 6 139 | 29 [illegible] |
| Navires en fer et à hélice. | 473 | 3 843 | 7 [illegible] |
| Navires en fer et acier, à roues. | » | » | » |
| Navires en acier, à roues. | » | » | » |
| | 27 711 | 30 055 | 50 [illegible] |

| 1er janvier 1848 au 31 décemb. 1851 | 1er janvier 1852 au 31 décemb. 1855 | 1er janvier 1856 au 31 décemb. 1859 | 15 janvier 1860 au 31 décemb. 1864 | Total des navires |
|---|---|---|---|---|
| 83 | 102 | 154 | 153 | 800 |
| 2 | 9 | 15 | 20 | 48 |
| 65 | 80 | 113 | 303 | 686 |
| 34 | 165 | 184 | 449 | 856 |
| » | » | » | 2 | 2 |
| » | » | » | 9 | 9 |
| 184 | 356 | 466 | 936 | 2 401 |

| Du 1er janvier 1848 au 31 décemb. 1851 | Du 1er janvier 1852 au 31 décemb. 1855 | Du 1er janvier 1856 au 31 décemb. 1859 | Du 1er janvier 1860 au 31 décemb. 1864 | Total du tonnage | Nombre de navires | Tonnage moyen |
|---|---|---|---|---|---|---|
| tx. | tx. | tx. | tx. | tx. | tx. | tx. |
| [illegible] 098 | 22 776 | 15 678 | 17 572 | 138 556 | 800 | 172 |
| [illegible] 711 | 1 434 | 2 077 | 3 791 | 7 435 | 48 | 155 |
| [illegible] 564 | 27 515 | 37 001 | 119 656 | 241 066 | 686 | 350 |
| [illegible] 843 | 134 675 | 116 938 | 319 085 | 600 161 | 856 | 700 |
| » | » | » | 1 071 | 1 071 | 2 | 530 |
| » | » | » | 4 261 | 4 261 | 9 | 473 |
| [illegible] 216 | 186 400 | 171 694 | 465 436 | 992 550 | 2 401 | 412 |

Les résultats de cette statistique sont dignes d'attention.

Les navires à vapeur dont le tonnage moyen est le plus élevé sont les navires en fer et à hélice, parce qu'ils sont presqu'exclusivement affectés aux transports transatlantiques.

Le nombre des navires à vapeur à roues est de 1497, tandis que celui des navires à hélice n'est que de 904.

Mais le tonnage moyen des premiers est de 256 tonnes, tandis que celui des seconds est de 672 tonnes. Cette différence provient de ce que les navires à vapeur à roues sont aujourd'hui spécialement employés pour un service de côtes qui exige un très-faible tirant d'eau afin de profiter des premières et des dernières heures de la marée.

En résumé, pour la construction des coques, le fer tend à se substituer généralement au bois. Pour les transports réguliers des marchandises, comme pour les transports lointains, l'hélice est substituée aux roues.

Pour le transport des émigrants, l'hélice a apporté une économie considérable en facilitant le trafic simultané des passagers et des marchandises.

L'hélice vient d'atteindre récemment dans les traversées transatlantiques, la rapidité des navires à roues ; elle a pris une part importante dans les services postaux transatlantiques, entre l'Europe et l'Amérique ; elle a une part exclusive dans ces services sur le Pacifique et sur la mer des Indes.

Le navire à roues lutte encore de vitesse, de régularité, de confort, mais il est plus dispendieux de construction et d'exploitation.

# CHAPITRE XIII

## LE NAVIRE (SUITE). ASSURANCES CONTRE LES RISQUES DE MER.

*Sommaire :*

Étude du nombre comparatif des sinistres subis par les navives à voiles et à vapeur. — Statistique des naufrages dans la marine transatlantique. — Avantages des grandes compagnies de navigation transocéanienne à être leurs propres assureurs. — Phares et feux; leur influence sur la sécurité de la navigation.

La construction en fer a contribué à la réduction notable qui s'est produite dans les pertes auxquelles la navigation transatlantique à vapeur est exposée. C'est par la durée que le navire en fer est surtout supérieur au navire en bois.

La plupart des grandes compagnies sont devenues leurs propres assureurs et l'allocation annuelle de 5 pour 100 de la valeur originelle du matériel a été, pour elles, l'occasion de constituer une réserve importante qui a pu être, de temps à autre, distribuée aux actionnaires.

La réduction dans le nombre des sinistres que subissent les navires transatlantiques, bien construits, ne s'explique pas seulement par l'absence des dangers résultant des voies d'eau que cause aux coques en bois l'agitation de la mer, par un simple effet de fatigue ; ce genre d'accident n'est pas fréquent; elle s'explique bien plus par la qualité des navires, par l'expérience et l'habitude des équipages que des traversées répétées mettent à même de connaître les attérages, les feux, les profondeurs d'eau et la nature du fond.

Elle s'explique encore par la surveillance qu'éveille le sentiment de la préservation de navires dont la valeur est presque toujours représentée par plusieurs millions.

Les collisions par rencontre, les incendies à bord sont l'objet d'une série de précautions qui entrent dans les habitudes du marin. Le feu prendra, par suite d'imprudence, dans un navire ainsi surveillé, mais les progrès peuvent en être promptement combattus. C'est ce qui est arrivé, sans dommages sérieux, à bord de *la Plata* et de *la Seine*, deux navires transatlantiques de la compagnie du Royal Mail, dans une de leurs traversées entre Saint-Thomas et Southampton. Il est vrai que cette compagnie a perdu par cette cause un grand navire, *l'Amazone*, du même type que l'*Atrato*, dès sa première sortie, à 100 milles des côtes d'Angleterre et de France.

Depuis plusieurs années, le nombre des sinistres a diminué au point que le taux d'assurance de 5 pour 100 est devenu excessif. Un paquebot transatlantique dont la valeur atteint presque 4 millions, assuré par an à 5 pour 100, coûte 200,000 fr., et il accomplit chaque année dix à treize traversées. Chaque voyage est ainsi grevé par l'assurance, de 36,000 environ et le navire est remboursé par le compte d'assurances après cent treize voyages ou deux cent vingt-six traversées. Or les navires postaux de la Compagnie Cunard, ont fait depuis 1842, en vingt-trois ans, 1800 voyages, sans un seul sinistre. A l'origine, les navires de cette Compagnie avaient une valeur moyenne de 2,270,000 francs. Elle s'est élevée depuis, pour *le Scotia*, à près de 5,000,000, et pour les dernières hélices, à 2,700,000 francs. Prenant ce dernier chiffre pour moyenne, la Compagnie Cunard aura porté à son compte d'assurance

42,390,000 francs, qu'elle aura distribués à ses intéressés. Le prélèvement sur la recette, pour fonds d'assurance à 5 pour 100, qui a servi pour les compagnies Cunard, Royal-Mail, Orientale et péninsulaire, Inman, etc., à constituer un fonds de réserve dont la plus grande part est distribuée aux actionnaires n'est plus en rapport ni avec les progrès de la navigation ni avec les faits; il est exagéré. La plus malheureuse des grandes compagnies transatlantiques, celle du Royal-Mail, qui, dans l'espace de douze années, a perdu près de dix millions par huit échouages, quatre collisions, dix accidents, etc., a fait sur ses assurances un bénéfice de 9,482,500 francs. Ce compte a distribué aux actionnaires, 3,267,500 francs, et sa réserve est encore de 6,115,000 francs.

Les détails dans lesquels nous entrons plus loin en faisant l'histoire des grandes compagnies de navigation transatlantique, démontrent sans conteste l'exagération de ce sacrifice.

Le Gouvernement anglais fait dresser une statistique très-détaillée des sinistres maritimes qui ont amené sur ses côtes la perte totale ou partielle des navires et des équipages. Ce précieux travail a eu d'heureuses conséquences. Des phares ont été établis en grand nombre sur les points les plus dangereux, et l'augmentation du nombre des feux a toujours été suivie de la diminution du nombre des naufrages.

Il est regrettable que ces renseignements ne s'étendent pas à toutes les parties du monde où les sinistres ont frappé la marine anglaise; néanmoins les rapprochements que fournit l'état suivant entre les naufrages subis par les navires à voiles et les navires à vapeur, sont très-significatifs.

Etat des naufrages des navires faisant le commerce avec l'étranger :

| NAVIRES ANGLAIS | NAVIRES A VOILES | | | NAVIRES A VAPEUR | | |
|---|---|---|---|---|---|---|
| | 1857 | 1858 | 1859 | 1857 | 1858 | 1859 |
| Nombre de voyages........ | 43 255 | 41 355 | 41 200 | 10 940 | 10 581 | 11 085 |
| Nombre de naufrages...... | 249 | 245 | 267 | 17 | 10 | 14 |
| Quantum p. 0/0 de naufrages. | 0 046 | 0 053 | 0 072 | 0 016 | 0 095 | 0 013 |
| ou........... | 1 sur 215 | 1 sur 189 | 1 sur 139 | 1 sur 644 | 1 sur 1058 | 1 sur 792 |
| NAVIRES ETRANGERS | | | | | | |
| Nombre de voyages........ | 41 967 | 43 102 | 44 127 | 2 210 | 2 290 | 2 160 |
| Nombre de naufrages...... | 157 | 136 | 138 | 2 | 2 | » |
| Quantum p. 0/0............ | 0 037 | 0 036 | 0 032 | 0 009 | 0 087 | » |
| ou........... | 1 sur 267 | 1 sur 276 | 1 sur 319 | 1 sur 1105 | 1 sur 1145 | » |

Le tableau qui précède, ne comprenait que les navires faisant le commerce avec l'étranger. Le suivant comprend le cabotage anglais et le commerce étranger. Il fait ressortir la faible proportion des sinistres qui ont frappé les navires à vapeur portant des voyageurs.

| ANNÉES | NOMBRE DES SINISTRES SUBIS PAR LES NAVIRES A VOILES ET A VAPEUR | SINISTRES SUBIS PAR LES NAVIRES A VAPEUR PORTANT DES PASSAGERS |
|---|---|---|
| 1855 | 1141 | 17 |
| 1856 | 1153 | 11 |
| 1857 | 1143 | 21 |
| 1858 | 1170 | 14 |
| 1859 | 1416 | 42 |

Pour donner à ces chiffres leur exacte signification, il convient de rappeler qu'ils comprennent, dans leur ensemble, des navigations très-courtes, telles que celles du canal St-Georges et des ports anglais aux ports français et belges. Ils ne valent donc que comme comparaison entre les dangers qui accompagnent la navigation à voiles et la navigation à vapeur.

Poursuivons l'étude des documents officiels les plus récents, tels que celui des traversées de l'Angleterre sur l'Amérique du nord. En 1863, sur 469 voyages, les sinistres suivants ont eu lieu :

Naufrage sur le cap Race, de *l'Anglo-saxon*, de la Compagnie *Montreal-ocean*, se rendant à Québec (*brume*).

Naufrage dans les mêmes parages, île St-Paul, du *Norwegian*, navire de la même Compagnie, se rendant à Québec (*brume*).

Échouage sur le cap Race, sans autre conséquence qu'un retard, de *l'Africa* de la Compagnie Cunard, se rendant à Halifax, rentré à St-Jean de Terre-Neuve (*brume*).

Ce sont donc deux sinistres sur 469 voyages ; un sur 234, soit 0,0042.

C'est une question de route. En effet, en l'absence de documents officiels, les relevés des journaux maritimes établissent une différence considérable dans la proportion du nombre des sinistres entre la route du Canada, dite *route du nord*, et la route en ligne droite sur New-York, dite *route du sud*. Dans la première, les approches de Terre-Neuve, le cap Race, le détroit de Belle-Ile : même pendant l'été, l'entrée du golfe St-Laurent et les passages de la Nouvelle-Ecosse, autour d'Halifax, sont une région toujours brumeuse. Les glaces descendent des côtes du Labrador, sont arrêtées dans les remous du Gulf stream, et leur fonte alimente une extrême humidité dans l'atmosphère. D'ailleurs, la présence des bancs, la plupart açores, y rend les mers plus tourmentées pendant la tempête, et le ralentissement de marche que la brume exige expose le navire à dériver, sans qu'aucun moyen d'observation, autre que les sondages, permette de déterminer exactement la position du navire.

De là les sinistres nombreux dont les communications avec le Canada ont constamment souffert, et dont la ligne de New-York a été exempte.

Il y a quelquefois un grand intérêt pour les navires qui se rendent de New-York en Angleterre, de toucher au cap Race pour y prendre des dépêches télégraphiques sur lesquelles vingt-quatre heures sont ainsi gagnées; mais cela ne représente pas, en hiver surtout, un avantage proportionnel aux risques que fait courir aux navires ce détour vers la région brumeuse et les glaces.

Nous avons commencé un relevé des naufrages transatlantiques, qui pourra être ultérieurement complété à l'aide de recherches plus étendues; il commence en 1841.

NAVIRES PERDUS PAR ÉCHOUAGE.

| | |
|---|---|
| *Solway*. ............... <br> *Tweed*. ................ <br> *Isis*.................... | Navires en bois et à roues, de 400 chevaux, de la compagnie du Royal-Mail, perdus dans les premières années d'exploitation. |
| *Paramatta*................ | Fer et roues, 800 ch. perdu en 1859. |
| *City of Philadelphie*. .... <br> « *Pittsburg*. .... <br> « *New-York*. .... | Navires en fer, à hélice, de la compagnie Inman; transport d'émigrants. |
| *Hungarian*, perdu en 1860 <br> *Canadian*, perdu en 1859 | Navires en fer et à hélice de la compagnie Montreal, émigrants. |
| *Anglo-saxon*, perdu en 1863 <br> *Norwegian*, perdu en 1863 | Transport d'émigrants. |
| *Columbia*................ | En fer, à hélice, compagnie Cunard. Transport d'émigrants. |

| | |
|---|---|
| *Humboldt*.............. } *Franklin*............... } | Navires américains en bois à roues. |
| *Indian*.................... | Transport d'émigrants. |
| *Indépendance*......................... | — |
| *Blade*.............................. | — |
| *Yankee*.............................. | — |
| *Northener*.......................... | — |
| *Argo*................................ | — |
| *Royal Charter*, perdu en 1863......... | — |
| *North Briton*, perdu en 1861......... | — |
| *United states*, perdu en 1861......... | — |

NAVIRES PERDUS POUR DES CAUSES IGNORÉES.

| | |
|---|---|
| *Président*.................. | Bois, roues. |
| *Pacific*.................... | Bois, roues. |
| *City of Glascow*............. | Fer, hélice, Comp. Inman. Émigrants. |
| *London*............... 1865 | Fer, hélice, Australie. |

NAVIRES DÉTRUITS EN MER PAR LE FEU.

| | | |
|---|---|---|
| *City of Glascow*........... | 1865 | Fer, hélice. Émigrants. Cie Inman. |
| *Amazone*................ | 1852 | Fer, roues, 800 chevaux, Royal-Mail. |
| *Connaught*............... | 1860 | Fer, roues. |
| *Austria*................. | — | Émigrants. |
| *Sara-Sands*............... | — | — |
| *América Central*.......... | 1859 | — |

NAVIRES PERDUS PAR COLLISION.

| | |
|---|---|
| *Arctic*................... | Navire en bois à roues (américain). |
| *Lyonnais*................ | — — (navire français). |

Si, de ces 37 navires, on déduit les huit sinistres qui ont frappé la Compagnie du Royal-Mail, le *Royal-Charter* et le *London*, les 27 autres, dont 25 chargés d'émigrants, ont été perdus sur les côtes de l'Amérique du nord ou dans les parages de la route du nord. Ce relevé est d'ailleurs incomplet au moins quant aux navires américains. On trouve en effet dans les statistiques des sinistres de ce pays, l'état suivant.

Navires transatlantiques perdus depuis 1853 entre l'Amérique du nord et l'Angleterre.

| PAVILLONS | NOMBRE | VALEURS ASSURÉES NAVIRES ET CARGAISONS | NOMBRE DES PERSONNES QUI ONT PÉRI |
|---|---|---|---|
| Américains. | 10 | fr. 56 000 000 | 1 334 |
| Anglais. | 8 | 21 000 000 | 847 |
| Français. | 1 | 1 470 000 | 160 |
| Autrichiens. | 1 | 4 560 000 | 500 |
| | 20 | 82 930 000 | 2 841 |

La plupart de ces navires étaient chargés d'émigrants. Aucun n'appartenait aux services postaux anglais. Les chiffres des valeurs assurées font supposer que les cargaisons entraient au moins pour moitié dans la valeur totale.

Le rapport entre le nombre des voyages et celui des sinistres doit être l'objet d'une étude très-attentive en ce qui concerne les transatlantiques, car on risquerait de s'exposer à de graves mécomptes si on s'en rapportait à des généralités. Il faut tenir compte des routes et des régions fréquentées, de la construction des navires et de leur puissance motrice.

Les grandes Compagnies de navigation qui sont généralement leurs propres assureurs, ont le plus grand intérêt à l'érection des phares et à l'organisation du pilotage; quant à la surveillance dans la brume, c'est le devoir le plus rigoureux de l'équipage.

Les phares ont une valeur inestimable pour les navires qui cherchent la terre pour entrer au port ou s'abriter. Ils ont souvent une influence funeste pour le navire dont l'équipage ne cherche les feux de terre que pour reconnaître sa situation ou sa direction.

Il est incalculable le nombre des sinistres causés par l'habitude des capitaines d'aller reconnaître un feu pour en conclure leur chemin, parce que la brume ou le temps couvert ne leur permettent pas de déterminer leur position, la distance parcourue, etc. Aussi est-ce avec une prudence infinie, à l'aide de sondages fréquents, que tout capitaine qui n'a pas la certitude absolue de la situation de son navire, doit approcher des côtes pendant la nuit, à portée de vue des feux, ou le jour pendant la brume.

Des ingénieurs proposent l'établissement à mi-distance de Lands'end et de Brest dans la Manche, de phares flottants, en pleine mer, sur la ligne généralement parcourue par les navires, afin d'intéresser le capitaine à garder toujours la route la plus courte en la lui rendant plus sûre. C'est un projet d'une utilité incontestable que les gouvernements intéressés devraient encourager. Il n'a rien d'inexécutable. Les fonds, à l'entrée de la Manche, ont de 100 à 110 mètres de profondeur à égale distance des côtes de France et d'Angleterre. Ils se réduisent à 66 mètres au nord de Cherbourg; l'ancrage ne présente donc aucune difficulté.

En résumé, le fait le mieux établi dès à présent, ce sont les bénéfices considérables qu'a fournis le compte d'assurances élevé à 5 pour 100, aux Compagnies du Royal-Mail, Orientale et Péninsulaire, Inman et Cunard, malgré les pertes sensibles faites par trois d'entr'elles dans les premières années de leur fondation.

# CHAPITRE XIV

## LE NAVIRE (SUITE). DU VENT CONSIDÉRÉ COMME MOTEUR ASSOCIÉ AU MOTEUR A VAPEUR

*Sommaire :*

Relation des deux moteurs. Conditions de l'usage de la voile sur les navires à roues et sur les navires à hélice. Supériorité de ceux-ci pour utiliser le vent. Vitesse et pression du vent. La navigation transocéanienne à vapeur doit utiliser le vent à des vitesses et à des pressions considérables; son gréement et ses voiles doivent être établis pour supporter des efforts supérieurs à ceux auxquels doit résister le gréement des navires à voiles. Surface de voilure de divers navires à roues et à hélice.

Le vent est le moteur le plus généralement répandu sur le globe. L'Ingénieur qui répugnerait à l'utiliser oublierait sa mission qui est *de tirer des forces de la nature tout ce qui peut être utile à l'humanité*. La chaleur du soleil qui élève dans l'atmosphère les vapeurs aqueuses, qui élève aussi les couches d'air qu'elle échauffe, devient l'origine de toutes les forces motrices naturelles, par le cercle admirable des mouvements de l'eau et de l'air que provoquent les différences de température. La condensation et la chute sur la terre des vapeurs aqueuses sous l'influence du refroidissement de l'air, la contraction de celui-ci succédant à sa dilatation, tel est le simple et éternel effet de la succession des saisons, puis des jours et des nuits et du retour de la chaleur et du froid, puis enfin du rayonnement de la terre, toutes causes qui se résument en une seule, la chaleur solaire.

La zône atmosphérique dans laquelle se passent ces phénomènes est d'une faible épaisseur. L'air est toujours froid à quelques kilomètres de la terre et il n'est froid que parce que le rayonnement de la terre échauffée par le soleil, ne suffit pas à propager la chaleur au delà ; car cette chaleur a été mesurée comme le reste, dans la création ; elle est fonction providentielle de tout ce qui vit et de tout ce qui végète dans la nature.

La faible épaisseur de la couche atmosphérique dans laquelle se passent les changements de température auxquels sont dus les courants d'air explique à la fois le caprice et la rapidité des variations de direction et d'intensité du vent, mais la plus grande violence du déplacement de l'air n'embrasse qu'un espace très-limité. Cette violence est une exception sur la mer, comme sur la terre, et l'exception, elle-même, démontre que le déplacement de l'air doit être utilisé comme force motrice parce que c'est une force sage et bienfaisante.

S'emparer du vent, le contenir, le dominer, et défier sa violence par des combinaisons capables de lui résister, telle a été la tendance de l'humanité à partir du jour où un homme a rencontré un large espace d'eau profonde à franchir, et telle elle persévèrera.

L'emploi du vent pour donner l'impulsion aux embarcations a été l'objet de beaucoup d'études. Les anciens traités de construction navale sont très-intéressants à consulter à cet égard ; mais sans nous arrêter aux appréciations singulières qu'on y lit, nous ramenons la question à ses termes simples.

La pression que le vent exerce sur les voiles dépend de sa vitesse et de la densité de l'air. La vitesse du vent peut s'élever au-delà de 45 mètres par seconde. La pression qu'il exerce, à ces vitesses maxima, atteint jusqu'à 275 kilog. par mètre carré ;

elle déracine alors les arbres et renverse les édifices (Fresnel).

Comme la densité de l'air varie suivant son état hygrométrique, il est impossible de calculer exactement la pression qu'il peut exercer à des vitesses données, sans connaître préalablement cet état.

La relation de la vitesse du vent avec celle d'un navire dépend des formes de celui-ci, de l'angle d'incidence de la direction du vent avec celle du navire, de l'état de la mer, etc. La différence entre la vitesse du vent et celle du navire est en raison de la résistance que celui-ci oppose au mouvement.

Le vent animé d'une vitesse supérieure à celle d'un navire marchant à la vapeur, peut toujours aider sa marche; la moindre différence de vitesse relative doit être utilisée avec soin. La disposition du gréement doit offrir pour cela de grandes facilités de manœuvre.

Les tables démontrent qu'il est à peu près impossible de limiter l'emploi des voiles, en relation absolue de la vitesse du vent et de celle du navire. Le navire à vapeur le plus rapide n'atteint pas la vitesse d'une forte brise; il a intérêt à l'utiliser si sa direction est favorable.

Supposons qu'un navire file, sous l'impulsion du moteur à vapeur, 12 nœuds à l'heure, ou $6^{m}20$ par seconde, et, qu'en ce moment, la vitesse du vent soufflant de l'arrière soit de 9 mètres par seconde, cette vitesse correspondrait, si le navire était immobile, à une pression de $10^{k}97$ par mètre carré; et comme la pression qui agit sur les voiles est celle qui correspond à la différence des vitesses, le navire utilisera la pression sur les voiles correspondante à $2^{m}80$ de vitesse par seconde, soit $1^{k}06$ par mètre carré.

La pression que peut supporter une voilure dépend de la

résistance propre des voiles comme tissu, et de celle des mâts, des haubans, des écoutes qui attachent les voiles, etc. ; en un mot de la résistance du gréement.

Les vitesses obtenues par les navires à voiles n'ont que très-rarement atteint 15 nœuds en eau calme, ou $7^m75$ par seconde. La vitesse du vent en pareille circonstance a pu être de 10 mètres par seconde, et cette vitesse correspond à une pression de $13^k54$ par mètre carré, sur une surface immobile perpendiculaire à la direction du vent. La différence entre les deux vitesses est de $2^m,25$ par seconde : alors les voiles ne supportent réellement que la faible pression de $0^k64$, qui correspond à la vitesse de $2^m25$ par seconde.

Le tableau suivant, extrait de l'*Annuaire des Marées*, indique la limite de vitesse du vent à laquelle un navire porte la voile.

| NUMÉROS d'ordre | VITESSE par seconde mèt. | VITESSE PAR HEURE kilom. | VITESSE PAR HEURE milles | INDICATION EN LANGAGE ORDINAIRE | VOILURE QUE PEUT PORTER UN FORT NAVIRE FIN VOILIER COURANT LARGUE |
|---|---|---|---|---|---|
| 0 | 0 | 00 | 0 | Calme | Toutes les voiles dehors |
| 1 | 1 | 3 1/2 | 2 | Presque calme. | |
| 2 | 2 | 7 | 4 | Légère brise. | |
| 3 | 4 | 14 1/2 | 8 | Petite brise. | |
| 4 | 7 | 25 » | 13 1/2 | Jolie brise. | |
| 5 | 11 | 39 1/2 | 21 » | Bonne brise. | Le ris de chasse, les perroquets. |
| 6 | 16 | 57 1/2 | 31 » | Bon frais. | Deux ris. |
| 7 | 22 | 79 » | 43 » | Grand frais. | Trois ris. |
| 8 | 29 | 104 » | 56 » | Coup de vent. | Aux bas ris, basses voiles, un ris, perroquets calés. |
| 9 | 37 | 133 » | 72 » | Tempête. | A sec, perroquets dépassés. |
| 10 | 46 | 166 » | 90 » | Ouragan renversant les arbres et les maisons. | Fuyant devant le temps. |

Nous faisons suivre ces indications de celles recueillies ou calculées par Claudel.

TABLEAU DES PRESSIONS EXERCÉES PAR LE VENT A DIFFÉRENTES VITESSES CONTRE UNE SURFACE DIRECTE D'UN MÈTRE CARRÉ.

Claudel : P. 256.

| DÉSIGNATION DES VENTS | | VITESSE PAR SECONDE | | PRESSION PAR MÈT. CAR. | |
|---|---|---|---|---|---|
| Vent à peine sensible | | 1 m. | » » | » k. | 14 |
| Brise légère | | 2 | » » | » | 54 |
| Vent frais ou brise | | 4 | » » | 2 | 17 |
| Vent bon frais. | Tend bien les voiles. | 6 | » » | 4 | 87 |
| | Le plus convenable aux moulins. | 7 | » » | 6 | 64 |
| | Forte brise. | 8 | » » | 8 | 67 |
| | Convenable pour la marche en mer. | 9 | » » | 10 | 97 |
| Vent grand frais | Très-forte brise. | 10 | » » | 13 | 54 |
| | Fait serrer les hautes voiles. | 12 | » » | 19 | 50 |
| Vent très-fort | | 15 | » » | 30 | 47 |
| Vent impétueux | | 20 | » » | 54 | 16 |
| Tempête | | 24 | » » | 78 | » » |
| Tempête violente | | 30 | 05 | 122 | 28 |
| Ouragan | | 36 | 15 | 176 | 96 |
| Grand ouragan | | 45 | 30 | 277 | 87 |

Ces calculs supposent la pression barométrique égale à 0$^{m}$755 de mercure, et la température égale à 12°; ce qui donne 1$_{k}$231 pour le poids du mètre cube d'air.

Enfin nous résumons ici un document officiel dans lequel la vitesse du vent est rapprochée du nombre des naufrages pendant l'hiver et l'été. Il est extrait de la publication habituelle sur les naufrages subis par la marine anglaise.

| VENTS | | | NOMBRE DE NAUFRAGES | | | | | | | |
|---|---|---|---|---|---|---|---|---|---|---|
| | | | Six mois d'hiver Octobre à Mars | | | | Six mois d'été Avril à Septembre | | | |
| | | | 1856 | 1857 | 1858 | 1859 | 1856 | 1857 | 1858 | 1859 |
| Calme. | | | 12 | 6 | 8 | 13 | 7 | 12 | 7 | 8 |
| Light tars. | Just sufficient to give steerage way. | | 16 | 18 | 14 | 21 | 6 | 14 | 17 | 21 |
| Light breeze. | With which a ship with all sail set and clean full would go in smooth water. | to 2 knots. | 34 | 39 | 21 | 40 | 24 | 37 | 24 | 20 |
| Gentle breeze. | | to 4 » | 34 | 28 | 25 | 26 | 15 | 18 | 14 | 7 |
| Moderate breeze. | | 5 to 6 » | 63 | 46 | 40 | 60 | 33 | 40 | 19 | 33 |
| Fresh breeze. | In which she could just carry in chase full and by. | Royals, etc. | 104 | 105 | 91 | 127 | 50 | 84 | 76 | 47 |
| Strong breeze. | | Single reefs and TG sails | 78 | 90 | 136 | 131 | 62 | 49 | 49 | 49 |
| Moderate gale. | | Double reefs and jib. | 72 | 63 | 60 | 47 | 29 | 22 | 38 | 24 |
| Fresh gale. | | Triple reefs, etc. | 42 | 59 | 39 | 76 | 18 | 12 | 26 | 26 |
| Strong gale. | | Close reefs and course. | 131 | 118 | 145 | 145 | 53 | 16 | 56 | 64 |
| Whole gale. | In which she could just bear close reefed main topsail and reefed foresail. | | 105 | 140 | 129 | 150 | 42 | 8 | 42 | 32 |
| Storm. | Under storm staysail. | | 63 | 90 | 49 | 82 | 14 | 4 | 8 | 6 |
| Hurricane. | Under bare poles. | | 37 | 24 | 9 | 83 | 7 | 1 | 2 | 4 |
| | | | 793 | 826 | 780 | 1001 | 360 | 317 | 378 | 243 |

C'est un peu au delà de 29 mètres de vitesse par seconde, ce qui correspond à une pression d'environ 118 kilog. par mètre carré, que la voile ne peut plus être employée; mais à de pareilles vitesses, le plan de la voile cesse absolument d'être normal à la direction du vent. Le navire est incliné par la force même du vent.

Si la pression exercée par le vent sur les voiles, quand le navire est en marche, diminue en raison de la vitesse de celui-ci, il n'en est pas de même quand, par l'effet du tangage ou du roulis, la voile revient sur le vent; c'est alors qu'elle subit toute la pression du vent, et même une pression très-supérieure, puisque la vitesse de la reprise au vent, diminuée de la vitesse de marche du navire, doit être, dans ce cas, ajoutée à celle du vent lui-même.

On conçoit que, dans des circonstances si variables, le sentiment du marin, éclairé par son expérience, soit son seul guide.

Dans l'application du vent comme moteur auxiliaire à la navigation à vapeur, le problème se pose plus largement.

La vitesse du navire varie, sous le seul effort de la vapeur, de $5^{m}15$ à $7^{m}75$ par seconde; il en résulte que les vents arrière utilisables à l'impulsion, sont ceux dont la vitesse est supérieure à celles-ci. Les *bonne brise*, *bon frais* et *grand frais*, dont la vitesse s'élève de 10 à 20 mètres par seconde, et la pression de $13^{k}50$ à 55 kilog. par mètre carré, ne correspondent qu'à des vitesses et à des pressions bien inférieures, si le navire est animé lui-même d'une vitesse égale à la moitié ou au tiers de celles-ci; mais le tangage et le roulis ramènent avec violence les voiles sur le vent, et les exposent alors aux pressions *maxima* résultant des vitesses considérables dont le vent est doué.

Pour ces causes, le gréement d'un navire à vapeur et sa voilure doivent être constitués d'une manière beaucoup plus résistante qu'il n'en est besoin pour le navire à voile, dont le gréement n'est pas fait pour résister, en portant la voile, à de pareilles pressions.

La donnée du steamer à grande vitesse est d'emprunter à la force motrice que la nature lui envoie, tout ce qu'il est possible d'en utiliser. Doué, par ses dimensions, d'une grande stabilité, il peut porter la voile plus longtemps aux approches de la tempête, et même tant que celle-ci n'a pas pris son maximum d'intensité. Son centre vélique sera bas, afin de diminuer l'amplitude du roulis et du tangage qui gênent le fonctionnement du moteur mécanique; mais les mâts et les vergues les plus solides, les haubans, les écoutes et la toile les plus résistants lui sont de première nécessité.

Il faut croire que cet aspect de la question n'a rien de nouveau, puisque c'est principalement dans les bateaux à vapeur qu'on voit le fer se substituer au bois pour les mâts et les vergues, au chanvre pour les haubans, et dans un rapport de dimensions, qui démontre que l'accroissement de la résistance est recherché avec soin.

Le navire à roues présente, pour l'utilisation de la voile, des avantages moindres que le navire à hélice, parce que l'inclinaison du navire gêne son moteur. Il ne peut donc porter autant de toile par les vents de travers dont le marin habile peut tirer en toutes circonstances un grand parti.

Si la roue a, dans le gros temps, une supériorité sur l'hélice, parce que son recul serait moindre, ce qui n'est pas établi, cette dernière reprend tout son avantage par les temps moyens où la rose des vents lui offre des ressources bien plus étendues; dans tous les cas, le marin n'use qu'avec modération des vents violents pour ne pas incommoder les passagers, soit par les mouvements de tangage assez brusques qu'affecte le navire quand ils soufflent de l'arrière, ou par l'inclinaison du navire quand ils soufflent par le travers.

En résumé, sous l'influence des moyens de consolider le gréement en substituant le fer au chanvre et au bois, les procédés d'emploi du vent, comme moteur, font des progrès considérables et peut-être plus sensibles pour les navires à vapeur que pour les navires à voiles.

Ce progrès ne peut que s'étendre, et ses conséquences militent principalement en faveur des navires à hélice.

Les navires à roues ont, l'on ne sait pourquoi, fait négliger l'emploi simultané de la vapeur et de la voile. Il y a lieu de croire que l'on a cédé trop vite à quelques objections superficielles. La voile est conciliable dans des limites très-étendues avec les moteurs mécaniques. Toujours favorable à l'impulsion malgré l'abaissement du centre vélique, elle n'est pas impuissante pour l'évolution, malgré la très-grande longueur des navires ; mais il importe de lui donner la résistance et les proportions convenables.

La voile est assez puissante pour faire évoluer le navire dans les gros temps, parce que la prise que la coque offre au vent peut être très-inférieure à celle que les voiles d'évolution sont susceptibles de recueillir, et parce que la position de celles-ci leur donne une grande influence sur la direction.

Si, par un vent violent et une forte mer, un grand steamer transatlantique était porté vers le rivage, que sa machine fût en désarroi et le mouillage impossible, il doit pouvoir éviter la côte à l'aide de ses voiles, tout comme le pourrait faire un navire à voiles.

Les grands navires cuirassés, ainsi que les navires transatlantiques à roues et à hélice, indistinctement, ont une stabilité et des dimensions qui permettent la voile.

S'il est vrai que, dans les circonstances critiques dont il s'agit, des navires à vapeur eussent été infailliblement jetés à la côte sans le secours de leur machine ; s'il est arrivé, dit-on, à des navires à hélice, momentanément désemparés de leur machine, de ne pouvoir tenir la cape, ou bien de ne pouvoir sortir du creux des lames, l'impuissance des voiles d'évolution les obligeant de rester en travers quelque fatigant que fût le roulis, c'est qu'ils étaient gréés d'une manière défectueuse et insuffisante, ou que l'équipage faisait défaut.

On sait, du reste, la source des impressions de ce genre. Les souvenirs en sont encore récents.

Lorsque la flotte française a été assaillie sur la côte de Crimée par un des plus violents ouragans qui aient traversé l'Europe, les navires à vapeur n'évitèrent le danger de chasser sur leurs ancres, ou de rompre leurs amarres, qu'en soulageant celles-ci par leurs machines.

Le navire de guerre à voiles, *le Henri IV*, mouillé trop près du rivage, sur un mauvais fond, fut poussé à la côte; d'autres résistèrent sur leurs ancres ou purent éviter la cô'e, parce qu'ils étaient favorablement mouillés, mais l'opinion des marins fut que si les navires à vapeur n'avaient pu disposer de leur machine, bon nombre eussent été perdus.

Le fait que nous venons de rapporter n'a d'importance dans la question que comme preuve que les steamers à roues étaient insuffisamment gréés pour porter la voile.

Les navires à vapeur, désarmés souvent du beaupré, ne peuvent, il est vrai, se revêtir à l'avant d'autant de toile nécessaire aux évolutions, mais la longueur même des navires permet de compenser ce désavantage.

Si cette longueur est un obstacle à l'évolution dans un cercle peu étendu, elle est aussi un avantage, parce qu'elle est un obstacle à la dérive sous le courant ou le vent.

L'opinion du plus expérimenté de nos ingénieurs est en faveur de l'opinion qu'il faut recueillir toute la puissance que le vent peut donner, sur les steamers comme sur les navires à voiles. Il a donné au navire par lequel il a commencé la réforme de notre marine, la superficie de voilure que les aménagements du pont rendaient disponible; il l'a disposée différemment et il a obtenu de cette voilure les mêmes effets que si son navire était exclusivement voilier. Il a d'ailleurs abaissé le centre vélique. Ne serait-ce pas aller contre les avantages des moteurs mécaniques, que de ne pas conserver aux navires qui en sont munis les ressources de la voile, puisque rien n'indique que l'emploi de ce moteur soit incompatible avec elle. Si des difficultés se présentent dans cette voie, il faut se hâter de les surmonter; proportionner la superficie et la résistance de la voilure d'évolution à la longueur de la coque, et à la hauteur sur l'eau, est un problème résolu par Dupuy de Lôme.

L'habitude était, dans la marine militaire, de donner à la voilure les surfaces suivantes par chaque mètre carré de la section immergée du maître couple du navire.

| | | | |
|---|---|---|---|
| Navires de 1er rang. | — | 27 à 28 | mètres carrés |
| 2e » | — | 26 à 27 | » |
| 3e » | — | 25 à 26 | » |
| Frégates de 1er » | — | 36 à 39 | » |
| 2e » | — | 39 à 40 | » |
| 3e » | — | 40 à 41 | » |
| Corvette de 1re classe. | — | 42 à 44 | » |
| Brick de 1re classe. | — | 48 à 52 | » |
| Brick aviso de 2e » | — | 58 à 59 | » |

Dupuy de Lôme a donné au vaisseau à hélice, *le Napoléon*, 28m²65 de voile par mètre carré de section immergée du maître couple. Voici les résultats consignés dans le rapport sur les essais à la voile de ce navire.

« Le vaisseau gouverne avec une facilité rare, même avec de très-faibles brises, par une mer houleuse. Il conserve cette faculté essentielle lors même que l'hélice ne tourne pas. On a toujours pu le maintenir exactement en route et éviter ces grandes embardées qu'il est si difficile de prévenir sur les vaisseaux à voile, et plus difficile encore d'arrêter quand une fois elles sont commencées. »

« Le vaisseau tient parfaitement le vent. D'assez nombreuses évolutions ont été effectuées à la voile. Même dans les circonstances les plus difficiles, le vaisseau vire vent devant avec une très-grande sûreté et sans hésitation, quand des vaisseaux voiliers éprouvent des difficultés. Il gagne beaucoup au vent, et prend, en conséquence, un peu plus d'espace que les vaisseaux à voile qui sont beaucoup plus courts, et il met aussi un peu plus de temps pour effectuer son évolution. Il en est de même des virements vent arrière, qui demandent aussi un peu plus de temps et d'espace, mais qui s'opèrent toujours, même de gros temps, d'une manière satisfaisante; le vaisseau abat d'abord lentement, mais il revient au vent avec une grande facilité, et se range rapidement au plus près. »

« Le vaisseau incline modérément sous les plus fortes brises et il se comporte très-bien de mauvais temps à la voile et à la vapeur. »

« *Le Napoléon* n'a pas, dans les petites brises et par belle mer, la vitesse des vaisseaux à voiles; son infériorité est très-sensible quelquefois, surtout largue ou vent arrière; le vaisseau paraît très-bien marcher au contraire, quand la brise est ronde. Du moment, par exemple, où l'on est obligé de serrer tous les catacois, sa vitesse, comparativement aux autres vaisseaux, est très-avantageuse au moins au plus près, quand la mer est grosse ou houleuse.

» En résumé, les qualités du vaisseau à la voile comme à la vapeur dépassent ce qu'on pouvait en attendre justement. Ses évolutions sont sûres et suffisamment rapides. Cela est digne de remarque pour un vaisseau de grand tirant d'eau ($8^m$ environ), dont la longueur n'a pas moins de 72 mètres à la flottaison. Si on veut bien considérer que le *Napoléon* est petitement mâté, que sa voilure, très-heureusement pour la marche à la vapeur, est dans un faible rapport avec son déplacement et avec la surface de son maître couple, on ne sera pas moins satisfait de sa marche qui est faible, il est vrai, de petit temps, mais bien meilleure que dans des vaisseaux à voiles, dans certains cas, sous l'allure du plus près.

« Dans des essais ultérieurs, les appréciations consignées dans ce rapport ont été confirmées. On a également constaté qu'à la cape courante et par un coup de vent du N. O. le vaisseau avait parfaitement navigué et sans éprouver de fatigue. »

L'exemple donné par la marine militaire n'avait pas été attendu par la marine marchande pour les navires à vapeur dans lesquels le moteur mécanique est l'auxiliaire de la voile. Il n'en est pas de même pour les steamers où la voile a été considérée comme l'accessoire, sans qu'on puisse se rendre suffisamment compte des motifs pour lesquels on a donné à la voile un rôle aussi faible.

Nous avons résumé dans le tableau suivant les données comparatives qui peuvent le mieux éclairer cette question.

La surface de la voilure et la hauteur du centre vélique sont fonctions des conditions de la stabilité d'abord et ensuite de la résistance à la marche. Les éléments auxquels on a l'habitude de comparer la superficie des voiles sont, au point de vue de la stabilité, le déplacement de la carène, le cube de la largeur du bâtiment à la flottaison en charge, et la surface de la flottaison en charge.

Au point de vue de la résistance à la marche, c'est la surface du maître couple. Nous y ajouterons la superficie du périmètre mouillé, puisque dans les nouvelles méthodes du calcul de la résistance à la marche, cet élément semble prendre le premier rang. Quant aux angles d'acuité et au rapport du volume déplacé à l'avant et à l'arrière, qui sont ainsi des éléments dont l'introduction dans les formules nouvelles des calculs de résistance est nécessaire, on les trouvera, pour la plupart des navires cités dans ce tableau, dans les pages précédentes; (chapitre IX.)

| NAVIRES | Moteurs | Surface de voilure. | Hauteur du centre vélique à la flottaison. | Déplacement. | Largeur du navire à la flottaison. | Surface de la flottaison en charge. | Section immergée du maître couple. | Périmètre mouillé. | RAPPORT DE LA SURFACE DE VOILURE Au déplacement | Au cube de la largeur à la flottaison | A la surface de la flottaison en charge. | A la section du maître couple immergé | A la surface du périmètre mouillé. | OBSERVATIONS |
|---|---|---|---|---|---|---|---|---|---|---|---|---|---|---|
| | | m2 | m2 | m3 | m | m2 | m2 | m2 | | | | | | |
| *Vaisseau de 1er rang.* | Voile | 3066<br>2888 | 27 34 | 5 081 | 16 40 | 941 | 104 | » | 0 59 | 0 68 | 3 12 | 27 78 | » | (1) Brigantine, flèche en cul, grande voile goélette, grand hunier, grand perroquet, misaine carrée, petit hunier, petit perroquet, grand foc et petit foc. |
| *Frégate* | » | 2582<br>2362 | 22 69 | 2 707 | 14 10 | 634 | 57 » | » | 0 99 | 0 87 | 3 58 | 39 »<br>35 87 | » | |
| *Scotia* | Roues | » | » | 6 520 (2) | 14 60 | 1270 » | 78 » | 1 970 | » | » | » | » | » | |
| *Napoléon III* | d° | 948 30 | 23 78 | 5 875 (3) | 14 » | 1210 » | 70 80 | 1 735 | 0 16 | 0 32 | 0 78 | 12 35 | 0 55 | |
| *Washington* | d° | 885 | 16 57 | 4 812 (4) | 13 40 | 1140 » | 63 80 | 1 590 | 0 18 | 0 37 | 0 80 | 12 29 | 0 56 | |
| *Napoléon* | Hélice | 2 852 | 26 88 | 5 171 (5) | 16 80 | 1005 » | 98 53 | 2 045 | 0 55 | 0 60 | 2 83 | 28 65 | 0 72 | |
| *Péreire, V. de Paris* | d° | 1 276 (1) | 25 09 | 5 217 (6) | 13 33 | 1039 » | 74 32 | 1 865 | 0 25 | 0 54 | 1 23 | 17 50 | 0 68 | Beaupré et bout dehors du foc. |
| *Saint-Laurent* | d° | 1 155 (1) | 26 05 | 5 100 (7) | 13 40 | 1110 » | 65 29 | 1 766 | 0 23 | 0 48 | 1 04 | 17 65 | 0 65 | |
| *China* | d° | » | » | 4 600 | 12 20 | 910 » | 66 50 | 1 720 | » | » | » | » | » | Voilé comme le *Péreire*. |
| *Impératr. Donnai*<br>*Cambodge* | d° | 1 708 | 17 40 | 3 300 (8) | 11 73 | 800 » | 55 25 | 1 480 | 0 52 | 1 06 | 2 13 | 30 91 | 1 15 | Beaupré. |
| *Louisiane* | d° | 1 031 | 21 27 | 3 658 (9) | 11 90 | 793 » | 52 » | 1 160 | 0 28 | 0 61 | 1 30 | 19 85 | 0 89 | Beaupré. |
| *Floride* | d° | 1 216 | 23 56 | 3 658 | 11 90 | 793 » | 52 » | 1 160 | 0 33 | 0 72 | 1 53 | 23 40 | 1 05 | d° et bout dehors du foc |
| *Tampico*<br>*Vera Cruz* | d° | 1 091 | 23 44<br>25 09 | 2473 (10) | 11 » | 706 » | 39 (11) | 982 | 0 44 | 0 82 | 1 54 | 28 | 1 11 | (11) à mi-charge |

(2) 6 70 tirant d'eau. (3) 6 m. 02 tirant d'eau. (4) 5 m. 74. (5) 7 m. 85. (6) 6 m. 70. (7) 5 m. 82. (8) 6 m. 10. (9) 5 m. 20. (10) 4 m. 93.

Il résulte de la comparaison des données qui précèdent que le vent est très-peu utilisé comme moteur dans les navires à roues, et qu'à l'exception des navires des Messageries Impériales dans les mers des Indes, l'emploi en est pour les navires à hélice beaucoup moindre que pour les navires à voiles.

Les motifs apparents pour les navires à roues, sont, 1° l'inconvénient, pour le moteur, de la bande qui se produit sous l'influence d'un vent violent. Cet inconvénient est réel, mais, à moins que le navire manque de stabilité, il ne se produit que par de très-gros temps et par des vents de travers seulement. 2° La nécessité d'un plus nombreux personnel de matelots. 3° L'encombrement du pont. Enfin, 4° l'amplitude du roulis et du tangage qui résulte d'un gréement lourd et élevé.

Quelques-uns de ces motifs s'appliquent à l'hélice, mais tous réunis semblent encore bien insuffisants pour justifier la perte d'une puissance motrice aussi précieuse que le vent.

Du reste, la question est en voie de progrès.

L'abaissement du centre vélique obvie en grande partie à l'inconvénient de l'inclinaison du navire et de l'amplitude du roulis que les vents violents de travers pourraient produire.

L'emploi des bas mâts en fer est déjà répandu. Le nombre des mâts s'est multiplié afin de pouvoir profiter de toute l'aire offerte par la longueur du navire.

Ce mode nouveau de porter la voile est particulièrement propre à l'emploi des moyens mécaniques pour la manœuvre, ce qui permet de réduire le personnel de matelots.

Enfin disparaissent peu à peu les erreurs théoriques sur l'emploi du vent combiné avec le moteur mécanique pour l'impulsion des navires à grande vitesse; et puis, à mesure que la dimension des navires s'accroît, que les millions s'accumulent dans un appareil qui porte de nombreuses existences, on comprend de moins en moins qu'un moyen de salut soit négligé, que de si graves intérêts soient laissés à la merci d'une seule chance, celle du désarroi d'une machine.

Dussent quelques inconvénients, faciles sans doute à éviter, surgir de l'emploi le plus complet des voiles dans la navigation transocéanienne, il semble que les efforts de la science nautique doivent tendre vers les moyens de le combiner avec l'usage des moteurs mécaniques.

## CHAPITRE XV

### LE NAVIRE. CIRCONSTANCES DE NAVIGATION. AMÉNAGEMENTS. DANGERS.

*Sommaire :*

Causes de déformation et de destruction des coques en bois et en fer, par l'agitation de la mer. Nature des accidents auxquels les installations du pont sont exposées dans les divers systèmes à spardeck et à roof. Nécessité de construire les capots d'écoutille et les claires-voies aussi solidement que le pont lui-même. Fatigues du gréement. Perte des voiles. Accidents à la machine. Nécessité d'un vaigrage intérieur, étanche et résistant, dans la chambre de la machine. Perte du gouvernail. Erreurs de compas, collisions, rencontre des glaces, échouages, incendie, avantage des cloisons étanches comme moyen de sécurité le plus efficace. Embarcations. Contrôle de la construction des navires et des opérations d'armement au point de vue technique. Quelques particularités du naufrage du *London*.

Les dangers d'une traversée transatlantique sont peu nombreux. Le nombre des sinistres est d'autant plus faible que les routes sont plus connues, les navires mieux construits et pourvus de machines plus puissantes, et, faut-il le dire, que les navires ont une plus grande valeur et les officiers du bord une plus grande responsabilité.

La statistique des sinistres est précieuse à consulter, sans doute, et nous en avons produit les résultats ; mais le nombre est moins intéressant à étudier que la nature même des sinistres et de leurs causes, car un seul suffit pour justifier tous les efforts de l'art et de la science, afin d'en éviter le retour.

Nous avons étudié en première ligne les effets de l'agitation de la mer sur la coque des navires, et nous espérons avoir démontré qu'au point de vue de la stabilité, un navire construit dans les conditions connues de l'hydrodynamique appliquée aux corps flottants, ne courait aucun danger. Jusqu'à ce jour, il n'y a pas d'exemple dans la navigation transatlantique d'un sinistre dû à cette cause.

Mais la fatigue que l'agitation de la mer fait éprouver à la coque d'un navire est néanmois une source de dangers qu'il faut étudier.

Ces fatigues se révèlent rapidement. Il suffit d'ailleurs d'avoir navigué, par de gros temps, sur un navire en bois, pour se faire une idée de l'importance des efforts que le roulis, le tangage et le choc des lames, sur les murailles et sur le pont, exercent sur la coque. Les bruits stridents, semblables à de longs gémissements que fait le navire à chaque oscillation, bruits qui naissent, s'accroissent, décroissent et s'éteignent avec chaque mouvement oscillatoire, expriment le travail de chacune des parties de la coque; ce travail se décompose en frottements, en pressions dans les assemblages, en ruptures des fibres du bois, en flexions au-delà des limites d'élasticité, etc. Quand le navire s'élève et sort en partie de l'eau, le chargement qui pèse sur ses murailles tend à les écarter; quand il immerge, la pression de l'eau sur les parois tend à les faire rentrer. Si l'avant sort de l'eau quand l'arrière y reste plongé, le navire tout entier tend à plier. Des efforts de flexions dans les parties hautes, de compression dans les parties basses, s'opèrent comme dans une poutre chargée à ses deux extrémités. Un effet analogue, mais de sens contraire se produit quand le navire est soutenu sur les vagues par ses deux extrémités

La coque se meut ainsi comme par des pulsations imperceptibles dans chacun de ses mouvements d'immersion et d'émersion; elle est tordue, pliée, déformée par les oscillations de l'avant à l'arrière et par le choc des vagues. Ces mouvements sont apparents dans les navires en bois, et ils sont d'ailleurs indiqués d'une manière très-significative par les grincements du bois. Dans les navires en fer, aucun bruit ne les constate, mais ils sont apparents dans les coques légèrement construites.

Après un certain nombre de jours ou d'heures de cette agitation, la coque en bois commence à faire de l'eau, et cela peut aller jusqu'à ce que l'équipage soit obligé, faute de bras ou de pompes, de l'abandonner.

Dans les navires en fer, les rivets se brisent, les clouures se relâchent, l'eau s'introduit alors par les joints. Cela est rare, très-rare, et ne se montre que dans les coques mal construites, c'est-à-dire, où les matériaux et la façon laissent à désirer. Dans les navires en bois, cela se montre toujours; que le navire soit vieux ou neuf, bien ou mal fait, c'est une question de plus ou de moins de durée de la tempête, tandis que le navire en fer bien construit est toujours étanche. Si quelques rivets ont éclaté, ils sont remplacés lors du passage du navire dans la forme sèche, mais ce n'est pas par ce signe que la vétusté du navire se montre habituellement.

Dans le navire en bois comme dans le navire en fer, la fatigue se montre encore par la déformation du navire. La coque s'arque ou se *désarque*, c'est-à-dire que la ligne de sa quille, habituellement droite, devient une courbe convexe ou concave. Cette déformation se modifie suivant la distribution du chargement, non par l'altération de l'élasticité même du navire en bois, mais comme conséquence du relâchement de ses assemblages. La différence est grande, on le comprend, puisque dans ce cas le navire en bois a perdu une bonne partie de sa rigidité, tandis que le navire en fer a gardé toute la sienne.

La coque subit encore des avaries graves par le pont même. La lame s'élève verticalement et le navire en traverse ou en embarque une partie, ou bien le vent chasse la crête des vagues sur le pont. Les claires-voies d'escalier et de lumière, les capots qui ferment les communications de l'intérieur de la coque avec le jour, reçoivent des chocs plus ou moins intenses; ils sont quelquefois enlevés; dans quelques circonstances graves, l'avant du navire est balayé par la lame, les pavois et le roof sont emportés, et la mer pénètre à plein pendant quelques secondes; le renouvellement d'accidents du même genre suffirait pour le remplir et le mettre en danger; mais un capitaine expérimenté évite toujours ces extrémités. Tout ce qui est en saillie à l'avant sur le pont du navire est très-solidement attaché et saisi. Les objets saillants ont eux-mêmes la forme la plus résistante à la nature du choc auquel ils sont exposés. Ceci était écrit avant les terribles sinistres du *London* et de *l'Amalia*, qui n'ont pas eu d'autre cause apparente que l'invasion à la suite de l'enlèvement des capots d'écoutilles de la machine, d'une forte quantité d'eau qui a immédiatement éteint les feux. Nous reviendrons sur les circonstances de ces naufrages.

Ce sont ces accidents qui ont le plus influé sur la forme des hauts du navire, parce que ce sont ceux qui inspirent le plus de terreur aux passagers. Autrefois les navires étaient ras sur l'eau, et, faute de place dans l'intérieur, le pont supérieur était garni de dunettes, roof, teugues, très-exposés dans les mauvais temps, lorque la mer embarquait. On a alors couvert le pont tout entier d'un second pont, sous lequel ont été placés les aménagements des passagers. Ce second pont a été aussi complétement ras que le permettaient les communications du dehors avec l'intérieur. N'ayant qu'une basse teugue à l'avant, une dunette de pilote à l'arrière, la cuisine et un fumoir à l'extérieur, ce pont, bordé en guise de pavois de simple treillis, n'offre aucune prise à la mer. C'est là le spardeck, navire essentiellement marin, parce qu'il se défend de lui-même contre la mer, et par la facilité qu'il donne aux manœuvres. Mais s'il est salutaire dans les gros temps; si le pont spacieux et découvert, qu'il offre aux passagers dans le beau temps, leur convient, il est néanmoins gênant et inconfortable pour eux dans les temps moyens par suite de manque d'abri sur le pont contre le vent et la pluie, par l'absence de jours d'air latéraux et de communications directes avec le pont, par le défaut d'air sous le deuxième pont.

C'est pour cela qu'on préfère pour les traversées dans des latitudes habituellement brumeuses et froides, les navires à roof ou roufle, qui offrent sur le pont à la fois un salon éclairé de tous côtés avec un promenoir autour du roof et au-dessus de celui-ci.

Les aménagements d'un navire faisant le transport des passagers et des marchandises exigent deux étages.

Les étages d'un navire se désignent comme suit :

Lorsque le navire est partagé verticalement par trois rangées de barrots, et surmonté d'un roufle, on compte, suivant que chacune de ces rangées est couverte d'un pont, l'orlop deck, comme pont de cale, le lower deck, puis le main deck, et enfin le roof deck ou upper deck.

Les aménagements des passagers sont entre l'upper deck et le lower deck. (Pl. 16 à 25.)

Dans les navires sans roof, le pont supérieur s'appelle spardeck. Le main deck vient ensuite, puis le lower deck. Les aménagements des voyageurs sont disposés entre le spar deck et le lower deck. (Pl. 16 à 21.)

Dans un navire à roof, comme *le Persia* ou *le Scotia*, dont le creux est de 9,76 mètres, et qui tire 6$^{m}$75, les cabines sont disposées par quatre rangs sous le pont principal qui est de

3 mètres au-dessus de l'eau. Les hublots des cabines placées près de la muraille sont à 2m25 environ au-dessus de la ligne d'eau. Ils peuvent donc rester ouverts dans les beaux temps.

Le salon des voyageurs servant de salle à manger, et le fumoir sont sur le pont, sous le roof. Le roof laisse entre ses parois et les pavois du navire un passage ou cursive de 2 mètres environ, servant à la fois de promenoir pour les passagers, et de chemin de manœuvre pour l'équipage. (Pl. 22 et 23 .)

Le toit de ce roof prend vers le milieu du navire, entre les tambours, la largeur de celui-ci, de sorte que par le vent et la pluie les passagers trouvent dans la partie la moins agitée du navire, à la fois l'abri et l'air. Le roof prend ensuite à l'avant la même largeur qu'à l'arrière. Son toit est bordé sur toute son étendue, d'un garde-corps en grillage, et le promenoir n'est interrompu que par les claires-voies de jour, d'air et d'escaliers.

Ce système d'aménagements a soulevé les critiques suivantes : il élève trop le centre de gravité du navire et cause, dans les derniers jours d'une longue traversée quand l'émersion est au maximum par l'épuisement du combustible, une amplitude considérable de roulis fatigante pour les passagers si le navire rencontre du mauvais temps.

L'encombrement du pont par le roof a le double inconvénient de rassembler la mer dans les cursives quand elle embarque et de rendre les manœuvres plus difficiles au moment où il devient indispensable qu'elles puissent s'accomplir facilement.

Les pavois et bastingages de 2m25 à 2m40 de hauteur ne présentent pas toujours une solidité suffisante. Ils dérobent la vue de la mer aux passagers.

Loin de contribuer à la solidité du navire, le roof l'affaiblit. Il charge les barrots du pont, et cette construction manque le but qu'on doit rechercher avant tout, de faire servir à la rigidité de l'ensemble du navire, toute partie constitutive de sa construction. Devant ces critiques, les ingénieurs ont construit le spardeck ; à la place des pavois, ils ont continué la muraille de la coque, ils ont étendu le roof à toute la largeur des navires. Ils ont placé un rang de cabines contre les murailles, et les salons au milieu, donnant ainsi au pont supérieur toute la superficie du navire et l'entourant d'un simple garde-corps ouvert.

Cette disposition qui est adoptée généralement par la compagnie de Royal-Mail dans l'Océan; par la Compagnie orientale et péninsulaire et par la Compagnie des Messageries Impériales, dans la mer des Indes, rencontre aussi de sévères critiques. La salle à manger est, dans ces navires, au-dessous du lower deck elle manque de lumière et d'air. Lorsqu'elle est bordée de cabines, cela a d'autres inconvénients : Le mélange dans le même entrepont des cabines et du salon ne laisse pas aux passagers qui cherchent l'air, à l'abri du vent et de la pluie, un refuge convenable. Si l'air manque par le tirage naturel, une ventilation énergique doit le procurer avec abondance par des moyens mécaniques.

Dans ce type, les cabines placées à l'étage inférieur ont les hublots si près de la ligne d'eau qu'ils doivent être presque toujours fermés.

Du reste, le défaut d'air est général, il existe dans toutes les combinaisons et il est vrai de dire que sous ce rapport les ingénieurs n'ont encore su emprunter aux autres industries aucuns des procédés propres à éviter un aussi grave inconvénient. Les navires transatlantiques sont encore à cet égard dans un état voisin de la barbarie en ce sens que le problème à résoudre est d'une telle facilité, et qu'il est si essentiel de le résoudre, qu'on ne peut attribuer le peu d'efforts faits dans ce sens qu'au manque d'initiative et à l'ignorance des notions d'aération qui ont fait des progrès si rapides dans ces dernières années.

Aujourd'hui l'aérage ne se produit guère que par l'emploi de manches à vent et de larges claires-voies. Ces claires-voies sont un danger dans les gros temps quand la mer embarque. Une seule lame a suffi pour perdre un navire, en remplissant la chambre des machines, en éteignant les feux et en rendant inaccessibles les crépines des pompes.

La description sommaire que nous venons de faire des aménagements montre les difficultés qu'éprouve un capitaine à préserver le pont des atteintes de la mer suivant que les habitacles y sont plus ou moins solides, compliqués et saillants; mais qui pourrait conclure sur la préférence à accorder à l'un et à l'autre système au point de vue des dangers de la mer, lorsque l'on voit la compagnie Cunard employer exclusivement des navires à roof et persister aujourd'hui encore dans ce système pour des constructions nouvelles, après une expérience de vingt-cinq années sur une mer habituellement dure?

Quant à la condition si précieuse de plus grande résistance des coques, il n'est pas douteux qu'elle ne soit en faveur du spardeck; mais le roof pourrait au moins être construit avec assez de rigidité et être lié aux barrots avec une homogénéité suffisante pour ne pas affaiblir la coque, s'il ne contribue pas à sa solidité.

Aux approches des gros temps, tout objet mobile ou susceptible d'être déplacé par les coups de mer est fortement saisi. L'équipage veille avec anxiété sur les conséquences du choc des lames; l'avant sur le pont devient inhabitable et quand il est dégagé de l'eau qui l'a couvert, ce qui a été ébranlé est resserré si l'intervalle entre les lames qui embarquent en laisse le temps.

Comme un navire ne peut aller très-vite dans les gros temps, comme il ne peut même quelquefois continuer sa marche sans embarquer les lames, l'avant du navire est toujours exposé. L'ingénieur doit avoir ces dangers en vue dans la construction du navire, et la vigilance de l'équipage doit être incessante pendant la tempête.

Le gréement offre une sorte de danger dont le caractère, d'abord secondaire, peut prendre assez d'importance pour compromettre la sécurité du navire. Le roulis et le tangage fatiguent rapidement les haubans qui retiennent les mâts; quand les haubans sont relâchés, les mâts fléchissent et éprouvent de fortes secousses. Les amarres secondaires se cassent, les mâts se brisent; quelquefois aussi les voiles sont déchirées par le vent; des cordes tombant du navire s'engagent dans l'hélice.

Quand un navire à vapeur, obligé pendant la tempête, de ralentir beaucoup sa marche, est désemparé de son gréement, sa situation ne devient critique qu'à cause des fatigues qu'éprouve le gouvernail qui perd en partie sa puissance de direction par la lenteur de la marche et n'est plus aidé par la voile pour tenir le navire dans son aire.

Aux dangers à craindre des avaries du gréement, il n'y a que deux remèdes, la très-bonne qualité des matériaux et l'habileté à s'en servir. Le marin ne juge, que par l'habitude, de la résistance d'une corde, d'une vergue, d'un mât. Un grand excès de solidité est nécessaire à ce qu'il touche, parce qu'il pousse toujours à bout l'usage de ses instruments. Le renouvellement fréquent du gréement est donc indispensable, car il s'altère aussi par son exposition aux influences atmosphériques.

L'équipage habilement et résolûment commandé est toujours prêt à faire tout l'usage possible du moteur et il utilise le vent jusqu'à ce qu'il emporte la voile. Plus le gréement résiste, plus le moteur peut être utilisé. Un navire auquel le moteur mécanique imprime une vitesse de 12 nœuds, soit 6 m. par seconde, trouve intérêt à utiliser le vent qui dépasse cette vitesse et c'est généralement le cas; plus le navire a de vitesse, plus il peut utiliser les vents violents; mais comme le tangage et le roulis impriment aux voiles des mouvements opposés à la direction du vent, l'effort sur le gréement s'exerce avec une grande intensité. Il semble donc que plus un navire à vapeur est rapide, plus son gréement pour faire usage de la voile doit être solidement établi.

Les dangers qu'un navire peut éprouver par un accident à la machine sont de deux natures. Ceux qui le laissent désemparé et obligé de naviguer à la voile, et ceux qui font subir à la coque une avarie qui compromet immédiatement le sort du navire.

Parmi ces derniers, sont les explosions des chaudières qui sont extrêmement rares et deviennent de moins en moins à craindre; quant aux ruptures des pièces de machine, il y a des exemples funestes, mais bien rares aussi, de navires perdus par cette cause. C'est ainsi qu'un navire neuf sombra en plein océan parce que la bielle avait, en se brisant, enfoncé le condenseur et que le navire n'était pas muni de valve d'arrêt de l'eau d'injection. Il importe au plus haut degré que les appareils de fermeture des valves d'introduction d'eau dans le navire ou d'émission soient très-facilement accessibles, et de haut; que la manœuvre en soit bien connue et facile même quand le navire a embarqué une forte quantité d'eau.

Il est possible que les naufrages du *London* et de l'*Amalia* soient dus en partie à la rupture de ces conduits d'eau entre l'intérieur du navire et l'extérieur.

Il est une disposition très-fâcheuse et malheureusement trop répandue dans la marine, en ce qui concerne les chambres des machines. Les varangues et les carlingues y composent une sorte de réseau cellulaire, mais ce réseau s'applique sur le bordé du fond et n'est pas recouvert. Il est indispensable de recouvrir le bordé par un vaigrage tellement résistant qu'il puisse supporter la chute d'une grande bielle brisée, d'un balancier portant sur le fond. Ce vaigrage doit être muni de trous d'homme et complétement étanche afin qu'en cas d'échouage qui crèverait le bordé extérieur, la chambre de la machine et des chaudières ne soit pas envahie par l'eau.

On peut s'étonner que jusqu'à ce jour l'eau qui descend dans les cales soit laissée à elle-même suivant le roulis du navire de tribord à babord, laissant les aspirations des pompes découvertes par intervalles, tandis qu'il serait d'une extrême facilité d'empêcher par un jeu de clapets placés sur les carlingues, ce grave inconvénient.

Un danger qui, sans compromettre immédiatement la sécurité du navire peut, dans de certaines circonstances, entraîner sa destruction, est la perte du gouvernail, ou une avarie rendant sa manœuvre impossible. Ce genre d'accidents est très à craindre depuis que la longueur des navires a été accrue et que le gouvernail doit prendre en degrés d'obliquité ce qu'il perd en puissance proportionnelle aux dimensions réciproques du navire et du safran. La manœuvre du gouvernail est devenue, depuis la construction des navires de grandes dimensions, l'objet de dispositions très-ingénieuses, mais il en est peu qui présentent des conditions de résistance suffisante.

Les erreurs de compas ont, depuis la construction des coques en fer, pris rang parmi les dangers auxquels un navire est exposé.

Ce danger n'est pas aussi sérieux qu'on pourrait le croire, parce que les observations continues, l'attention minutieuse préviennent par des corrections, la plus grande partie des erreurs provenant des déviations magnétiques. Cela exige sans doute une étude constante et des soins sans relâche; mais les études des causes de déviation sont l'objet de recherches si étendues qu'on doit en attendre un prompt remède à l'instabilité des directions magnétiques.

Il nous reste à parler de trois sources de dangers trop réels : les rencontres, l'échouage et l'incendie.

Dans une brume épaisse, le navire ralentit sa marche, il fait jouer le sifflet à vapeur, il sonne la cloche d'alarme; on veille au bossoir, et dans les hunes, mais les objets se dérobent quelquefois à la vue à moins de cent mètres tandis le navire à plus d'un kilomètre d'élan. Si le sifflet ou le son de la cloche n'indiquent que le voisinage d'un navire sans en faire bien apprécier la direction ou la situation, ou s'ils ne sont pas entendus, si, dans ce cas, un hasard extrême amène deux navires au-devant l'un de l'autre, nul pouvoir humain ne pourra, dans l'état actuel des moyens de préservation, empêcher une rencontre.

C'est pour cela qu'il importe d'en atténuer les conséquences. Le moyen connu et le plus efficace est de diviser la coque en compartiments étanches; ce moyen n'a pas toujours réussi, mais la faute en était bien plus au constructeur et à l'équipage qu'au moyen en lui-même. C'était faute de solidité des cloisons, faute de fermeture à temps des communications qu'elles laissent entre les divers compartiments du navire. Mais il suffit qu'en quelques circonstances le moyen ait été efficace, pour qu'on doive y persévérer. Il peut être d'ailleurs fort amélioré au profit de la solidité même du navire ; sur l'avant les cloisons verticales peuvent être reliées par des cloisons horizontales constituant ainsi un plus grand nombre de compartiments susceptibles d'être rendus étanches. En général, c'est sur l'avant que les chocs se produisent et c'est aussi la partie qui est le plus facilement divisible en compartiments.

La rencontre des glaces flottantes est une terrible chance attachée à la navigation dans les parages du Nord.

Amenées par le courant qui longe la côte du Labrador, elles rencontrent le Gulf stream qui leur oppose une double barrière : le courant de ses eaux qui les détourne de la route suivie par les navires entre l'Europe et l'Amérique, et leur chaleur qui les fait rapidement fondre.

C'est par les règles ordinaires de la prudence que des équipages vigilants ont presque toujours préservé leur navire. Dans le cas d'une rencontre, le navire divisé en compartiments étanches est encore celui qui a le plus de chances de salut.

Quant aux échouages, c'est encore la division rationnelle en compartiments étanches qui peut en réduire le plus le danger ; il y aurait lieu cependant de placer en première ligne le mode de construction cellulaire du fond et des parois du navire jusqu'à une faible hauteur, avec un bordé intérieur ou vaigrage ajouté au bordé extérieur. Il est à désirer que l'emploi de l'acier dans la charpente des navires en fer réduise assez le poids de celle-ci pour que le poids du bordé intérieur ou vaigrage en fer ne soit pas une objection à cette heureuse disposition. Elle a été employée dans la construction de Great-Eastern, et ce navire ayant touché dans les parages de New-York, déchira le bordé près du centre, sur une longueur de 10 mètres. La largeur de l'ouverture variait de 0,10$^{m}$ à 0$^{m}$25 cent. Le frottement du navire sur le fond où une roche saillante avait été rencontrée, fut à peine ressenti. Le vaigrage intérieur étant absolument étanche, rien n'apparut de l'avarie, et il fallut employer des plongeurs avec les scaphandres pour la reconnaître. Le navire eût pu revenir en Europe avec cette avarie. C'était l'avis des ingénieurs.

La remise à flot du *Great Britain* échoué la nuit par suite d'une erreur de compas, par une mer furieuse, poussé par un vent violent sur les roches de Dordrum (côte d'Irlande), et y passant l'hiver tout entier, est l'exemple le plus significatif de l'avantage des compartiments étanches. Ce navire est resté le meilleur entre ceux qui depuis vingt années entretiennent des communications directes et régulières entre l'Angleterre et l'Australie. C'est à lui de préférence que sont confiés les transports de métaux précieux, au taux d'assurance le plus bas.

L'incendie est de tous les dangers à la mer celui qui frappe le plus vivement l'imagination.

C'est celui qui fait le plus regretter l'isolément dans lequel la marine s'est tenue en général du progrès des sciences physiques et des arts chimiques. On rencontre quelques rares efforts individuels dans cette voie, mais aucun Gouvernement, aucune des grandes associations qui possèdent un matériel flottant dont la valeur se compte par dizaines de millions, aucune de celles qui assurent leurs propres navires contre les dangers de la mer, n'a pris de mesures pour extraire de la science ou de l'art tout ce qu'ils peuvent donner en moyens préservateurs des dangers d'incendie. Ce manque d'initiative n'est pas l'indifférence, c'est un défaut de confiance dans le travail patient, méthodique et certain du savant; on attend, avec plus d'espoir, la découverte que le hasard amènera.

Lorsque le feu se déclare à bord, l'équipage cherche à le reconnaître, à l'isoler, à l'éteindre, ou à l'étouffer pour en suspendre ou en arrêter les progrès.

Les anciens marins disent que le feu prend souvent à bord mais qu'il est, aussi souvent, immédiatement aperçu et éteint. Les cas de conflagration générale sont rares, et cependant trop fréquents; ils sont d'ailleurs effroyables. Si les progrès de l'incendie sont rapides, si le désastre se passe loin de tout secours, si la mer est forte, si la terreur générale a fait cesser toute discipline, l'incendie laisse à peine quelques existences sauvées providentiellement pour en raconter les tristes circonstances.

L'équipage le mieux dirigé réussit habituellement à ralentir la marche de l'incendie en le privant d'air comme dans les mines. On gagne ainsi des jours et même des semaines. C'est de tous les moyens celui qui s'offre le plus naturellement à l'esprit et c'est peut-être dans cette voie que se trouvent les indications salutaires qui pourraient conduire à une solution.

A la possibilité de fermer complétement toutes les issues sur le pont d'un navire, s'associe, comme une conséquence naturelle, la production dans l'intérieur de la coque de gaz incombustibles résultant de la combustion elle-même et qui pourrait être très-puissamment aidée par la vaporisation de matières solides ou liquides dont les émanations sollicitées par l'élévation de la température s'assimilent l'oxygène en l'enlevant à l'air ou en le chassant par leur propre poids. La physique et la chimie enseignent quel énorme volume de vapeurs incombustibles on peut créer avec un faible poids de matières solides ou liquides : comment certains mélanges peuvent instantanément produire des flots de vapeurs tenaces. On sait aujourd'hui que l'arrosage des parties exposées au feu avec l'eau mêlée de sels très-déliquescents, retarde la reprise du feu.

Il semble en un mot que la multitude des moyens est une prime offerte au succès d'études et d'expériences devant lesquelles il n'y a pas à reculer.

Les navires en fer ont, sur les navires en bois, de grands avantages quant à l'emploi des moyens propres à combattre l'incendie. La division par compartiments étanches en est un des plus précieux. Il permet de priver d'air oxygéné, une partie du navire sans inconvénient pour les autres parties ; d'y envoyer les gaz ou vapeurs incombustibles, au besoin l'eau en grande abondance.

L'incendie dans la cargaison enfermée dans un compartiment spécial qui peut être parfaitement clos ne serait plus un danger sérieux. Ces compartiments n'ont pas un volume de plus de six à sept cents mètres cubes. Ce qu'ils contiennent d'oxygène ne servirait pas à la combustion de quelques kilogrammes de charbon.

Certains produits très-combustibles pourraient être enfermés dans des compartiments sans moyen de communiquer le feu, de sorte qu'en cas d'incendie la production de l'acide carbonique pourrait être facilement entretenue par eux.

La menuiserie des cabines pourrait être rendue non pas incombustible, mais ininflammable par l'emploi de bois faciles à imprégner de substances salines non déliquescentes, telles que le sel marin purgé de sels de magnésie ; les essais établissent, il est vrai, que l'épaisseur du bois est un obstacle sérieux aux procédés par lesquels l'ininflammabilité est recherchée, mais la menuiserie des cabines peut être faite avec des épaisseurs de bois de 5 millimètres collées ensemble et préalablement imprégnées d'une forte dose de sel qui, entrant en fusion à de hautes températures, diminuerait singulièrement l'inflammabilité.

Jusqu'à ce jour dans les circonstances où l'incendie n'a pu être combattu, l'équipage et les passagers ont cherché un refuge dans les embarcations et la construction de radeaux. On sait à quel point cette ressource s'est montrée insuffisante.

Les navires auxquels la France et l'Angleterre confient leurs services postaux sont munis d'embarcations qui pourraient, en cas d'abandon forcé du navire, recevoir l'équipage et les passagers, moins parce que le nombre de ceux-ci est limité, que parce qu'il est plus facile d'obtenir, dans de pareilles circonstances, de l'ordre et de la discipline des passagers. On sait à quels excès de confusion indescriptible les incendies de navires chargés d'émigrants ont donné lieu, et les funestes conséquences de ce désordre.

C'est encore là en faveur des navires postaux un des motifs de la préférence des passagers qui mettent le prix du voyage au-dessous de l'intérêt de sécurité.

Ce n'est pas néanmoins dans le nombre et la dimension des embarcations dont un navire est muni qu'est le remède sérieux comme on semble le croire aujourd'hui, parce que c'est, en face des chances d'incendie, la seule précaution imposée aux navires chargés du transport de passagers. Il est, dans les mesures préventives dont l'initiative et l'opportunité sont laissées à l'industrie. Plus soucieuse de jour en jour de la conservation de la vie humaine, l'industrie sera d'autant plus sollicitée d'assurer la sécurité des personnes dans les communications lointaines que l'utilisation des capitaux que représente le matériel flottant engagé dans ces grandes entreprises de navigation est à cette condition.

Ainsi que nous l'avons dit plus haut, il n'est pas contestable que les phares ne soient un grand moyen de sécurité à l'approche des côtes, mais il est aussi peu contestable qu'il y a danger pour les navires d'approcher des côtes où ils ne doivent pas attérir dans le seul but de chercher les feux pour reconnaître la route. Le marin est, il est vrai, plus sûr de sa route quand il a signalé le feu le plus voisin de sa direction et qu'il a reconnu sa position par rapport à ce feu. Il s'en approche donc si la brume le lui cache et il s'en approchera tant que la profondeur du fond ne compromettra pas la sûreté de son navire. Si le navire est un voilier, la direction du vent peut alors lui faire payer cher cette tentative. Si c'est un steamer, l'équipage évitera sans doute jusqu'au dernier moment l'approche de la côte dont il peut s'éloigner à volonté, mais s'il s'est trompé dans sa direction, s'il ne sonde pas fréquemment, il pourra compromettre ou perdre le navire. Il ne faut pour cela qu'une erreur de compas, ou une erreur d'estime dans la distance parcourue.

Le nombre de navires disparus se compose en première ligne de ceux que la fatigue à la mer a rendus innavigables et qui sont dépecés dans les ports. C'est le plus grand nombre. Quelques navires de cette catégorie sombrent en mer.

Après cette cause de perte vient l'échouage, puis les collisions par rencontre.

L'échouage des grands steamers est presque toujours causé

par une erreur de route. Il pourrait donc être évité par des feux placés en mer à des distances aussi considérables que le permet l'art de construire et de fixer les feux flottants, afin d'éviter la nécessité d'approcher des côtes pour reconnaître la position et la direction.

Nous avons cité les feux flottants qui pourraient être placés à l'entrée de la Manche, entre les abords d'Ouessant et de la côte anglaise, dans la direction de la route médiane, et dans les parties où la distance des deux rives opposées ne permet pas d'en apercevoir les feux à la fois. La route ainsi tracée serait parfaitement sûre. Cette idée, qui appartient à M. Herbert, peut être des plus fécondes. Appliquée aux principaux atterrages de la navigation transocéanienne, elle supprimerait les dangers d'échouage. Quant aux collisions, il est remarquable que les moins fréquentes sont celles qui ont lieu dans la brume, sans doute parce que la vitesse est ralentie et la surveillance très éveillée. Les collisions qui ont entraîné la perte totale ou partielle des équipages sont indiquées dans le résumé suivant.

| ANNÉES | NOMBRE TOTAL DES COLLISIONS | NOMBRE DE COLLISIONS EN TEMPS DE BRUME | NOMBRE DE CES COLLISIONS QUI ONT CAUSÉ LA PERTE TOTALE DU NAVIRE |
|---|---|---|---|
| 1857 | 277 | 21 | 3 |
| 1858 | 301 | 30 | 5 |
| 1859 | 349 | 24 | 7 |

Les collisions sont d'ailleurs moins dangereuses pour les navires en fer habituellement cloisonnés, que pour les navires en bois.

Les Compagnies de navigation transocéanienne ont un intérêt considérable à favoriser tous les moyens qu'un navire peut employer pour signaler sa présence dans la brume.

Le danger de sombrer en mer par la fatigue du navire ayant disparu, le danger d'échouer rendu presqu'impossible par un bon système de feux, les chances de collisions éloignées par des mesures de précautions faciles, enfin l'incendie prévenu à bord par des procédés chimiques, par une vigilance incessante et un ordre rigoureux, que restera-t-il donc de dangers à la mer pour un navire bien construit?

L'ensemble des surveillances exercées en Angleterre sur la construction et l'exploitation des navires destinés aux transports des passagers n'a jamais été mieux décrit que dans l'enquête à laquelle a donné lieu le naufrage du *London*, navire mixte à hélice, en fer, qui a sombré au commencement de cette année dans le golfe de Gascogne. 178 passagers et 66 hommes de l'équipage ont perdu la vie dans ce désastre et les dix-neuf personnes qui ont survécu n'ont pas pu expliquer clairement les causes qui ont amené un résultat si prompt, si imprévu et si extraordinaire. On a été frappé à bon droit, d'épouvante, car le *London* était un navire neuf, sorti en juillet 1864 des chantiers d'un constructeur estimé, armateur lui-même et qui avait gardé une grande part de la propriété de ce navire; *le London* était classé au premier rang sur les livres du Lloyd; il n'avait fait que deux voyages en Australie et il entreprenait le troisième.

Quittant le port de Londres le 5 janvier, il entrait le lendemain à Plymouth pour y compléter son chargement, et faisait route le même jour, 6, au devant de l'ouragan qui a désolé alors les mers du littoral Européen, lorsqu'arrivé dans le golfe de Gascogne, il y a sombré corps et biens, le 11 au soir, après une lutte de quatre jours contre une mer formidable, sans doute, mais à laquelle beaucoup d'autres navires moins bien construits, plus faibles que lui sous tous les rapports, ont parfaitement résisté autour de lui.

La stupeur produite par ce terrible événement ne sera pas calmée de longtemps, parce que l'enquête n'a rien révélé de certain sur ses causes. On est d'accord que le navire était surchargé et que la disposition du chargement dont une partie composée de fer, abaissait fortement le centre de gravité, et donnait au roulis une extrême vivacité. Cela rendait les coups de mer d'autant plus redoutables que par suite d'une forme de construction que cet exemple fera sans doute disparaître, le pont était trop bas dans la partie centrale du navire; les lames remplissaient complétement l'espace compris entre la dunette et la teugue, enlevant le capot d'écoutille de la chambre de la machine, inondant son compartiment et éteignant les feux; le vent avait brisé le beaupré et les mâts de hune; les bas mâts en fer avaient seuls résisté. Cependant aucun de ces acccidents n'explique le dénouement final; l'équipage était assez nombreux et assez habitué à la mer pour lutter contre ces avaries; aucune ne compromettait le corps même du navire. Il suffisait de défendre le pont contre la mer en fermant hermétiquement les écoutilles. Mais la description faite par les témoins, acteurs eux-mêmes dans cette lutte prolongée pendant quatre jours, ne nous fait pas assister à ces efforts d'ensemble intelligents et énergiques tels qu'on doit les attendre d'un équipage aussi nombreux. Les heures et les jours se succèdent et les divers compartiments du navire continuent à se remplir d'eau. Serait-ce donc que les portes des cloisons étanches sont restées ouvertes par un coupable oubli? Peut-on inférer des dépositions qu'enfin l'équipage avait réussi à fermer les écoutilles et que la cause immédiate du danger avait disparu, puisque seuls les passagers étaient aux pompes et remplaçaient l'équipage qu'on ne vit plus. Où donc étaient les matelots? pourquoi ne répondaient-ils pas aux appels qui leur étaient faits? Il y avait parmi eux quinze étrangers qui ne comprenaient pas le commandement, d'autres soi-disant malades; la plupart *ivres*, disait-on dans la salle des séances de la Commission d'enquête. Le capitaine lui-même est présenté comme un témoin impassible, mais passif dans cette lutte; une embarcation est mise à l'eau maladroitement, avec trouble et confusion : elle sombre; il renonce alors à y lancer les autres, et cependant un jour après cet essai, au dernier moment, quand la mer est plus terrible encore, l'une d'elles est descendu à lamer avec succès; dix-sept marins et deux passagers sont ainsi sauvés. Cette manœuvre a été habilement faite, par des hommes auxquels le sentiment suprême de l'existence a rendu la résolution, et sans la participation du capitaine qui considérait cette tentative comme inutile. On le voit, avant que cette embarcation s'éloigne, et depuis bien des heures, résigné à la mort; il détourne une jeune mère de chercher son salut et celui de son enfant dans cette embarcation, « vous y trouverez, dit-il, une mort immédiate, ici elle sera plus lente. » Il se détourne d'elle pour cacher ses larmes, puis il refuse d'abandonner ses passagers, il indique la route à l'embarcation, et souhaite bon voyage à ceux qui ont montré plus de détermination que lui; quelques minutes après, le navire sombre lentement à l'heure qu'il a prévue et annoncée à ses passagers résignés comme leur capitaine. Il a cependant laissé inutiles d'autres embarcations qui eussent pu sauver encore des existences; il n'a fait aucune tentative de construire un radeau; il n'a même pas fait de signaux de détresse lorsqu'il a été vu par un autre navire avec des avaries dans son gréement; rien enfin de ce que sait tenter le vrai courage, quand le sangfroid n'est pas éteint par une résignation passive. Cette sorte de résignation, elle peut être bonne, elle peut être sublime pour soi, mais elle est un crime vis-à-vis des existences dont on est responsable. Comment peut-on expliquer la tranquillité passive de cet homme sur les qualités et l'expérience duquel tous ceux qui l'ont connu sont d'accord? Savait-il que son navire se remplissait par une autre cause, et qu'il était trop tard pour isoler le compartiment de la machine? on serait tenté de le supposer. A quelque distance de lui, un autre navire, l'*Amalia* sombrait aussi. Un, peut-être plusieurs des conduits de la machine avec l'extérieur de la coque avaient été brisés par le choc des objets bouleversés par l'eau que le roulis portait avec violence d'un côté à l'autre du navire dans le compartiment de la machine. Mais l'*Amalia* avait été aperçue, et ceux qui le montaient furent sauvés. Un accident du même genre avait-il tellement découragé le capitaine du *London* qu'il ait désespéré de sauver son navire, comme il l'a dit plusieurs heures avant qu'il sombrât. Il est peu probable qu'on l'apprenne jamais, car les témoins de ces affreuses scènes semblent en avoir perdu le souvenir sous l'influence de la terreur qu'ils ont éprouvée.

On comprend du reste qu'en Angleterre surtout, une commission d'enquête n'ait rien conclu sur des incertitudes, car ces rapports sont presque des jugements. Dans un jugement, la faute s'affirme et ne se présume pas. Ce principe est respecté là plus qu'en aucun autre pays.

Impuissante à expliquer le naufrage du *London* par des causes évidentes, la Commission a exprimé des doutes : suivant elle, il est peu probable que l'eau entrant par l'écoutille du compartiment de la machine ait suffi à remplir le navire. « *Elle a pu pénétrer par d'autres points.* » Ce compartiment n'avait que 11 mètres entre deux cloisons. Étaient-elles fermées? on s'étonne à bon droit du mutisme du rapport sur cette grave question. Le navire portait quatre cloisons et était ainsi séparé en cinq compartiments; deux à l'avant et deux à l'arrière Le compartiment de la machine pouvait-il être rempli d'eau sans que le navire sombrât? ce compartiment avait 110 mètres superficiels et le tirant d'eau, d'environ 6 mètres, eût donné, pour son plein, 660 tonnes d'eau, si les efforts de l'équipage et des passagers n'eussent pu lutter pour l'épuiser : la différence entre la ligne de flottaison et le pont ne fût-elle que de 1m10 à 1m20 comme on est autorisé à l'admettre, cela donnait près de 900 mètres cubes de différence entre le poids du navire et le volume total qu'il pouvait déplacer sans sombrer. Rien ne paraît d'un semblable aperçu dans l'enquête, et la Commission, incertaine, se décide alors à porter ses examens sur les conditions de construction, de chargement, de navigabilité, de composition d'équipage du navire.

Cette enquête servira du moins à démontrer le luxe de précautions et de garanties que le transport des passagers trouve en Angleterre, dans le contrôle du *Board of Trade*, des Compagnies d'assurances et des agents de l'Émigration.

L'ingénieur inspecteur du *Board of Trade* et l'inspecteur constructeur sous ses ordres ont suivi la construction du navire et constaté dans de nombreuses visites la bonne qualité des matières et la perfection du travail; ils l'affirment. L'ingénieur du *Lloyd* a surveillé l'application des règles de construction prescrites par cette grande association, règles qui servent à classer le navire sur les registres d'assurance; il déclare que le navire était dans les meilleures conditions. Le chef du service de l'Émigration a constaté aussi la bonne construction dans l'intérêt du transport des passagers. Il a été secondé par deux autres inspecteurs du même service. Un inspecteur a constaté la nature du chargement, il a surveillé les dispositions de l'arrimage et l'enfoncement du navire. Un autre a contrôlé le nombre et l'état des voiles; celui-là et le précédent paraissent les seuls qui aient mis de la complaisance dans l'accomplissement de leur devoir, car le navire est sorti du port beaucoup trop chargé et les voiles de cape, *storm sails*, manquaient.

Enfin, un dernier employé a contrôlé l'équipage pour s'assurer de son aptitude.

Ces précautions sont habituelles et loin d'être gênantes pour l'industrie, elles lui sont utiles parce qu'elles émanent d'elle, à l'exception du *Board of Trade* qui est investi particulièrement du contrôle des constructions employées au transport des personnes, au point de vue de la sécurité. Ces divers contrôles servent pour ainsi dire de baptême aux navires.

Les conclusions du rapport de la Commission sont que le pont doit présenter partout une solidité au moins égale à celle des murailles des navires. Que les cadres et parois des capots ou claires-voies des écoutilles doivent être pleins et élevés au-dessus des ventelles de sortie d'eau des pavois, et les orifices traversés par une charpente en grillage de fer ou de bois disposée pour recevoir les prélarts, ou les planches destinées à empêcher l'accès de l'eau, en cas de rupture ou d'enlèvement des capots ou claires-voies qui les couvrent.

Nul doute que le naufrage du *London* n'ait pour conséquence d'élever le pont des navires, et d'en consolider les ouvrages servant aux accès dans l'intérieur, à l'aération et à la lumière du jour; mais ce sera un bien trop chèrement acheté; l'art ne devait pas attendre cette terrible leçon.

On peut être surpris d'une intervention aussi étendue du Gouvernement dans la construction et l'exploitation des navires, dans un pays où l'industrie est si jalouse de son initiative et de son indépendance.

La discussion qui a eu lieu dans la chambre des communes, et à laquelle ont pris part l'ancien et le nouveau Président du Board of Trade, à l'occasion du naufrage du *London*, fait ressortir l'état des esprits à cet égard.

D'un côté, on se plaint que les enquêtes sur ces graves accidents soient dirigées par les mêmes hommes officiels qui ont à constater les qualités d'un navire pendant sa construction et avant son départ, et dont le premier intérêt est, en conséquence, de confirmer, par l'enquête, que le navire qu'ils ont laissé partir remplissait toutes les conditions prescrites par les règlements.

On se plaint que les règlements qui confient l'enquête à ces magistrats les autorisent à en écarter toute personne ou tout témoignage intéressés à impliquer leur responsabilité dans le sinistre et dans ses conséquences; on fait ressortir, en outre, que cette mesure, par laquelle les Commissaires se défendent eux-mêmes, protége exclusivement le constructeur du navire dont ils ont approuvé l'œuvre.

D'un autre côté, le nouveau président du Board of Trade se plaint de la valeur que le public attache à cette intervention des agents de l'État, qui n'avait été constituée légalement que pour le mettre à même de s'éclairer sur la cause des naufrages, sans engager les droits des tiers et sans introduire aucune nouvelle juridiction.

Il y voit ce grave inconvénient que, par l'extension donnée à cette enquête, l'État se substitue à l'industrie pour lui dicter les règles de construction, d'armement et d'exploitation qui, évidemment, ne sont pas efficaces, puisqu'elles n'empêchent pas les naufrages, et qu'il s'oppose, cependant, à ce que les intéressés prennent part à la recherche des causes de ces naufrages de peur de compromettre ses agents.

En supposant que tous les employés du gouvernement fassent leur devoir, et, en général, on peut le supposer, ces agents étant choisis de manière à présenter des garanties de caractère, encore faut-il des aptitudes spéciales et la connaissance approfondie de l'art nautique; il faut, pour tracer des règles, plus de savoir que l'industrie n'en possède elle-même; or, cela n'est pas possible, puisque la plupart des agents du Board of Trade sont eux-mêmes puisés dans l'industrie et ne peuvent venir d'ailleurs.

En conséquence, les garanties manquent. L'organe du gouvernement comprend donc qu'il y a quelque chose à faire, et il promet l'attention sérieuse de l'Administration sur cette question.

Ces enquêtes sur les sinistres ne pourront, en effet, conserver un caractère purement administratif (bien qu'elles n'aient pour but que de constater si le capitaine n'a pas perdu ses droits au certificat d'aptitude que le Board of Trade lui a délivré, et de rechercher les causes des sinistres), si les tiers, les agents du gouvernement, les constructeurs y peuvent être compromis par suite de l'intervention (cross-examination) des intéressés dans la discussion des témoignages, parce que leurs résultats influeraient sur la juridiction civile devant laquelle les intéressés peuvent toujours porter leurs droits.

Une loi a fixé la limite de la responsabilité du constructeur pour le cas où il serait constaté qu'un accident est dû à sa faute directe. Cette limite est de 15 liv. st. (375 fr.) par tonneau de jauge. C'est à peu près la moitié de la valeur d'un navire à voiles et le tiers de celle d'un navire à vapeur. L'enquête ne le dégage pas.

Il est vrai qu'en Angleterre, comme en France, les actes et jugements administratifs sont censés ne pas engager les droits des tiers; mais en réalité, lorsqu'une enquête administrative a prononcé, elle est considérée par les tribunaux ordinaires comme établissant les faits ; ils se bornent alors à juger le droit.

Il y a là un désordre qui montre une fois de plus que l'unité de juridiction est la sauvegarde obligée de l'indépendance de la justice.

## CHAPITRE XVI

### LE NAVIRE. LA LUTTE.

*Sommaire :*

Mauvais temps annoncé par la baisse du baromètre. Préparatifs pour le recevoir. Agitation de la mer. Synchronisme des ondulations de la mer et des oscillations du navire dans le roulis, effets des immersions profondes. Elles rétablissent l'équilibre de position, tangage, coups de mer, enlèvement des claires-voies d'avant. Sautes de vent, ouragan, mer démontée, fatigue du navire, précautions contre les avaries, ralentissement dans la marche, changement de direction ; le navire sort sans dommage essentiel de la région de l'ouragan, il n'a perdu aucune de ses conditions de navigabilité.

Un navire bien construit sort du port. Il va traverser l'Océan. L'équipage a l'expérience de la mer, de la route qu'il doit suivre et des atterrages. Le moteur est puissant. Engagé dans un service postal, le navire doit atteindre une vitesse de marche qui exige le fonctionnement régulier de tous les organes de la machine, et l'emploi le plus étendu du vent. Les mats, les vergues et les haubans, en partie en fer, les voiles et tout le reste du gréement sont installés avec une grande solidité.

Le temps est beau et la mer tranquille, mais avant le départ, la baisse du baromètre a averti l'équipage qu'un changement dans l'état de l'atmosphère et de la mer est prochain. Dans les dernières heures avant la nuit, on se prépare pour le mauvais temps. Les ancres et les embarcations sont fortement saisies ; les capots mobiles des claires-voies sont solidement retenus et leurs attaches vérifiées.

L'écoutille de la machine, qui doit rester ouverte, est entourée d'un garde-corps plein et élevé, en fer et capable de résister à un coup de mer. Elle est couverte d'un solide grillage en fer pour recevoir, au besoin, et soutenir des prélarts, destinés à empêcher la mer d'y entrer. Le pont présente partout une solidité qui n'offre aucune prise à la lame. Il est garni à l'avant de forts brise-lames, disposés pour rejeter la mer par les ventelles des pavois.

Aucun objet mobile n'est laissé sur le pont. Avant le départ, les diverses parties du gréement ont été revues et serrées. Dans l'intérieur du navire, les objets mobiles sont arrimés avec soin, afin qu'ils ne puissent glisser ou se déplacer.

Enfin, les crépines des pompes sont surveillées ; le mécanicien expérimenté sait d'avance que malgré les soins de l'équipage, le navire recevra d'énormes quantités d'eau, le pont ne pouvant être absolument clos ; que le roulis et le tangage gêneront le jeu des pompes, en encombreront les crépines par le poussier du charbon, les cendres, etc., et qu'il n'est pas de précaution insignifiante contre l'inconvénient d'une surcharge d'eau dont la mobilité aggrave tous les mouvements du navire.

Les portes des cloisons étanches sont sous la main, ainsi que les clés des vannes des conduits de communication d'eau de l'extérieur avec les chaudières et le condenseur.

Les machinistes savent où se porter à l'instant pour fermer ces ouvertures en cas d'extinction subite des feux.

Ces préparatifs achevés, l'équipage attend le mauvais temps avec confiance et résolution.

Le vent s'élève et commence à soulever la mer. Suivant la direction qu'il affecte, la voile est employée tant qu'elle est utile et tant que la violence du vent n'est pas assez forte pour la déchirer et l'emporter.

Les mouvements de roulis et de tangage se manifestent.

Les proportions du navire ont été bien calculées. Les bonnes proportions de sa largeur et de son tirant d'eau, ainsi que la situation du métacentre par rapport au centre de carène, et celle de celui-ci par rapport au centre de gravité, en font un corps flottant tendant à reprendre incessamment son équilibre de position, par des mouvements lents et doux. La durée de ses oscillations simples varie entre cinq et six secondes, malgré le plus ou moins d'amplitude qu'elles affectent, les émersions étant faibles.

Bientôt les vagues, prenant le navire par le travers, se succèdent à intervalles sensiblement égaux à ceux des oscillations du roulis.

L'amplitude des oscillations s'accroît alors; l'accélération du mouvement accompli par cette espèce de pendule n'exige qu'une très-faible force, et s'il n'y a pas de limite à ce synchronisme de l'ondulation des vagues et de l'oscillation du navire, il semble qu'il va nécessairement chavirer. Les maîtres l'ont dit longtemps; une certaine émotion se glisse involontairement dans les esprits les plus fiers et les plus expérimentés.

Un signe imperceptible adressé au pilote et une légère déviation du navire faisant faire à sa direction un angle nouveau avec celle de l'ondulation, détruirait immédiatement ce synchronisme en apparence si dangereux. Mais ce signe est inutile, le navire défie le creux de la lame, car aucune de ses oscillations n'est susceptible d'une accélération régulière et absolument périodique. Dans chacune d'elles, le centre de gravité s'est déplacé par rapport au plan de flottaison; le métacentre a pris une situation différente par rapport à ce même plan, qui a changé lui-même. Ce pendule change donc de longueur à chaque oscillation, ce qui donne à toutes une inégalité dans la durée, très-faible sans doute, mais très-apparente ; les formes d'avant et d'arrière du navire donnent, en outre, aux cubes immergés des volumes très-divers suivant l'inclinaison, et enfin la loi d'accroissement de ces volumes correspond, à mesure de l'inclinaison, à une résistance beaucoup plus grande que la force d'accélération, faible, nous l'avons dit, qui est le résultat du synchronisme momentané du mouvement ondulatoire de la mer et de l'oscillation du navire.

Que de causes contre les conséquences de ce synchronisme qui, pendant des siècles, a causé l'épouvante des navigateurs, sans que, cependant, aucun exemple s'en produisît dans sa dernière conséquence, celle de faire chavirer un navire.

Après un certain nombre de vagues, dont chacune semble accroître l'amplitude de l'oscillation du roulis, une ondulation plus forte, c'est-à-dire plus haute, plus rapide et plus longue, va assaillir le navire, et le marin le plus habitué ne la voit pas venir avec une tranquilité d'esprit absolue, car il croit, lui aussi, au danger résultant du synchronisme de l'ondulation et des oscillations. Mais cette vague porte en elle-même son remède. C'est elle qui va donner au navire un instant de repos. Sa hauteur, en effet, a soulevé le navire quel que soit le degré d'inclinaison où elle le rencontre, et quand elle a passé, il retombe dans le creux de cette vague.

A ce moment, il immerge profondément ; le centre de carène s'élève par rapport au centre de gravité ; la mer agit alors avec une intensité considérable pour relever le navire, et elle le relève droit parce que cet effort qui se distribue dans une direction verticale, en raison de la différence que présentent les superficies du plan de flottaison de chaque côté du centre de gravité, replace le navire horizontalement et éteint momentanément les oscillations. Celles-ci, d'ailleurs, recommencent bientôt pour les mêmes causes, en passant par les mêmes séries d'accroissement et de suspension. Les navigateurs n'expliquent pas les causes du phénomène, la plupart du temps observé, de vagues très-fortes, succédant presque périodiquement à une série de vagues semblables, mais moins fortes. Ces causes sont multiples, mais la première est dans la forme d'ondes qu'affecte le vent lui-même, forme qui donne à la pression qu'il exerce sur la mer une grande variété. Cette pression agit avec d'autant plus d'intensité, que l'angle du plan incliné que forme la vague est plus relevé sur l'horizon. Elle pousse la vague la plus haute avec une vitesse qui croît aussi avec sa hauteur; cette vague absorbe peu à peu celle qui la précède, et c'est ainsi qu'à mesure que le vent augmente, la dimension des vagues s'accroît. La variété des dimensions est la conséquence de la variété des pressions.

Nous nous servons du langage de tout le monde en désignant sous le nom de vague ce qui n'est qu'une ondulation. A proprement parler, la vague est une masse d'eau qui progresse horizontalement sous une forme ondulatoire. Mais il n'existe pas de pareilles vagues dans l'Océan. L'eau soulevée sous une forme ondulatoire ne progresse pas ; l'eau animée d'un mouvement ondulatoire transmet la pression qui lui a donné sa forme à l'eau qui la suit, et bien que le mouvement de transmission semble horizontal, il est en réalité vertical comme toutes les résultantes des différences de niveau dans le liquide, et de là cet admirable phénomène sur lequel est basée la sécurité de la navigation. Dans le mouvement ondulatoire de la mer, toutes les réactions de l'eau étant normales à la direction du mouvement, et cette direction étant verticale, c'est aux seules différences du plan d'eau que le navire doit ses inclinaisons, c'est au mouvement vertical qu'il doit ses redressements.

Le navire sort toujours redressé d'une très-forte immersion, par la raison qu'à ce moment l'inclinaison du plan d'eau n'a qu'une influence très-réduite sur sa position.

C'est donc au moment le plus solennel, celui où des oscillations considérables sont suivies d'une émersion, puis d'une immersion très-forte, que le navire qui semble le plus près de la perte d'équilibre, le recouvre instantanément.

Rassurons-nous donc de ce côté, mais d'autres dangers apparents nous entourent.

Dans les oscillations du tangage, le navire ne suit pas les mouvements de la lame, ce qui s'explique naturellement par les lois de son oscillation propre, par la différence entre sa longueur et celle de la lame, par l'angle sous lequel il la coupe, par la vitesse avec laquelle il la franchit, par les formes plus ou moins fines de l'avant et par leurs relations avec celles de l'arrière.

Le navire dont l'avant est fin, fend la lame et s'élève lentement sur elle. Le navire à avant plein et évasé s'élève au contraire avec facilité, mais sa marche en est fortement ralentie. Les navires transatlantiques ont des avants fins. Leur longueur de 100 à 120 mètres ne les rend sensibles qu'à une agitation déjà active; mais déjà nous sommes au milieu de la tempête et le tangage est très-prononcé. Tantôt l'avant du navire sort tout entier de l'eau lorsque les vagues atteignent leur hauteur maximum, et tantôt il semble s'élancer en s'abaissant dans un gouffre profond, où la lame prochaine va le couvrir tout entier. Cependant le phénomène apparent s'amoindrit; l'avant est entré dans la vague; la vitesse de chute de la masse d'eau sur l'avant, augmentée de la vitesse propre du navire, a produit un choc qui cause un ébranlement général, mais l'eau descend par les cursives le long du bord, rencontre les brise-lames et s'échappe par les dalots; elle a semblé remplir à l'avant le navire jusqu'à la hauteur des pavois; les matelots postés sur la teugue eussent été infailliblement enlevés, mais le poste d'avant est abandonné depuis le commencement de la tempête parce que les coups de mer le rendent inhabitable. L'eau vient jusque vers le milieu du navire et quand les dallots sont insuffisants, elle s'écoule par les ventelles des pavois; l'embrun soulevé par le vent dépasse l'avant du navire. La mer entre par la grande écoutille de la machine qu'elle inonde. Les chambres des fourneaux sont également envahies par l'eau qui pénètre par les claires-voies.

Les lames qui s'élèvent au-dessus des pavois le long des murailles du navire débordent nécessairement sur le pont et de tous côtés. Tant que la mer n'est pas démontée, la direction du navire par rapport à celle des lames, augmente ou atténue cet inconvénient.

Cependant la tempête grandit encore. L'intensité des chocs causés par les coups de mer devient extrême; les pavois, les claires-voies, les embarcations sont enlevés si leur construction ou leurs attaches sont trop faibles. Néanmoins il faut marcher, le mauvais temps peut durer; d'ailleurs les parages où la tempête se déchaîne sont limités, il y a intérêt à en sortir le plus tôt possible. Dès qu'il devient nécessaire d'éviter la chute terrible de ces paquets de mer, le moyen le plus simple est de dévier légèrement la direction du navire afin de lui faire faire avec la lame, l'angle le plus favorable; il s'élève alors avec plus de lenteur, et l'amplitude de son oscillation de tangage diminue ; celle du roulis devient alors un peu plus forte, mais les ouvrages du pont à l'avant cessent d'être compromis.

Cette manœuvre s'explique d'elle-même.

Le tangage a ses limites comme le roulis : la vague la plus haute, celle de 12 à 14 mètres a une longueur de 130 à 150 m., sa vitesse de propagation est de 13 à 15 mètres par seconde suivant les observations de Scoresby.

Admettons-les un moment pour mesurer l'intensité du roulis. Les deux plans inclinés d'une vague de 12 à 14 mètres de hauteur ont de 70 à 75 mètres de longueur, leur inclinaison moyenne est de 1/5ᵉ ou 20 centimètres par mètre. Pris par le travers par une semblable vague, le navire dont la largeur est de 13 à 14 m. se trouve flotter sur un plan dont la différence de niveau est de 2ᵐ60 à 2ᵐ80 d'un côté à l'autre, mais comme il ne peut être émergé ainsi d'un côté sans immerger de l'autre, cette différence se réduit immédiatement de moitié. Lorsqu'après avoir été élevé par la vague, il retombe dans le plan incliné qui se reproduit sous lui, il immerge d'autant plus profondément que son poids s'accroît ici du carré de la vitesse de chûte dans le creux de la lame. La différence de niveau entre les deux côtés du navire diminue encore, de là l'impuissance du roulis à chavirer un navire dont les conditions statiques ont été bien observées dans la construction et le chargement.

Dans le tangage, les effets sont d'une autre nature. Le navire dont la longueur est de 100 à 120 mètres se trouve porté sur des plans inclinés dont la longueur est de 60 à 75 mètres, quand sa direction est perpendiculaire aux ondulations et que celles-ci ont atteint le maximum des dimensions observées. Il ne peut donc recevoir de la mer que des impulsions très-variables. Le synchronisme ne peut s'établir; car, en admettant que la durée du passage d'une pareille ondulation sous le navire soit la même que celle de son oscillation de tangage, celui-ci, rencontrant dans sa longueur des plans d'eau de longueur différente, ne peut accomplir son oscillation avec la même amplitude, et subissant plus ou moins l'effort de la lame, il y obéit avec plus ou moins de docilité, mais toujours d'une manière irrégulière comme l'effort qu'il subit.

Les navires transatlantiques ont, à charge, leur pont élevé de 3ᵐ50 à 4 mètres au-dessus de la mer, en eau tranquille. Les pavois pleins (il est des spardecks, *le Shannon*, *la Seine*, *l'Atrato*, etc., qui n'ont qu'un simple grillage à jour); ont de 2ᵐ25 à

2$^{m}$50 de hauteur. Cette hauteur totale de 5 à 6 mètres, de la lisse des pavois au plan de flottaison, suffit habituellement dans les mers moyennes, à empêcher d'embarquer une trop grande hauteur de lame; le choc qui se produit entre le navire qui est animé d'une vitesse de 5 à 6 mètres par seconde et l'ondulation qui est soulevée devant le navire ou autour de lui, avec une vitesse verticale de 2 mètres à 2$^{m}$50 par seconde, a une résultante qui tend elle-même à soulever le navire; mais la masse de celui-ci a pour effet de rejeter violemment la vague qui s'élève, jaillit, forme un embrun que le vent répand sur le navire, quelle que soit sa hauteur au-dessus de l'eau.

Ce n'est que lorsque la mer devient très-forte, et quand l'avant rencontre les vagues par le pied, que celles-ci embarquent une partie de leur crête, mais cet accident n'a, et ne peut avoir qu'une très-faible durée. Le navire transatlantique a une superficie, au plan de flottaison, de 1,000 à 1,200 mètres carrés; les 3$^{m}$50 de hauteur de pont au-dessus de l'eau correspondent à un effort d'émersion de 3,850,000 kilog.; les pavois pleins ajoutent à cet effort une valeur correspondant à leur hauteur, tant que le navire n'est pas couvert d'eau. La fraction de cet effort qui correspond à la plus forte immersion de l'avant, suffit à relever le navire avec violence. De là le peu de durée de ces immersions qui causent une terreur si profonde.

Leur danger véritable, celui qui tient l'équipage attentif, est dans les avaries que causent les formidables chocs des coups de mer. La plus habituelle est la rupture des claires-voies et l'envahissement, par la mer, des habitations de l'avant.

Il n'est pas sans exemple que des navires bas sur l'eau embarquent continuellement la lame, et finissent par se remplir et sombrer.

De semblables sinistres se produisent presque toujours dans les mêmes circonstances. Lorsque les capots des claires-voies ont été emportés par la mer et que l'eau couvrant incessamment le pont s'introduit dans le corps du navire, en s'élevant dans la chambre des chaudières au point d'éteindre les feux; que la machine et les pompes s'arrêtent; que les pompes à bras sont insuffisantes; qu'à défaut du moteur à vapeur le gréement avarié par la violence de la tempête, ne permet plus de demander au vent ni vitesse, ni direction; que le séjour de l'équipage sur le pont est tellement dangereux que les manœuvres y sont lentes et difficiles, alors la coque se remplit peu à peu. C'est le cas du *London* dont nous avons raconté la lamentable histoire. Dans de pareilles agitations de la mer, les navires à pont ras, à claires-voies basses et solides, ou à roof continu, offrent plus de sécurité. Les navires transatlantiques sont, d'ailleurs, généralement assez hauts sur l'eau pour ne pas avoir à redouter l'envahissement par la mer pénétrant par les orifices laissés ouverts, ou par les claires-voies emportées sur le pont. Dans ce dernier cas, d'ailleurs, le capitaine ralentit la marche du moteur et, si l'avarie est grave, il modifie la direction de la route jusqu'à ce qu'elle soit réparée et le pont remis en état de résister. Au besoin, il se décide à changer complétement de route, et à fuir devant le temps pour réparer plus commodément les avaries. Il est toujours possible, en haute mer, de ménager le navire par de gros temps, mais on ne doit recourir au ralentissement et au changement de route que lorsque la prudence l'exige.

Jusque-là le capitaine a pu limiter l'intensité du roulis et du tangage, et les avaries qui en sont la suite, par la direction donnée au navire.

Mais le vent, qui n'avait soufflé furieusement que dans une direction, saute instantanément du tiers au quart du compas; en peu d'heures, les oscillations qu'il soulève viennent croiser celles qu'il avait soulevées; puis il change encore subitement. Alors la mer présente l'aspect d'une agitation indescriptible; les vagues surgissent sans cause apparente; écrétées par la violence du vent qui les balaie, elles semblent écumer de rage.

En ce moment la mer est *démontée;* le navire en est le jouet. Elle le frappe par l'avant à cause de la vitesse horizontale dont il est animé; elle s'engouffre dans les tambours ou dans le puits de l'hélice; elle l'assiége à l'arrière, à babord, à tribord; elle embarque de tous les côtés, parce que dans ses mouvements désordonnés, elle rencontre incessamment les flancs du navire qui s'abaissent sur elle avec d'autant plus de violence que ses dimensions sont plus fortes et ses mouvements plus amples.

Dans ces mouvements sans trêve le navire fatigue; on consulte fréquemment la hauteur de l'eau dans les cales, mais on n'y trouve que celle qui s'est introduite par les panneaux restés ouverts sur le pont, par les escaliers, par une claire-voie défoncée; la clouure du navire ne cède nulle part et l'ensemble de la coque n'est pas sollicité au-delà des limites d'élasticité. Il n'en est pas de même du gréement, si son installation ne présente pas les conditions de solidité suffisantes : fatigués par des tensions considérables à chaque oscillation, les haubans se desserrent, les étais se relâchent, les mâts moins solidement soutenus plient sous l'effort du vent et des oscillations; les vergues se détachent et si la tempête dure avec cette furie, des avaries se manifesteront dans le gréement.

Le capitaine a, dans ces circonstances, fait réduire la pression dans les chaudières; le mécanicien a supprimé la détente, et il marche à introduction entière, mais en étirant la vapeur; si la machine n'est pas munie d'un régulateur, il se tient à la valve d'introduction prêt à la fermer instantanément, car la mer découvre à chaque instant une des roues, quelquefois les deux à la fois, ou l'hélice, alors la machine s'emporte. En l'absence d'un régulateur automatique, un mécanicien doit occuper constamment ce poste, pendant le gros temps. Une machine de grande puissance fonctionnant dans le vide, prend une accélération foudroyante. Ses pièces, animées d'un mouvement de rotation et de va et vient vertigineux, développent une quantité de mouvement à laquelle elles ne sont pas susceptibles de résister longtemps. Il faut donc éviter avec soin ce danger.

Le déchaînement de l'atmosphère dans ces ouragans donne au vent une vitesse de 30 à 45 mètres par seconde dont la pression normale est de 120 à 280 kilog par mètre carré. Le navire qui présente par le travers une superficie de 300 à 600 mètres carrés, suivant que ses pavois sont pleins ou à claire-voie, reçoit sur le côté une pression de 60,000 à 120,000 kilog. tendant à l'incliner, et cet effort vient s'ajouter aux effets de l'agitation de la mer dans les oscillations du navire. Mais, bien qu'en apparence très-redoutable, cette arme destructive de la nature est impuissante. Le navire résiste à la plus forte pression du vent par une simple immersion de 60 à 120 mètres cubes produite par une très-faible inclinaison. La pression du vent cesse, d'ailleurs, à chaque mouvement qui enfonce le navire dans le creux des lames; et puis tant qu'il gouverne, il peut, en modifiant sa direction, éviter le vent de travers; enfin, quand le navire est incliné, la pression du vent qui tend à le renverser diminue en proportion de l'angle que ses parois affectent avec la verticale, tandis que, par le fait de son immersion, il résiste de plus en plus.

La coque seule éprouve dans cette inclinaison quelque fatigue; la déformation qu'elle subit cause un léger déplacement des tourillons des arbres de la machine qui s'échauffent alors; un ralentissement plus marqué devient nécessaire, mais il ne doit jamais se produire au point de ne pas laisser au navire la vitesse suffisante pour qu'il obéisse au gouvernail.

Le navire est sorti des parages de l'ouragan, la tempête mollit. A un vent furieux succède une brise régulière, puis le calme. La mer la plus démontée est celle dont les ondulations cessent le plus tôt sous l'influence du repos de l'atmosphère, mais si la direction du vent qui a soulevé la mer été continue, celle-ci reste longtemps agitée à la surface par une forte houle dont les vagues, rondes au sommet, s'élèvent avec lenteur. La tempête a offert, dans sa plus grande violence, un spectacle grandiose à l'aspect duquel le marin, tout absorbé qu'il est par l'attention qu'il porte à la conduite de son navire, sent grandir sa mission et sa pensée. Il est ému par le danger dont il a le sentiment peut-être exagéré faute de science, tout en conservant l'énergie qui soutient le sang-froid quand le danger est venu. Mais lorsque son navire est sorti intact de cette rude épreuve, que la nature s'apaise, le triomphe que le marin éprouve intérieurement, la majesté peut-être de ce retour de la mer au repos par une forme d'agitation encore solennelle, lui inspirent une satisfaction puisée dans le sentiment de son habileté, dans l'estime qu'il éprouve pour son navire et peut-être un peu aussi dans sa confiance en son étoile.

Cependant, la vérité, c'est que contre tous les phénomènes de perturbation de la nature, la Providence a composé, pour l'homme, un ensemble de lois physiques et mécaniques qui sont entre ses mains des instruments de lutte et de préservation. Elle lui a donné une intelligence capable de les connaître, de s'en servir, et pour récompense de ses efforts, elle l'a guidé dans le choix des moyens de faire des océans un lien de civilisation entre les peuples au lieu d'une cause d'isolement.

# TABLE DES MATIÈRES

## CHAPITRE PREMIER

### Origine, objet et intérêt de ce livre.



## CHAPITRE II.

### Sécurité de la navigation; importance de cet intérêt.

## CHAPITRE III.

### Forme générale d'agitation de l'eau ; ondulation.



## CHAPITRE IV.

### Agitation de la mer. — Causes générales.



## CHAPITRE V.

### Agitation de la mer (suite). — Marées.

## CHAPITRE VI.

**Agitation de la mer** (suite). — **Courants.**



## CHAPITRE VII.

**Agitation de la mer** (suite). — **Vents.**



## CHAPITRE VIII.

**Le navire — Stabilité.**



## CHAPITRE IX.

**Le navire. — Résistance à la marche. — Lignes d'eau.**

## CHAPITRE X.

### **Le navire** (suite). — **Force motrice.**



## CHAPITRE XI.

### **Le navire** (suite). — **Appareils moteurs.**

## CHAPITRE XII.

**Le Navire. — Construction.**



## CHAPITRE XIII.

**Le navire** (suite), **— Assurances contre les risques de mer.**



## CHAPITRE XIV.

**Le navire** (suite). **— Du vent considéré comme moteur associé au moteur à vapeur.**



## CHAPITRE XV.

**Le navire. — Circonstances de navigation. — Aménagements. — Dangers.**

## CHAPITRE XVI.

**Le navire. — La lutte.**

# TABLE DES PLANCHES

RELATIVES AU TOME PREMIER

Lagny. — Imp. Varigault.

www.ingramcontent.com/pod-product-compliance
Lightning Source LLC
LaVergne TN
LVHW010126230826
846091LV00001BA/153

* 9 7 8 2 3 2 9 4 2 6 7 5 4 *